U0276319

INTERNATIONAL
国际竞标建筑年鉴 II

VOL.2
COMPETITIVE BIDDING

COMMERCIAL COMPLEX BUILDING AND PLANNING
CULTURAL BUILDING AND PLANNING
HOTEL BUILDING AND PLANNING

商业综合体建筑及规划　文化建筑及规划　酒店建筑及规划

（下册）

中国城市出版社
CHINA CITY PRESS

PREFACE
序言

西方哲学有云: 建筑是凝固的音乐, 建筑是一部石头史书。

建筑跟艺术、文学、音乐和电影一样, 只有当它探索新领域、铸造新语言、想象新符号和新意义时才有价值。现如今的中国, 建筑行业高速发展, 在这波席卷全国的建设浪潮中, 一些建筑师和建筑事务所脱颖而出, 成为行业的佼佼者。

《国际竞标建筑年鉴》是深圳市博远空间文化发展有限公司继《中式风格大观》、《现代创意建筑》、《意构空间——国际居住》等图书出版后的又一力作。全书挑选了来自国内外知名建筑师和建筑设计机构的优秀竞标建筑, 在当下具有很强的代表性和极高的水准。

《国际竞标建筑年鉴》分上、下两册。上册展现了50个独具特色的建筑项目, 包括商业综合体建筑及规划、文化建筑及规划、酒店建筑及规划三大部分; 下册则从办公建筑及规划、城市规划设计、物流产业园三方面精选了44个竞标建筑项目。这些精选的案例涵盖了商业、办公、酒店等建筑形态, 是各种类型、各种形态、各种性能的竞标建筑的集成, 它们是中国乃至世界一流建筑师和事务所别具匠心的高超建筑的艺术表达结晶, 是国际建筑发展成就的代表。本套书在全面展示各地不同领域建筑类型的建筑样式、细部构造和设计特色的同时, 也为读者做了一次较为完整的竞标建筑巡礼。

业内周知, 现今的建筑图书策划大多千篇一律, 大量的重复、雷同的创意和平庸的案例已经让读者厌倦, 图书的阅读价值微乎其微。经过大量的调研, 我们策划出版了此套图书, 旨在为正在快速成长中的中国建筑业提供一个深入了解并感受世界各地最前沿建筑发展动向及成果的机会。

本着这一宗旨, 我们收集了国内外最前沿、最具特色的竞标建筑作品, 并从中选取最具代表性和风格的90多个作品进行集中呈现。在充分利用建筑事务所与建筑师提供的

各类图片、文字信息的同时，我们从不同角度诠释建筑的线条与设计理念，通过专业的编排和科学的分类，对每一个竞标作品进行全方位、多角度的图片与文字介绍，使案例既有纵览全局的全景大图，又有纤毫毕现的细节展示，更配有详细介绍的平面设计图样。不管是小型文化建筑的功用性，还是大型商业建筑的审美性，我们都从外到内、由点到面地阐述设计师的创作意图和设计理念，以期为业界同行和相关人士提供最新、最合适和最具代表性的设计参考。

当代建筑不只是空间，更是一门艺术，一种复杂的技术，一种包装城市、提升形象的手段，它是时尚精品的展示柜，更是带给众人全新体验的新场域。

《国际竞标建筑年鉴》是当下国际建筑创作的集中体现，它反映了当今建筑理念及设计上的变化，也是城市建设风貌的一个很好的缩影。希望这些有灵魂的建筑，和那些筑梦的建筑师们，终成为当代建筑的典范！

CONTENTS
目录

URBAN PLANNING AND DESIGN
城市规划设计

LOGISTICS INDUSTRIAL PARK
物流产业园

OFFICE BUILDING AND PLANNING

办公建筑及规划

THE SHENZHEN HIGH-TECH UNITED HEADQUARTER BUILDING

深圳市高新技术企业联合总部大厦

设计机构：深圳机械院建筑设计有限公司
主创建筑师：王 禾
项目地点：中国深圳
总建筑面积：1 240 099 m²

平面图

▶

流体城市

　　我们设想新建筑以一种流动的形式呈现，这体现了联合总部大楼（UHB）在空间、流通和使用三个方面的特质。（SPACE FLUIDITY/ 空间流动性、FLOW FLUIDITY/ 活动流畅性、USE FLUIDITY/ 使用易变性）

　　流体城市给了我们巨大的机会去重塑城市空间，去重塑人们可利用的城市空间。

　　项目建设基地位于深圳高新区填海六区。联合总部大楼将为众多高新技术的中小企业提供成长的空间。

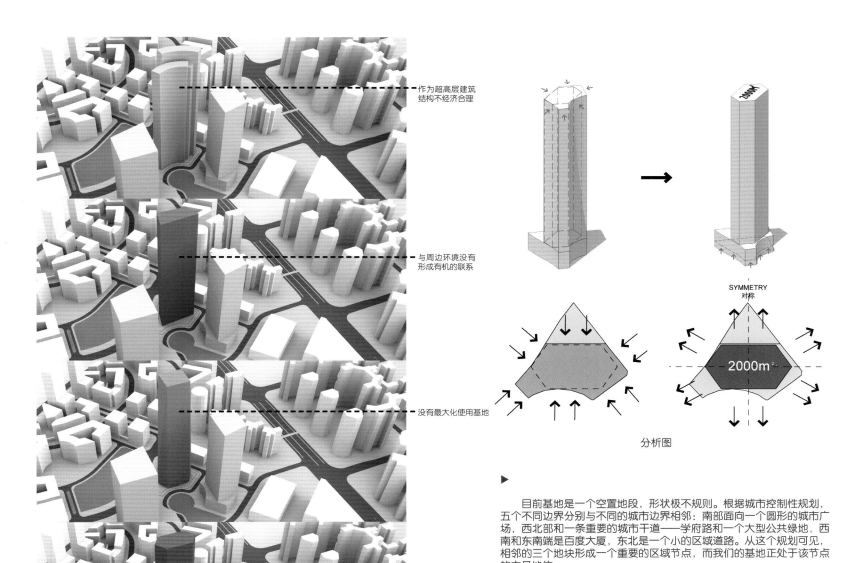

作为超高层建筑
结构不经济合理

与周边环境没有
形成有机的联系

没有最大化使用基地

结构经济合理，又
能充分利用项目用
地，并且与周边环
境形成呼应

模型图

SYMMETRY
对称

2000m²

分析图

▶

目前基地是一个空置地段，形状极不规则。根据城市控制性规划，五个不同边界分别与不同的城市边界相邻：南部面向一个圆形的城市广场，西北部和一条重要的城市干道——学府路和一个大型公共绿地，西南和东南端是百度大厦，东北是一个小的区域道路。从这个规划可见，相邻的三个地块形成一个重要的区域节点，而我们的基地正处于该节点的主导地位。

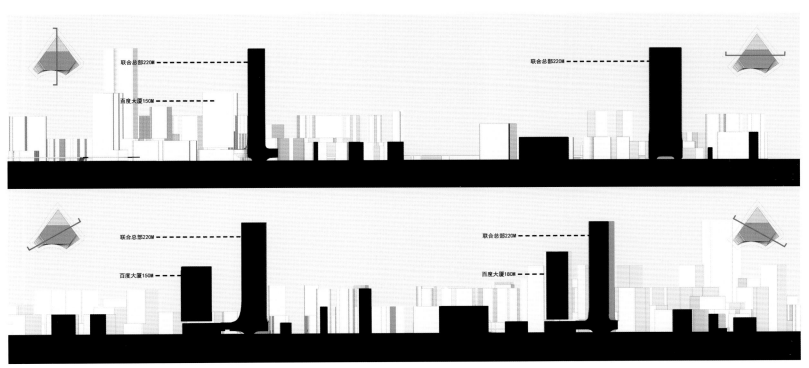

联合总部220M

百度大厦150M

联合总部220M

联合总部220M

百度大厦150M

联合总部220M

百度大厦180M

立面分析图

▶

新的建筑必须与设计定案的百度大厦在某种方式上整合与和谐，以创造一个理想的城市节点。

根据城市控制性规划，作为周边区域最高和占主导性的塔楼，新建筑是实现规划中城市节点的最关键的组成部分。因此，新建筑和百度大楼之间的一致性起着至关重要的作用。三个建筑必须相互和谐，同时也不失去自己的个性。这种空间的三角关系——UHB居于顶部，百度大厦位于两侧，使UHB成为能够统领周边区域的标志性建筑。

项目主要的工程挑战来自极不规则的用地和结构对规则体形之间的矛盾。作为政府启动的项目，达到成本、性能和经济效率的建筑形象之间的平衡，是一个设计必须注重的命题。

在一系列的尝试后，得到一个六边形体量，这种体量实现了不规则用地内土地利用效率的最大化、两轴向上最佳的力学性能，减少东、西两个方向上的太阳辐射，创造了最佳的开阔视野。

裙房被提升到空中，成为连接三个塔楼的公共空间。地面上空间开放，给公众提供了可停留和穿越的可能性。建筑软化的边缘形成都市地景，草地、树丛和不同的活动空间像浮岛一样散落在四周，使市民的活动不再受阻隔。城市的图底关系从二维向三维转变。建筑周边的城市空间转变为容纳公众活动的场所。新建筑为场所塑造作出了巨大贡献。

同时，新知识型产业建筑越来越多地形成了与公众互动的空间设计，这成为品牌和营销策略的重要组成部分。有着渗透性强、能够自由走动的地面空间，总部大楼将更具有宣传活力和包容性。

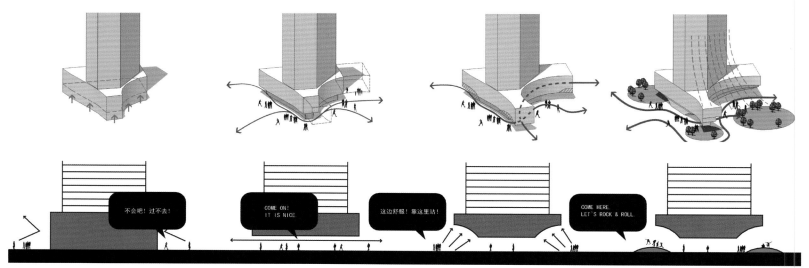

路线分析图

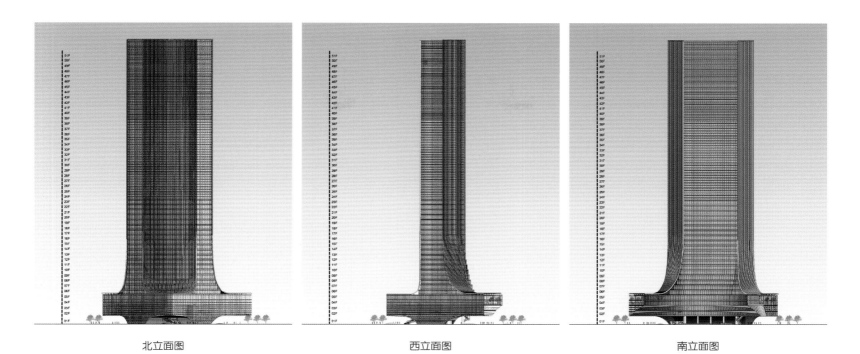

北立面图 西立面图 南立面图

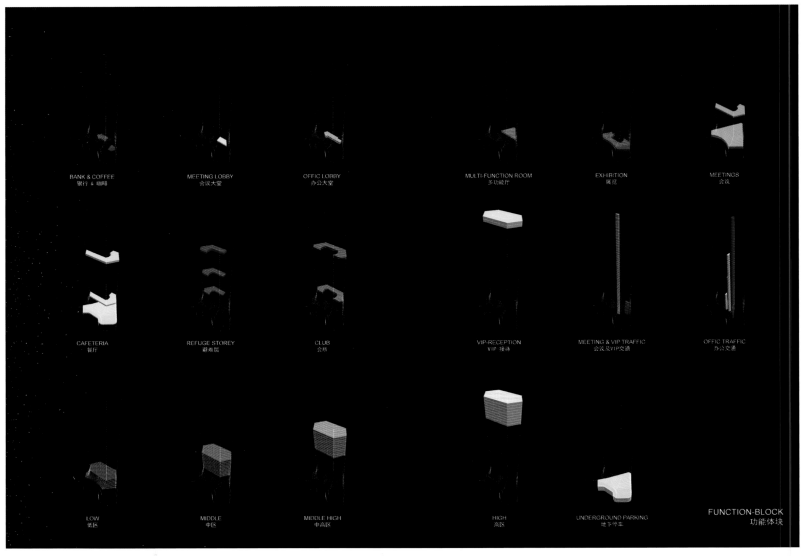

BANK & COFFEE
银行 & 咖啡

MEETING LOBBY
会议大堂

OFFIC LOBBY
办公大堂

MULTI-FUNCTION ROOM
多功能厅

EXHIBITION
展庭

MEETINGS
会议

CAFETERIA
餐厅

REFUGE STOREY
避难层

CLUB
会所

VIP-RECEPTION
VIP 接待

MEETING & VIP TRAFFIC
会议及VIP交通

OFFIC TRAFFIC
办公交通

LOW
低区

MIDDLE
中区

MIDDLE HIGH
中高区

HIGH
高区

UNDERGROUND PARKING
地下停车

FUNCTION-BLOCK
功能体块

▶

　　虽然新建筑以某种支配性的方式彰显标志性，其包容性仍然是必不可少的特征。它以统一城市的形象协调地存在于充满潜在的冲突的城市结构之中，让流动性成为一种象征性的概念并以此整合这些差异。它以流体弯曲的建筑形态去融合着三栋主要的建筑和周边城市空间。其塔楼似乎是百度大厦两个裙房的延伸和隆起，并展现出相互统一的形象和特征。作为一个曾经的高新技术小企业，百度的两栋新塔楼坐落在联合总部大楼的两侧，守护着新一代高新技术中小企业的成长和发展。这种建筑的一致性不仅创造了空间功能的特殊逻辑关系，也创造了建筑间的象征性对话。

　　新大楼的外立面不是随意产生的，它是城市状况和自然环境合乎逻辑的反映：应对各种不同的因素，如太阳辐射、日照、风景和视线等。建筑由此发展出了不同的立面肌理和构造细节。

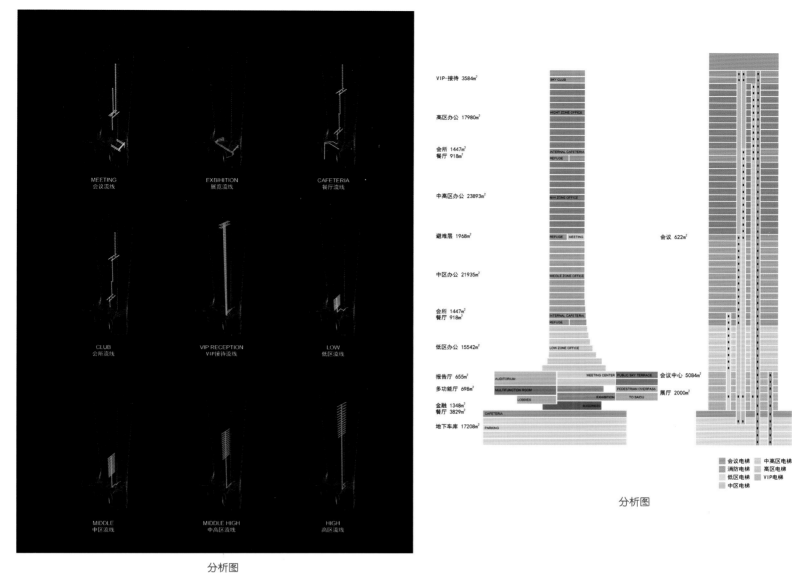

分析图

新建筑和百度大厦之间形成一致性的意义在于其产生了一个流畅沟通的空间。一方面，一致性建立了和谐的地方感和城市特征；另一方面，它提供了公共事件和公众参与的城市舞台。在设计中，我们拓宽行人走廊，使其成为联合总部大厦和百度大厦的有机组成部分；拓宽的行人走廊协调着两个建筑，使建筑群形成一致的整体；同时，当行人走廊足够宽时，它就不再是一个纯粹的交通性功能空间，而是能够转化成可容纳各种公共活动的多功能公共场所。因此，我们设计中的一致性体现在空间和使用两个方面。

此外，人们总是有着对土地和绿色的感情依附。成千上万年以来，人们总是试图在所有人工环境下维系这种依附。巴比伦空中花园是其中最有名的先例之一。我们借用巴比伦空中花园的想法，将城市的绿色延伸到建筑的塔楼当中；我们尝试在塔楼这种长久以来切断人与地景之间的联系的类型学建筑中，重新建立起一种身体和心理上的山水田园纽带。

分析图

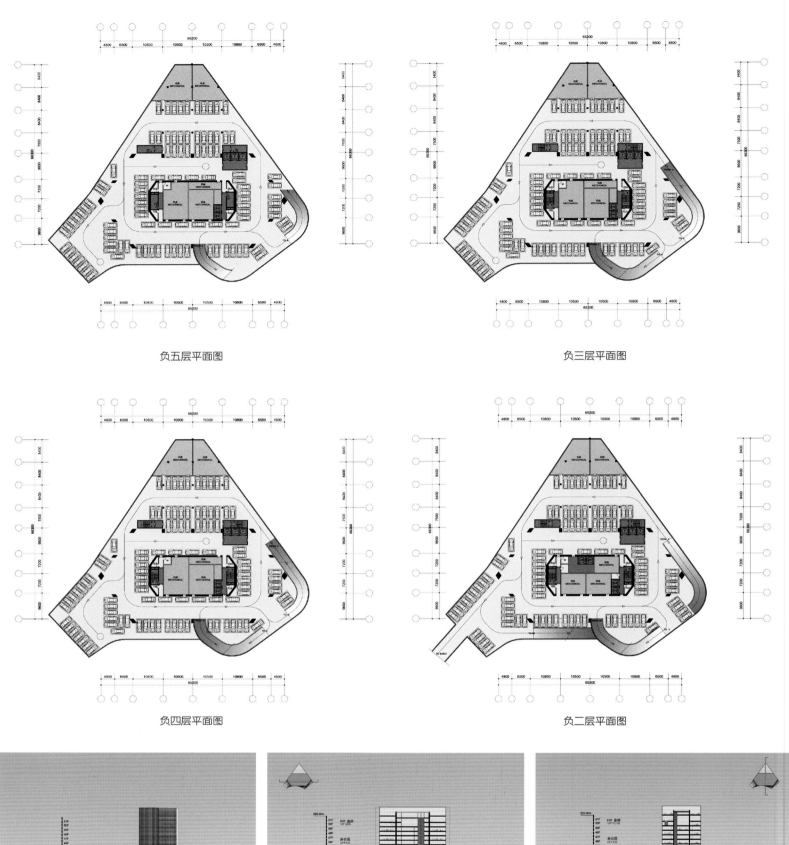

负五层平面图

负三层平面图

负四层平面图

负二层平面图

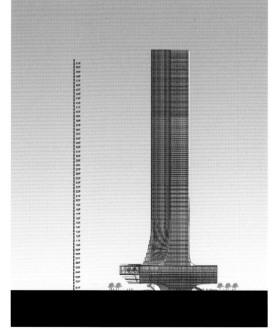

东立面图

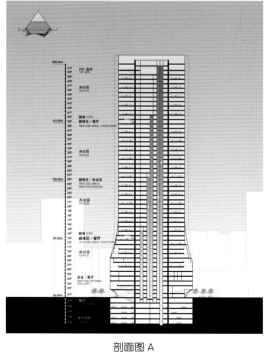

剖面图 A

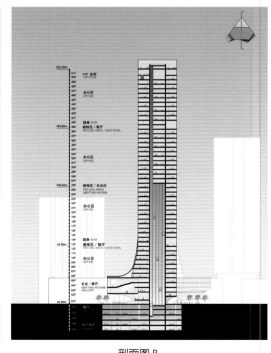

剖面图 B

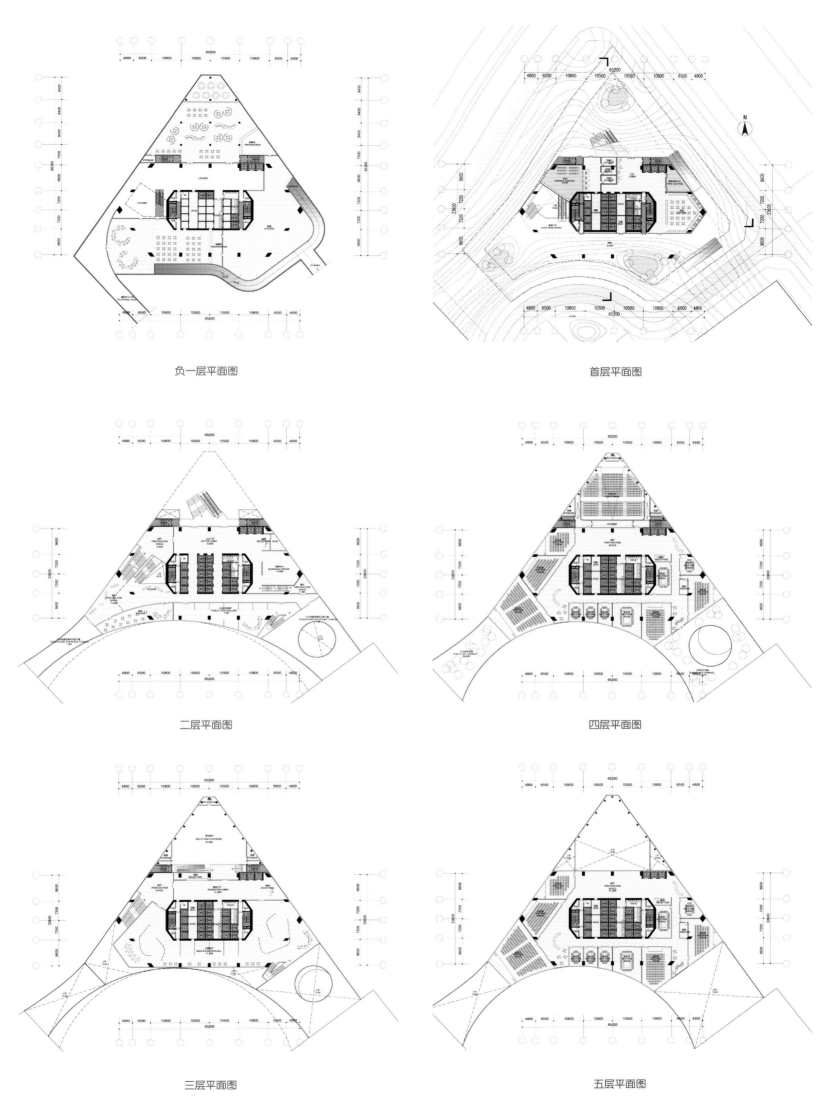

负一层平面图

首层平面图

二层平面图

四层平面图

三层平面图

五层平面图

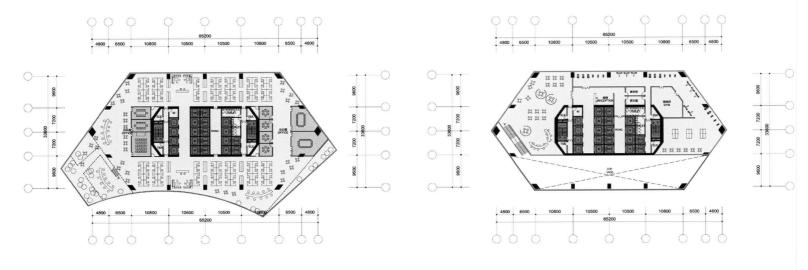

低区六 – 十二层奇数平面图

十四层平面图

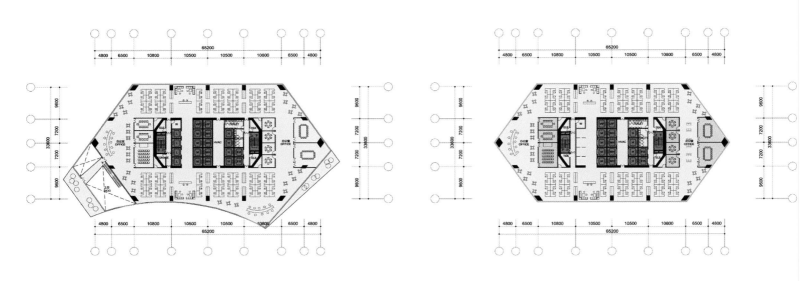

低区六 – 十二层偶数平面图

十五 – 二十五层平面图

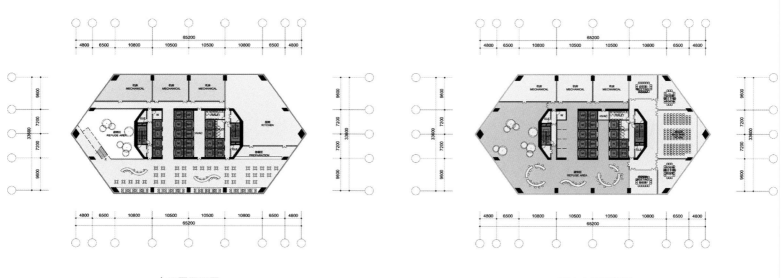

十三层平面图

二十六层平面图

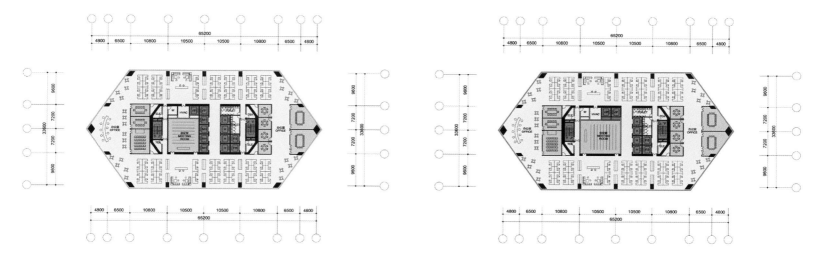

中高区二十七－三十八层平面图　　　　　　　　　高区四十一－四十九层平面图

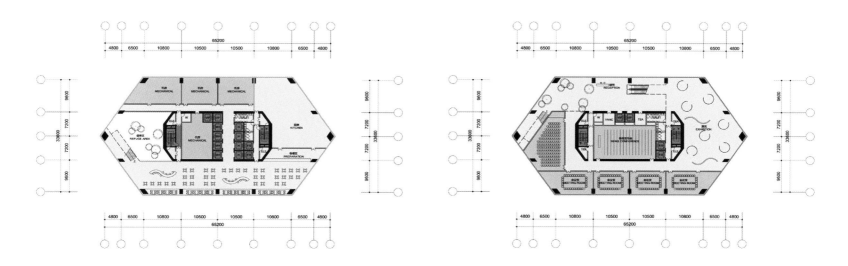

三十九层平面图　　　　　　　　　　　　　　　五十层平面图

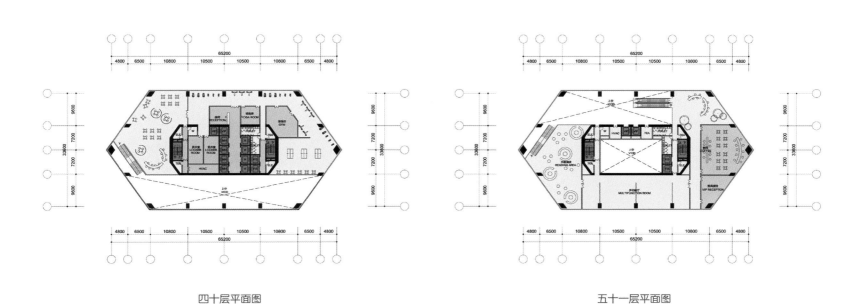

四十层平面图　　　　　　　　　　　　　　　五十一层平面图

CHINA LIFE BUILDING
深圳人寿保险大楼

设计机构：太平置业（深圳）有限公司
项目地点：中国深圳
总用地面积：5 009.35 m²
总建筑面积：70 554.8 m²
地上建筑面积：59 880.0 m²
办公面积：50 090.0 m²
商业面积：9 790.0 m²
地下建筑面积：10 664.8 m²
建筑高度：150 米
建筑容积率：11.95
建筑覆盖率：58%
绿化率：27%

形体

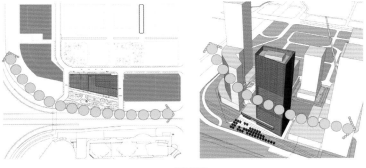

平面图

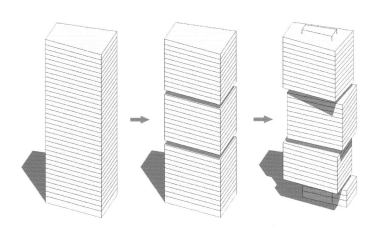

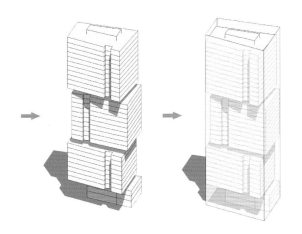

分析图

中国人寿大厦主楼为高层办公楼，低层裙房设有商业设施。主楼及裙房的地下设有停车库、人防及设备用房等。

主楼地上为 34 层，裙房 3 层，总高度约为 145.2 米，标准层层高为 4.2 米，塔楼结构尺寸约为 26.3~33.3×46.6 米，主要结构跨度有 8.5 米、9.6 米等，设四层地下室，埋深约 20 米。

结构体系采用型钢（钢管）混凝土框架－钢筋混凝土筒体结构，塔楼竖向荷载由型钢混凝土柱和钢筋混凝土筒体共同承担，钢筋混凝土筒体作为主要的抗侧力构件。

设计依据：

主体结构设计使用年限为 50 年；抗震设防烈度为 7 度，设计基本地震加速度 0.10g，地震分组为第一组；基本风压为 0.75kN/m²（重现期 50 年）和 0.90kN/m²（重现期 100 年）；地面粗糙度为 C 类；雪荷载不考虑。

建筑结构安全等级为二级、建筑抗震设防类别为标准设防类（丙类）、结构的抗震等级为一级、地下室防水等级为二级、人防地下室的抗力等级为六级、地基基础设计等级为甲级，结合本工程设四层地下室的要求及附近场地的地质情况，基础可采用人工挖孔桩。

上部结构及地下室结构方案：

本工程上部结构体系采用型钢（钢管）混凝土框架——钢筋混凝土筒体结构的混合结构，塔楼外的地下室部分采用框架结构。

采用该结构，中间的钢筋混凝土筒体作为主要的抗侧力构件，较好地满足了抗侧力的要求，而外部采用型钢（钢管）混凝土柱，既可以满足较大较灵活的建筑使用空间，也能用较小的截面尺寸达到使用上的要求。另外，采用此结构也可以避免出现结构上高度超限的情况。

塔楼上部外形的扭动是通过外挑板来达到建筑效果的，而竖向构件位置不变。

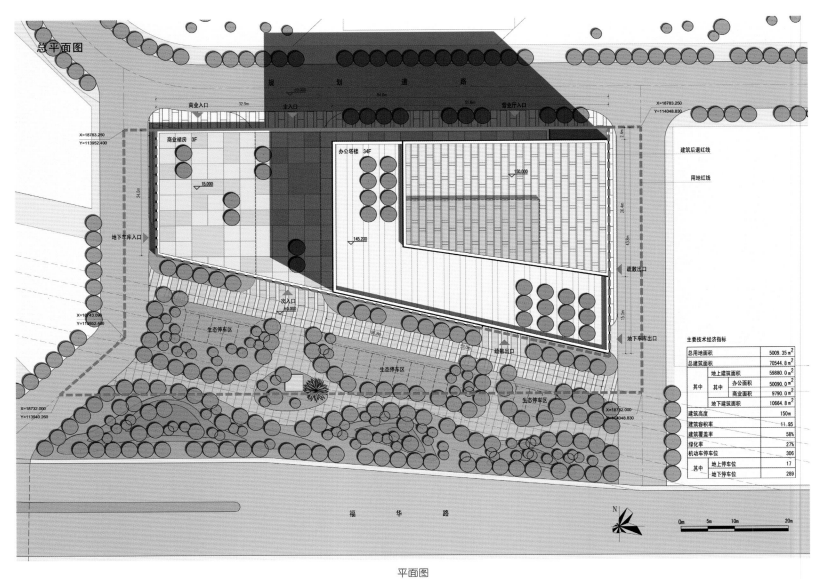

总平面图

平面图

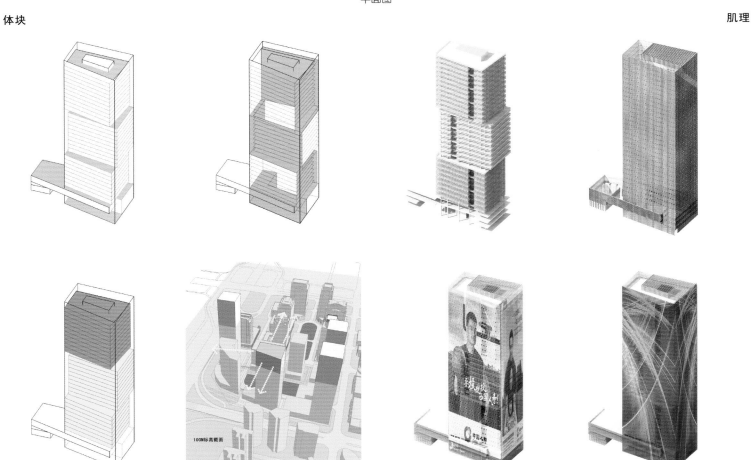

体块

肌理

分析图

BANK OF CHINA, ANHUI BRANCH
中国银行安徽省分行

设计机构：孟建民建筑研究所建筑创作中心
项目地点：中国安徽
用地面积：30 787.5 m²
项目面积：78 151.64 m²
建筑高度：160 m
容 积 率：2.54
绿 化 率：32.58%

合肥位于安徽中部，地处江淮之间、巢湖之滨，经济文化发达，地理位置优越，素以"淮右襟喉、江南唇齿"闻名于世。伴随滨湖新区的飞速发展，合肥迎来新一轮城市建设高潮。地处滨湖新区核心地段的中国银行新营业办公楼，将是其中浓墨重彩的一笔。

新营业办公楼项目位于滨湖新区门户位置，庐州大道以东，云谷路北侧，占地约 30 786 平方米，交通便利，位置重要。它是一座集办公、营业、会议、高端接待、企业展示于一体的高标准现代化办公建筑综合体。通过对城市空间的深入研究和对地域元素及中行文化的全面解读，我们认为此次设计应主要解决以下四方面问题：

1. 如何合理顺应城市秩序，挖掘城市景观资源，创造独特的城市地标。

2. 如何巧妙诠释地域文化，塑造蕴含中行元素的卓越建筑形象。

3. 如何全面体现中行"以人为本，客户至上"的服务理念。

4. 如何实现功能高效与生态环保的科学统一。

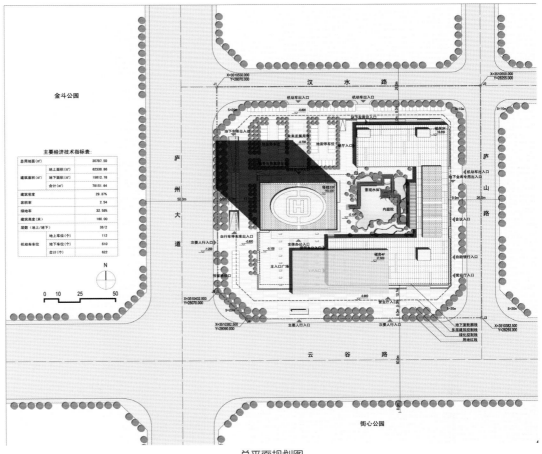

总平面规划图

項目用地位于滨湖新区中心位置，西临金斗公园，南靠街心公园，远眺巢湖，核心景观蜿蜒环绕，地理位置重要，景观资源优越。通过对基地及周边城市环境的深入解析，设计沿西、南主干道设置高层塔楼，以展示最佳的建筑形象，并可穿越南向规划100米的高层建筑，全面获取巢湖景观。主体建筑向北适当退让，形成主入口广场，减少对城市的压迫，且能有效避免干道交通的不利影响。营业营销部门沿云谷路及东面商业区展开，餐饮会议等后勤配套设施则独立设置于基地东北角，并通过公共展示门厅与主体建筑连接。三者围合徽派景观庭院，并与塔楼有机结合。在巧妙呼应新区城市肌理的同时，创造出独特的、极具地域特色的城市空间体验。

功能流线

我们的设计，强调功能流线与空间形态的高度统一。办公塔楼位于场地西侧，营业及会议后勤分列南北，城市人流由西、南、东面进入场地，机动车则主要由北侧道路进入。塔楼主入口设置于建筑南侧，自入口广场拾级而上，进入办公大堂，通过分区高速电梯，普通办公人员可快速抵达各楼层。企业高管则由北侧入口进入建筑内部，并经由专属门厅及电梯抵达高管楼层。对外服务功能沿云谷路及商业区一字展开，客户可快速进入首层营业大厅办理业务，并可通过自动扶梯抵达其他各营销部门，便捷高效。会议餐饮等后勤配套设施独立设置于基地东北角，以避免对主体建筑的干扰。员工可由首层庭院快捷进入餐厅用餐，亦可通过会议门厅进入独立会议培训区。

普通机动车由北向汉水路进入基地，并通过各自流线抵达地下车库或相关区域。建筑内部广场的适当抬高，最大限度地实现了人车分流，保证了良好的办公环境。金库独立设置于营业厅地下部分，内设现金内库、外库、尾箱库、监视廊、帐表库、保险箱库及接待、查阅、监管、保管、安防等重要设施，并设独立运钞车停车位及出入口，便捷安全。

"以人为本，客户至上"是中行文化的重要组成部分，我们努力为VIP客户创造出尊贵而独特的空间体验。重要客户可由专属电梯抵达各业务楼层及保险箱业务区，以避免普通人流的干扰。我们还创造性地在裙楼顶部设置一座私人银行，精致的建筑形态、丰富的内部空间、开阔的公园景观视线，无不彰显出中国银行对于客户的至诚服务。而塔楼顶端的VIP会所，则是中国银行至尊服务的完美体现。高端客户可通过塔楼专属电梯或屋顶直升机坪接待进入VIP会所，内设三层的会所包含商务洽谈、金融沙龙、休闲观光、健身娱乐等尊贵服务，VIP客户在此可休憩养息、品茶论道，亦可远眺巢湖、论战商海，感受大时代下中行波澜壮阔的发展步伐。

建筑形态

建筑形态设计强调挺拔与舒展、恢宏与细腻、厚重与空灵的强烈对比。

裙楼立面采用竖向折型百叶，通过巧妙的材料及角度设置，以求获得移步异景的视觉体验。通透的会议门厅则与裙楼主体形成强烈的虚实对比。160 米的高层塔楼采用竖向石材分割及节能玻璃幕墙，更显得高耸挺拔。简洁的形体、硬朗的线条，折射出中行理性稳重、扎实进取的企业精神。建筑顶部形态取意于"中正大气，海纳百川"。矩形洞口稳重有力，简洁独特，暗合中正之意。锥型 VIP 会所形体圆润，气质温婉，在表达中行色彩的同时，更象征了中国银行国际化、开放、包容、海纳百川的胸怀。两者刚柔结合，张弛有度，为整体建筑形态画下点睛之笔。

空间体验

"人道我居城市里，我疑身在万山中。"设计试图将宏伟的建筑形态与悠然的徽州山水融于一体，为使用者提供"内外皆景，满目山林"的独特空间体验。穿过宏伟的入口广场，经过挺拔的主体建筑，内部自然围合的徽州庭院跃入眼帘，"三五人千军万马，七八步万水千山"，徽州文化皆可浓缩在此。在紧张工作之余，人们可休闲小憩，可静思观景，而办公空间则在享有外部公园景观的同时，平添内庭院几分春色。高层塔楼东西各设空中花园，凭栏远眺之余，园林元素植入其中，使得建筑无处不成景。在都市丛林的时代，我们愿以此园为城市创造一处静谧，并向灿烂的徽州文化致敬。

生态技术

生态节能、低碳环保已经成为高标准办公建筑的基础条件。

新营业办公楼项目巧妙利用裙楼内部庭院，形成局部小气候，大幅度改善城市热岛效应。高层塔楼开设生态边庭，将自然通风采光引入建筑，减少人工能耗。

建筑设计采用了中水回收利用系统、屋顶太阳能光伏发电板、可调节式遮阳穿孔板百叶、复合双层可呼吸玻璃幕墙系统等绿色技术，在提升建筑空间品质的同时，亦响应了节能减排、低碳环保的设计理念。

全楼采用数字化标准，全面实现智能化管理，包括了安防系统、监控、自动通风、门禁系统、自动广播系统。无线网络覆盖全楼，是数字化时代办公建筑的典范。

通过对城市关系的深入解析、对功能空间的科学组织、以及对建筑形态的独特表达，我们期待中行新营业办公楼的设计将为滨湖再添一道美丽的城市风景，并在中行的发展历程中写下浓墨重彩的一笔。

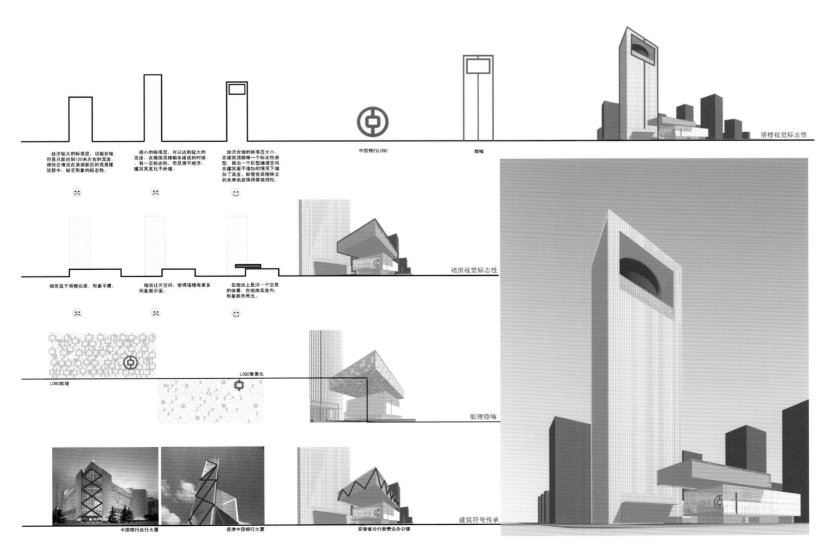

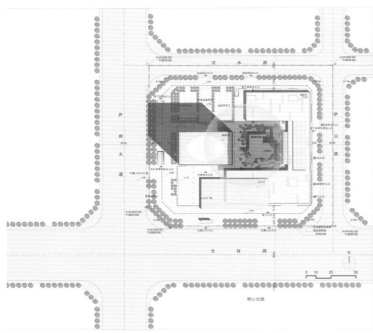

平面图1

引入中心庭院

建筑围绕一个中心内庭院布置。使得周边办公空间都有良好景观。

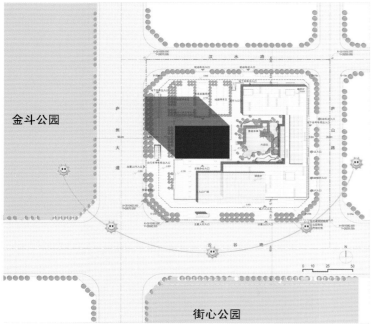

金斗公园

街心公园

平面图2

最大限度的景观与日照

通过用地分析，为最大限度的获得南面街心公园与西面金斗公园的景观资源，结合考虑南北向自然采光。塔楼标准层采用54mX34m的平面形式。裙房的主要功能块也都采用南北向。

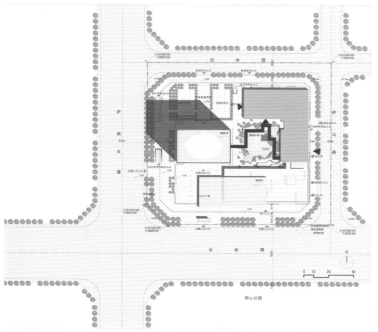

平面图3

独立的会议餐饮区

会议中心、培训中心、餐饮中心等成为一个较为独立的区域。餐饮与会议由不同的入口进入，相互独立，通过院落与主楼有较好的联系。在用餐与会议休息期间都可享受庭院景观。

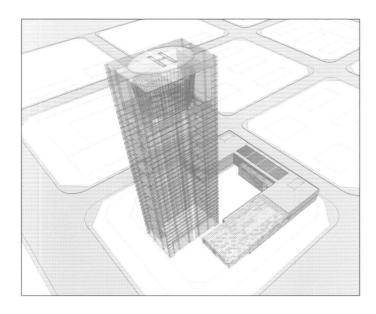

在塔楼东西两侧，每三个标准层设置一个通高的空中花园，形成很好的休息、交流空间，同时遮挡东、西晒。

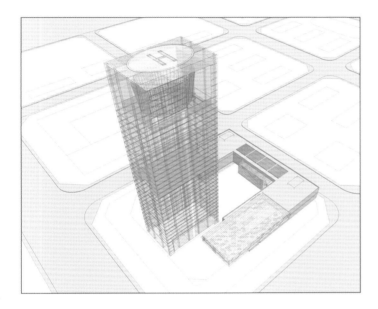

避难层结合电梯换乘，设计为一个多功能空中庭院，成为塔楼内员工集中交流休憩的场所。

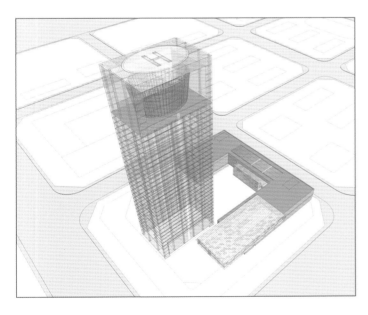

塔楼观光层与裙房屋顶绿化作为VIP会所与私人银行的室外活动休息区。

园林式建筑空间

传统
园林
空间
➕
现代
建筑
语言

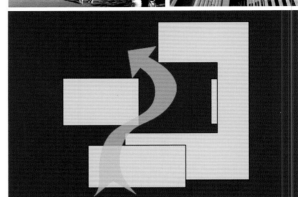

传统园林的造园理念

　　徽州地区建筑文化氛围浓厚，其中徽派园林在中国古代园林中占有不可忽视的作用。传统园林讲求叠山、置石、理水，营造一种自然山林的原始美感。让置身其中的游人感受到山林的野趣。

将园林植入庭院

　　我们通过对建筑群体和体块的组合，形成了内向的庭院空间，结合徽州地区的庭院园林，在内庭院中植入园林元素，营造出一种"在城如在野，山水引入家"的意境。

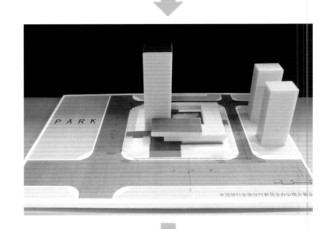

CNOOC ENERGY TECHNOLOGY DEVELOPMENT RESEARCH INSTITUTE
中海油能源技术开发研究院

设计机构：香港华艺设计顾问有限公司
项目面积：189 976 m²
设计时间：2011 年

立面图1

立面图2

SCHEMATIC DESIGN COMPETITION OF ALIBABA BUILDING (SHENZHEN)
阿里巴巴深圳大厦(在建)

设计机构：悉地国际墨照工作室
项目地点：中国深圳
项目团队：张 震、黄志毅、曾冠生、欧阳祎、杜雪松、张丹丹、黄飞龙、刘晓龙
项目规模：110 435 m²
客户：阿里巴巴（中国）有限公司
设计时间：2011 年 6 月

项目背景

　　阿里巴巴深圳大厦位于深圳后海中心区，滨临内湾公园及 F1 赛艇会场，生态环境优越。此项目面向全球征集方案，该项目建成后，将成为深圳湾金融商务区又一地标性建筑，是阿里巴巴集团南方总部和国际运营总部。阿里巴巴集团南方总部和国际运营总部落户深圳后，集团在深投资项目全面启动，将携手深圳市政府，在深圳建立立足泛珠三角、面向东南亚、辐射全球的电子商务平台。

城市设计

　　在充分研究城市空间控制总图后，我们提炼出五个要素作为设计的判断标准，这是为了在充分尊重城市空间控制总图的基础上，争取最大的灵活性。因所处地段西面是城市林荫大道，东面是城市公园，设计放大这个差异，东段呈都市化倾向，形体完整，尺度按城市空间控制要求；西段呈园林化倾向，尺度压小，形体散落。建筑整体呈 U 形围合，向海湾开敞。

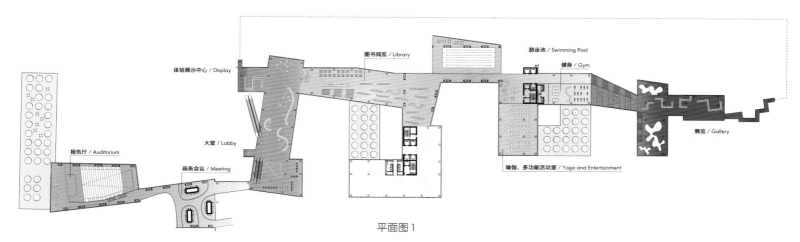

平面图 1

公共空间

在中国城市化及产业转型的大背景下，公共空间有了新的机会和形式，评判标准也在发生变化。我们从新兴企业自身对公共空间的要求出发，重新组织一个公共空间系统。这个系统是都市、企业、公众互动的平台，也是阿里巴巴向世界展示其企业文化理念的平台。

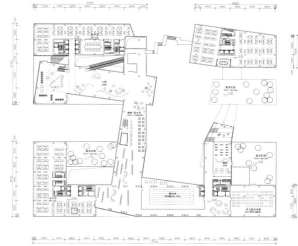

平面图 2

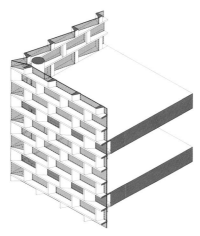

立面图

东西立面玻璃靠格子窗内侧设置，使格子窗形成良好的遮阳效果。

南北立面玻璃根据人的视线高度设计成不同的斜度，同时倾斜玻璃应对着东西两侧的景观资源。

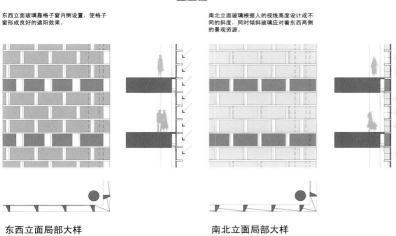

东西立面局部大样　　　　　南北立面局部大样

平面图 3

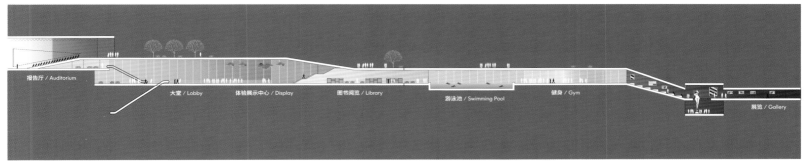

剖面图

剖面图

模型图

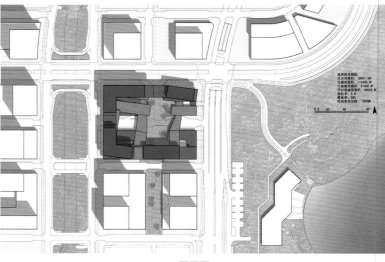

平面图

项目说明

　　相对于传统企业通过互联网拓展业务及增进对客户的服务方式和质量，以电子商务为主的企业也应创立现实中面对面的沟通互动的另一种体验方式。这种注重氛围创造的多感官体验弥补了线上体验的不足。集合线上与线下特点的新生活体验成为现在及未来的重要探索内容。此外，事件化的场所设计不仅向社会更好地诠释了企业的文化理念——包括对新生活方式的追求以及建立开放、透明、分享多样性的新商业文明，而且多样化的事件也将为城市建筑空间注入活力，创造丰富多彩的氛围。

效果图1

效果图2

DIGITAL AUDIO CODE ENGINEERING LABORATORY BUILDING

数字音频编解码技术国家工程实验室大楼

设计机构：航天建设集团深圳工程设计有限公司方案创作所
设计主创：周 海
设计团队：丁敏清、代金磊、黄祝彪
设计时间：2011 年

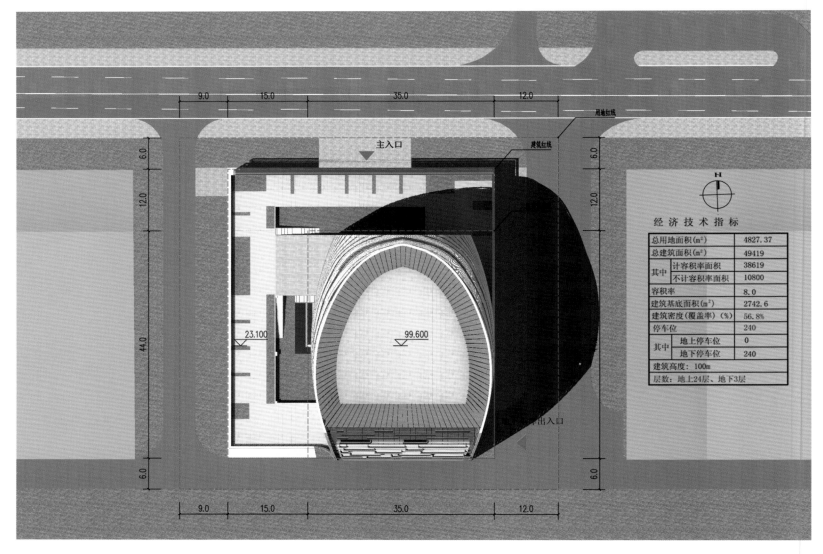

经 济 技 术 指 标

总用地面积(m²)		4827.37
总建筑面积(m²)		49419
其中	计容积率面积	38619
	不计容积率面积	10800
容积率		8.0
建筑基底面积(m²)		2742.6
建筑密度(覆盖率)(%)		56.8%
停车位		240
其中	地上停车位	0
	地下停车位	240
建筑高度:100m		
层数:地上24层、地下3层		

总平面图

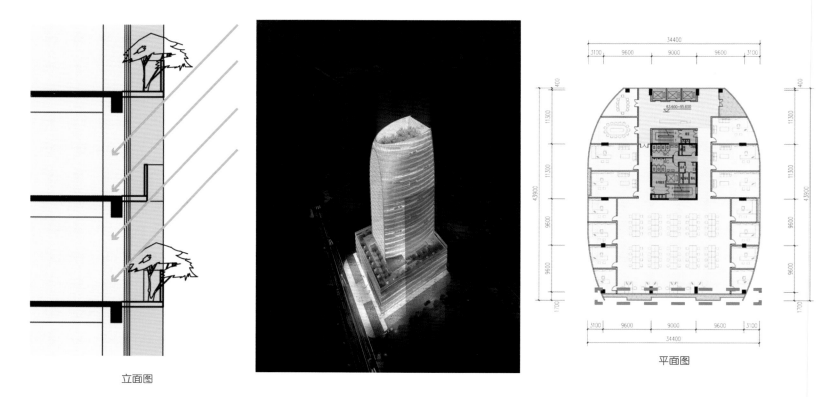

立面图

平面图

南侧设置绿化阳台，"软化"建筑沿街面，同时对南侧适量遮阳节能；东西两侧设置水平遮阳，节能防晒。

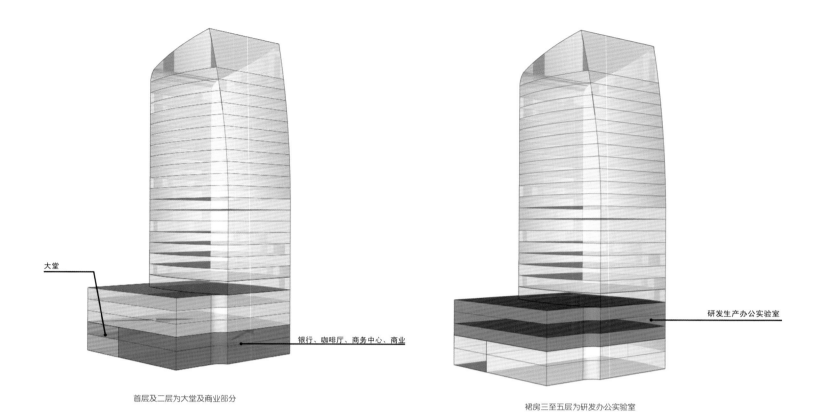

大堂

银行、咖啡厅、商务中心、商业

研发生产办公实验室

首层及二层为大堂及商业部分

裙房三至五层为研发办公实验室

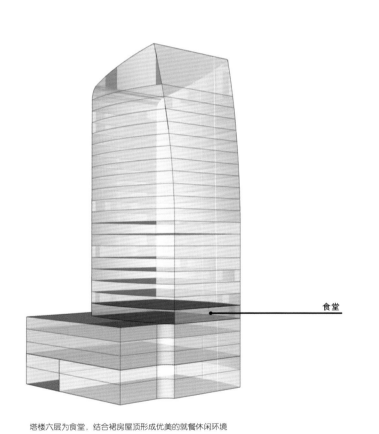

食堂

塔楼六层为食堂，结合裙房屋顶形成优美的就餐休闲环境

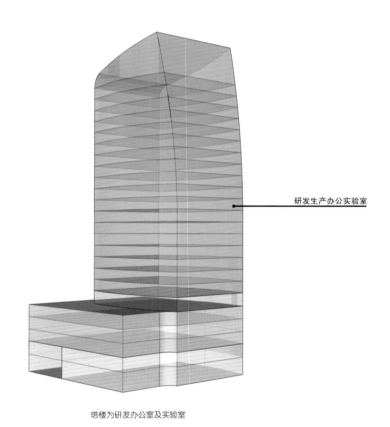

研发生产办公实验室

塔楼为研发办公室及实验室

功能分布
　　首层及二层为大堂及商业部分。裙房三至五层为研发办公，裙房部分设置立体绿化中庭，改善空间品质。塔楼六层为食堂，结合裙房屋顶形成优美的就餐休闲环境。塔楼为研发办公室及实验室。

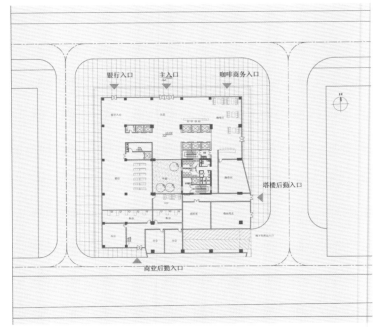

人行流线分析图

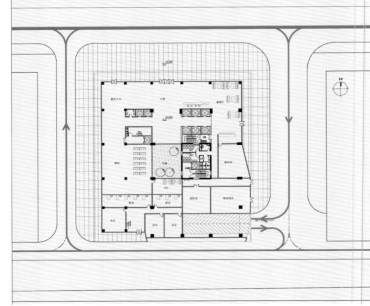

车行流线分析图

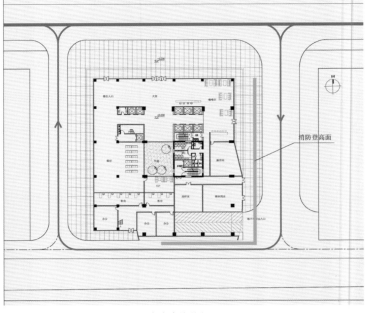

消防流线分析图

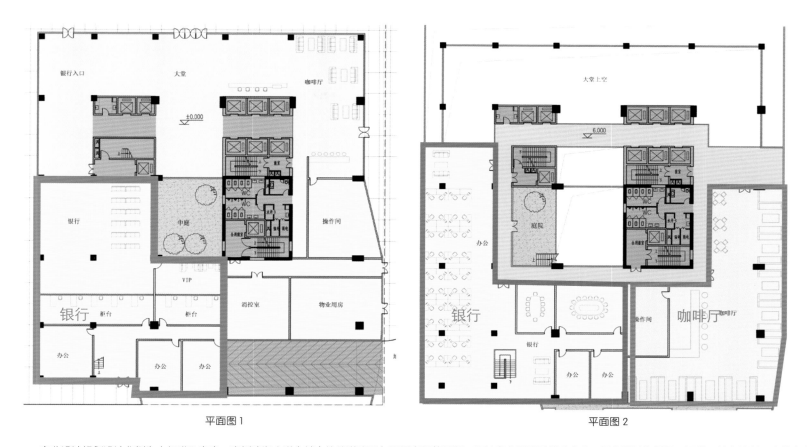

平面图 1　　　　　　　　　　　　　　　　　　　　　　　　　平面图 2

商业设计规划设计北侧为人行进入方向，南侧滨海大道为城市快速道路且与项目有绿篱隔断。用地商业属于尽端式商业，因此设计为银行、证券、教育培训、高档咖啡厅和商务服务中心等目标型业态，同时这样的业态也不会对大厦的品质造成负面影响。

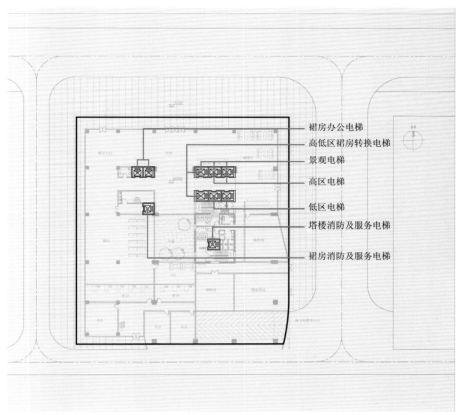

裙房办公电梯
高低区裙房转换电梯
景观电梯
高区电梯
低区电梯
塔楼消防及服务电梯
裙房消防及服务电梯

细节分析图

电梯设计方案设计了八部客梯，两部货用电梯兼消费电梯，每层有四部电梯，停靠分配平衡合理，使用高效。北侧设为观光电梯，提升大厦品质。低区电梯到高区时转换为消防梯，设置花台，提高平面使用率。

BAIDU BEIJING RESEARCH & DEVELOPMENT HEADQUARTER PLANNING, ARCHITECTURAL DESIGN

百度北京研发总部规划建筑

主创设计师：吴 刚、陈 凌、Knud Rossen、谭善隆
设计团队：于 菲、苗 德、Scott Craven、郑建国、白云祥、樊 璐、王丽娜、周 涛
客　　户：百度在线网络技术（北京）有限公司
项目地点：中国北京
项目面积：251 579 m²
用地面积：64 844 m²
容 积 率：2.62

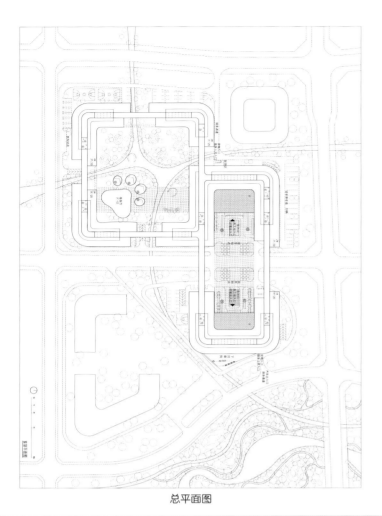

总平面图

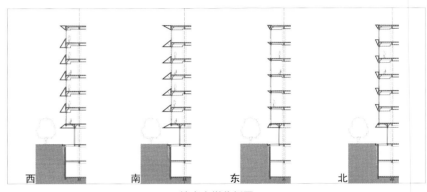

建筑构成分析图

立体绿化　　交通核心环　　空中庭院

开放首层联系环境　　遮阳系统　　整体

西　　　南　　　东　　　北

墙身大样分析图

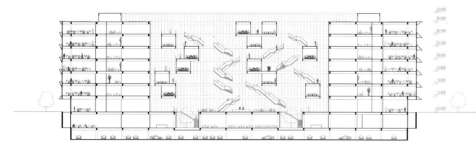

2-2剖面图

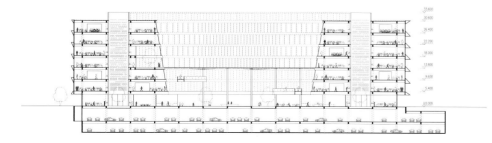

1-1剖面图

百度北京研发总部位于中关村软件园二期内，基地由三个"浮岛式"地块组成，根据规划条件整合后成为C、N两个地块。基地北侧紧邻软件园区中央轴线，两条城市次干道（软件园中街与规划二路）在此交汇，交通便利。基地东侧毗邻园区中央绿化核心，风景优美。同时一条规划绿带从N地块中央穿过，带来丰富的景观资源。

如何回应城市空间环境和在分散的地块上创造出富整体性的建筑群体是这次设计面对的挑战。

规划理念首先是尊重园区规划大局，在中轴建立起完整的软件园中街的主立面和其他重要的沿街立面，同时以规划二路为主线进入基地，结合道路在C与N地块之间建立起门前广场，为百度建筑群建立一个鲜明的入口。其次，引入绿化。将原有规划绿化带引入百度建筑群当中，将其放大成为一个大型的风景庭院供人们活动，并以一条自然景观带将庭院与基地周边的城市绿化核心链接，形成自然景观网络。再次，贯彻园区中的"浮岛"概念，建筑群体采用圆润的外形，体量则综合考虑功能、尺度、限高、消防、管理和分期等要求，定义为五座单体研发楼，以一号楼为首期，二号楼为群体中心，并用空中连廊将五个建筑体连接为一体，形成环通的建筑群体关系。

建筑设计构思以新兴网络公司的办公文化出发，针对业主的企业文化特点，为其量身定做出适合自身使用的办公空间。造型简约，避免片面追求新、奇、怪。注重室内外空间的交流、融合以及空间细节考究。呼应北方大院特色，五座建筑单体围合出两个合院式的空间——百度广场和百度天地，以百度大道为中轴连贯两者，压轴设置百度报告厅，空间序列层层递进，布局平衡而稳重。

交通动线设计严格区分访客、内部员工及后勤人员活动范围，分别设置员工出入和货物、车辆出入口，人车分流。沿用地红线设置外环道路，自驾车、班车、货车及消防车均沿园区外侧通道环行，与园区内人流路线无交叉、无干扰。班车的设置解决了地铁族及公交族的需求，沿建筑群外侧环行并设置三处班车站点，为实现员工就近上下车，班车停车场设置在园区北部。货物流线

在 C 地块东侧，N 地块西侧设置专用出入口、专用通道及卸货场地。

建筑内部空间由对外接待和对内服务两部分功能组成。对外功能主要有接待、会议、展示、纪念品商店、招聘和咖啡吧等。对内功能主要是办公、会议、交流、餐饮和员工活动等。餐饮集中设置于地下一层，并有下沉庭院引入自然光及自然景观。地下层除设备用房和停车库外，还设计了员工活动场地。

建筑设计中充分考虑对节能减排、生态低碳等技术的应用，采用智能化楼宇管理系统，实现高效低运营成本。建筑平面方整、紧凑、灵活，有利于快速应对功能变化和改造。建筑外形简约，体型系数小，有利保温节能。带形窗的设计保证了建筑立面采光均质，且不受内部改组影响。候梯厅、疏散梯间均采用自然采光、通风。南、西两侧配以太阳能集热器作为立面遮阳构件，开源节流一次实现。西、北两侧相对降低窗墙比，减少西晒和北风对室内环境的影响。东面则以全落地窗来增加采光量，并最大限度地将东侧绿化核心景观引入室内。地下餐厅、休闲娱乐室及停车库均通过设置下沉庭院和自然通风采光带，实现低技高效节能并同时提高空间舒适度的效果。空中花园引入立体绿化改善办公区生态环境，庭院和中庭利用"烟囱效应"带动室内气流，实现建筑被动式自然通风、节能、环保、舒适。

一层平面图

SCHEMATIC DESIGN OF PHOTOELECTRIC INDUSTRIAL PARK IN SHENZHEN

深圳市光电产业企业加速器

主创设计师：陈江华
创作团队：石海波、陈江华、顾洁琼、王颖、黄宇
项目地点：中国深圳
用地面积：60 570.83 m²
项目面积：187 950 m²
容 积 率：4.5
绿 化 率：35.5%

该团队多年来致力于研发生产型园区、总部办公基地及物流仓储等类型的泛工业地产研究及建筑创作，获实施项目总建筑面积逾百万平方米。项目团队成员石海波、陈江华两人目前就职于深圳同济人建筑设计有限公司，但该项目是他们在深圳奥意建筑设计有限公司时的作品，特此声明。

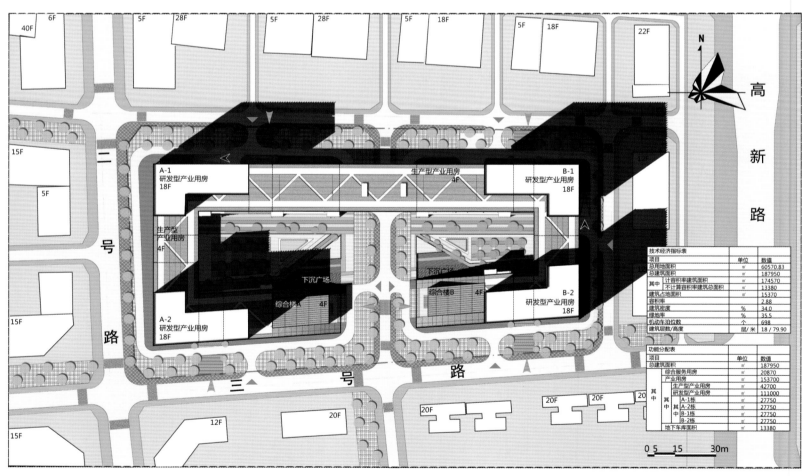

40F 6F　　5F 28F　　5F 28F　　5F 18F　　5F 18F　　22F

N 高新路

15F

5F

A-1
研发型产业用房
18F

生产型产业用房
4F

B-1
研发型产业用房
18F

生产型
产业用房
4F

下沉广场

下沉广场

综合楼B 4F

B-2
研发型产业用房
18F

综合楼A 4F

A-2
研发型产业用房
18F

15F

15F

二　号　路

三　号　路

12F　　20F　　20F 20F 20F 20F

15F

技术经济指标表		
项目	单位	数值
总用地面积	m²	60570.83
总建筑面积	m²	187950
其中　计算容积率建筑面积	m²	174570
不计算容积率建筑总面积	m²	13380
建筑占地面积	m²	15370
容积率		2.88
建筑密度	%	34.0
绿地率	%	35.5
机动车泊位数	个	698
建筑层数/高度	层/米	18 / 79.90

功能分配表		
项目	单位	数值
总建筑面积	m²	187950
综合服务用房	m²	20870
产业用房	m²	153700
生产型产业用房	m²	42700
研发型产业用房	m²	111000
其中　A-1栋	m²	27750
A-2栋	m²	27750
B-1栋	m²	27750
B-2栋	m²	27750
地下车库面积	m²	13380

0 5　15　　30m

▲ 车行入口　　┄┄┄ 裙房公共通道
▷ 人行入口　　► 地下车库入口

总平面图

布局一：建筑位于场地中央，留出外广场。作为片区的第一组建筑，很难形成"势"。

布局二：建筑围合出内广场，整体性"势"强，对片区发展有引导作用。

布局三：将高层集中布置，整体裙房降低，打开中部，使空间更开放、通透，渗透景观。

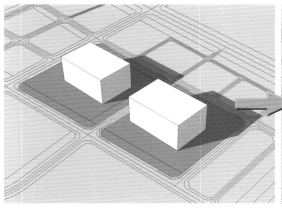 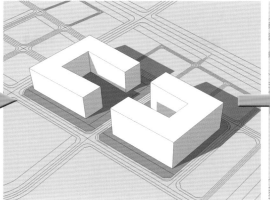 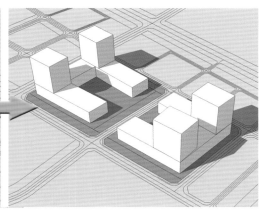

建筑底部大尺度架空，将人流引入庭院内部，使其成为片区内最大的"公共建筑"和"科技公园"。

综合楼沿街左右对称布置，更便捷的服务于整个园区，并通过草坡、地下餐饮广场将两地块紧密联系在一起。

塔楼"切薄"为L形体量。长边南北向，用作研发空间；短边东西向，用作交通及辅助空间，并设绿化边庭改善室内环境。

裙房及塔楼由架空层联系为一个有机整体。

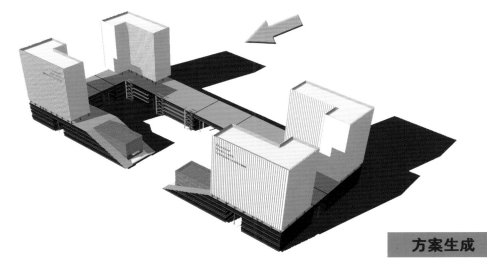

方案生成

项目位于深圳市光明新区木墩片区，政府投资兴建该项目的目的是给高速成长的中小型光电产业科技企业提供发展的物理条件和深层次的专业化服务，促进我市光电产业持续、快速、稳定发展，有效提高土地利用效率，解决产业用地相对不足的矛盾。

光明新城的规划提出了都市生活的新模式，该规划希望能将更多的城市问题解决，将功能场所植入到建筑当中，使建筑能以一种开放、融合的方式融入到城市生活中。作为改片区首批启动项目，我们希望将该设计在普遍性能方面为城市的公共空间作出贡献，在特殊性能上则体现建筑自身的鲜明差异性。

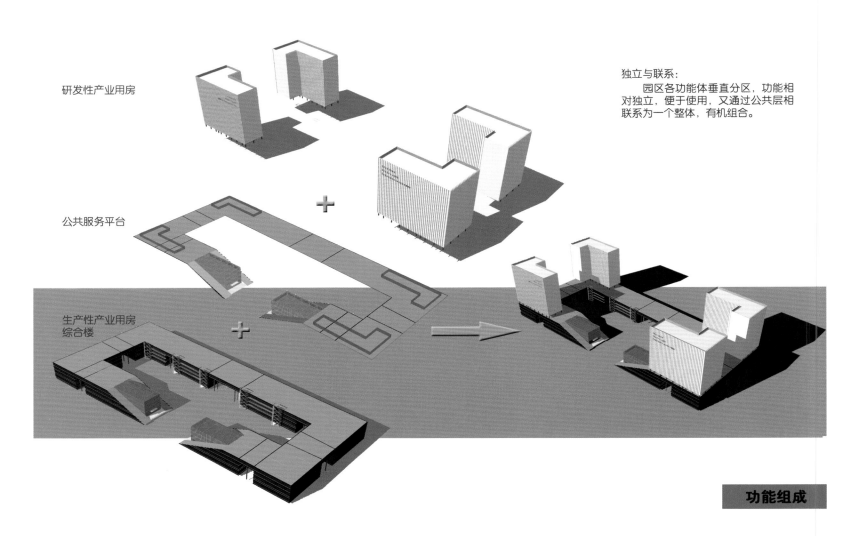

研发性产业用房

公共服务平台

生产性产业用房
综合楼

独立与联系:
　　园区各功能体垂直分区，功能相对独立，便于使用，又通过公共层相联系为一个整体，有机组合。

功能组成

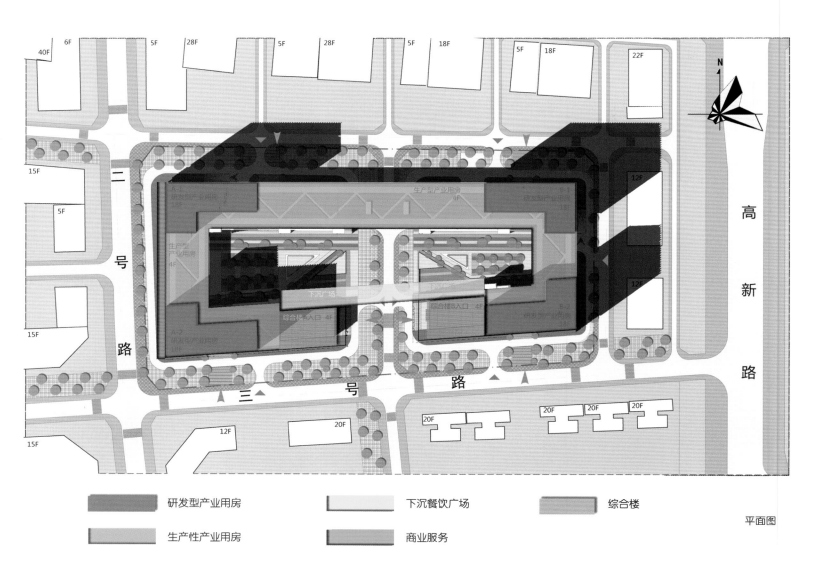

	研发型产业用房		下沉餐饮广场		综合楼
	生产性产业用房		商业服务		

平面图

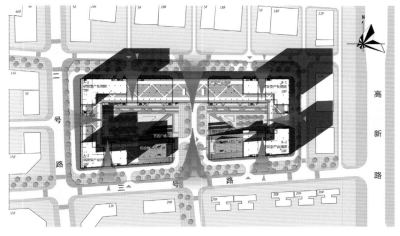

首层视线分析图

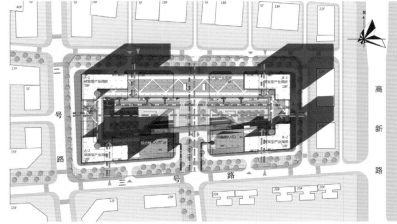

人行流线分析图

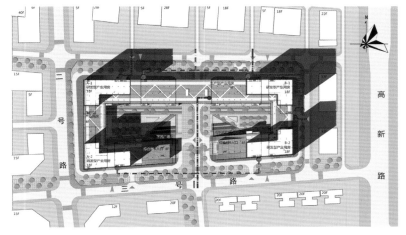

车行流线分析图

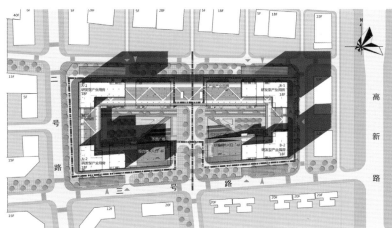

消防流线分析图

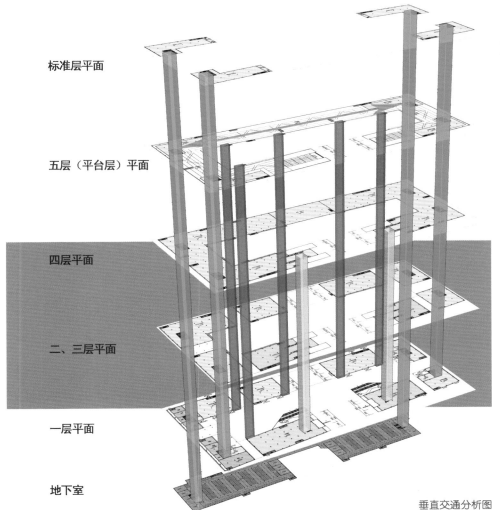

标准层平面

五层（平台层）平面

四层平面

二、三层平面

一层平面

地下室

垂直交通分析图

▶

　　项目用地毗邻光明规划中心区，北面为企业总部集群，南面为公寓、住宅区，东侧为居住区，两侧是与本项目属性相同的科研用地。两侧的二号路为城市次干路，要求两侧建筑设商业骑楼。地块中部有园区支路通过，与南、北侧的城市支路共同构成城市绿环。从规划结构来看，本项目地处各功能组团的结合部位，地块在面临被割裂这一挑战的同时，各功能区的模糊与叠加可以给项目注入大量的人气及活力。

　　此类项目的建造一般有两种布局，一种是将建筑体量集中置于地块中央，另一种是建筑沿用地外围布置，中部镂空为庭院。前者能提供更大的室外空间，后者则更具东方建筑的韵味，各具优点。但作为片区内首个开发项目，需要尽快营造一种"势"，因此本案我们运用外围式布局。围合的同时，外围界面适度打开，使建筑密度主要集中存在于四个角部，保证中部空间的低密度，从而实现城市东西和南北两轴的渗透。

　　这种布局虽比集中式布局少了外围的室外空间，但通过建筑底部大尺度的架空及开口，可以很容易将人流引入庭院内部，从而将"内庭院"反转为城市公共的"外庭院"。如此，该项目就"客串"成了片区内最大的"公共建筑"和"科技公园"，从而使加速器"开放与共享"的理念得以更大提升——不但加速了光电企业的发展，也加速了公众融入绿色新城的步伐。

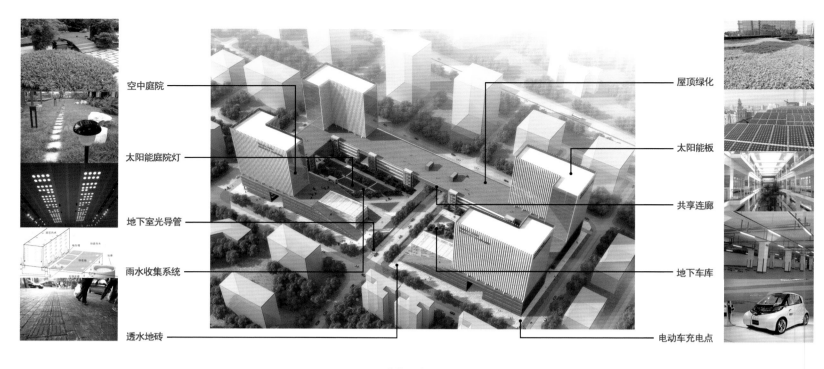

空中庭院

太阳能庭院灯

地下室光导管

雨水收集系统

透水地砖

屋顶绿化

太阳能板

共享连廊

地下车库

电动车充电点

节能技术展示

功能布局——独立与联系

　　入驻加速器园区的企业对建筑空间的需求可分为生产性、研发性及公共服务用房三类。根据空间使用特点，先垂直分区：塔楼设置为研发用房，拥有良好通风、采光及视野的同时，能够有一个相对独立的研发环境；裙房则水平分区，在南侧主入口的两侧设综合服务楼，中间与下沉广场结合设置员工餐厅，方便两侧园区使用及联系；裙房靠二号路底层设商业骑楼，剩余部分用作生产性大空间。园区主入口两侧的斜坡草地与裙房屋顶连为整体，塑造出园区绿色、开放的个性。屋顶花园不但给使用者提供一个企业交流的平台，而且能吸引公众进入园区休闲和观景，丰富其作为城市公共空间的内涵。

交通流线——分流与引导

　　园区实行人车分流。人行道位于庭院内侧，货车及小汽车则在建筑外围通行；小汽车由园区外侧的出入口进入地下室停放。行人由中部园区支路进入庭院，或由四周市政路经架空通道进入庭院，再经各门厅进入生产用房及研发用房。园区两侧可通过地下通道、地面及屋顶平台多层面实现互通。

景观设计——多层次与公众参与

　　我们设想该项目能打造成一个自由开放的立体公园来公众分享，并且把最新的光电科技技术植入到公园的各个角落，使其提供休闲场所的同时起到宣传的效果。每当夜幕降临或逢节假日，它简洁的形体将化做城市舞台的背景，你可以在这里随着人群起舞，甚至可以将自行车直接从斜坡骑上屋顶……总之，与在这里可以发生很多很多的生活故事。

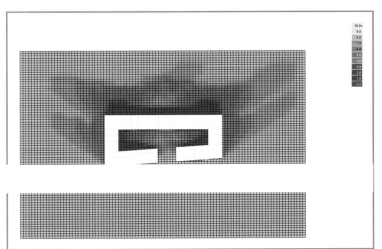

夏至日累计日照时间

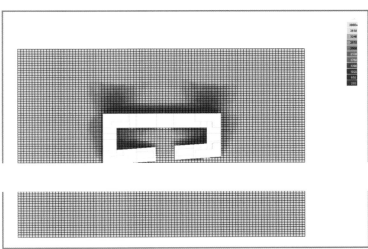

夏至日累计日辐射

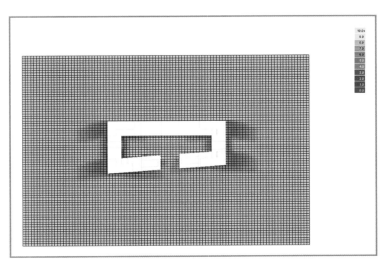

冬至日累计日照时间

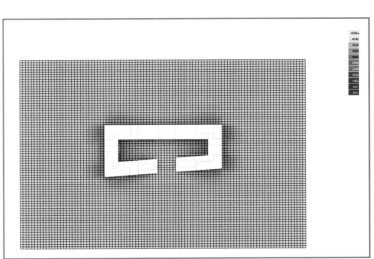

冬至日累计日辐射

光环境分析图

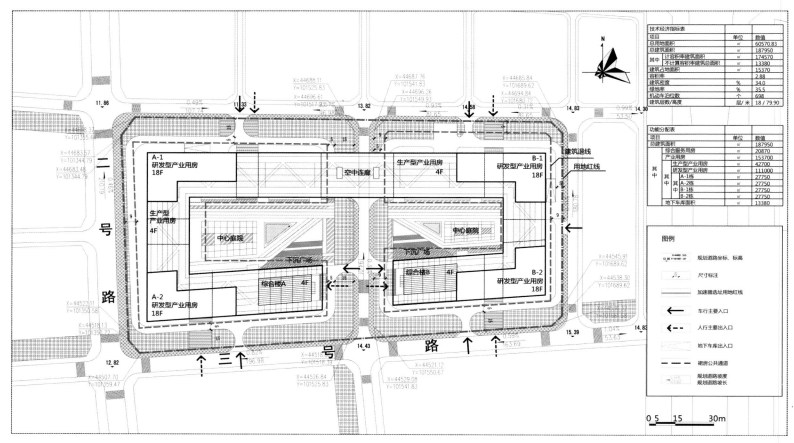

技术经济指标表

项目	单位	数值
总用地面积	m²	60570.83
总建筑面积	m²	187950
其中 计容积率建筑面积	m²	174570
不计算容积率用地建筑总面积	m²	13380
建筑占地面积	m²	15370
容积率		2.88
建筑密度	%	34.0
绿地率	%	35.5
机动车泊位数	个	698
建筑层数/高度	层/米	18 / 79.90

功能分配表

项目		单位	数值
总建筑面积		m²	187950
其中	综合服务用房	m²	20870
	产业用房	m²	153700
	生产型产业用房	m²	42700
	研发型产业用房	m²	111000
其中	A-1栋	m²	27750
	A-2栋	m²	27750
	B-1栋	m²	27750
	B-2栋	m²	27750
	地下车库面积	m²	13380

图例

分析图

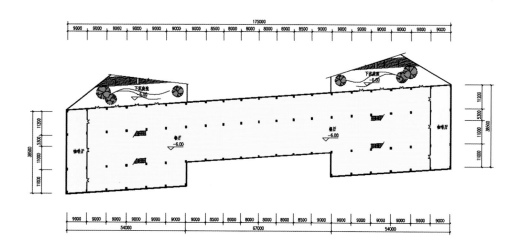

地下餐厅平面图

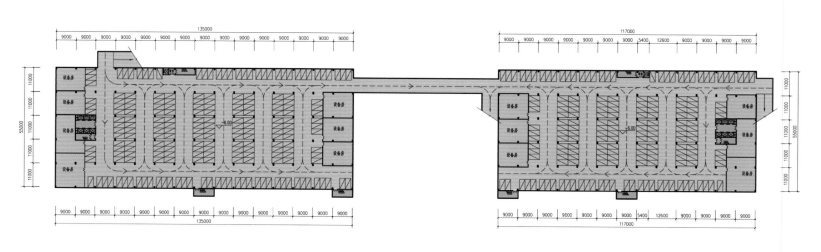

地下车库平面图

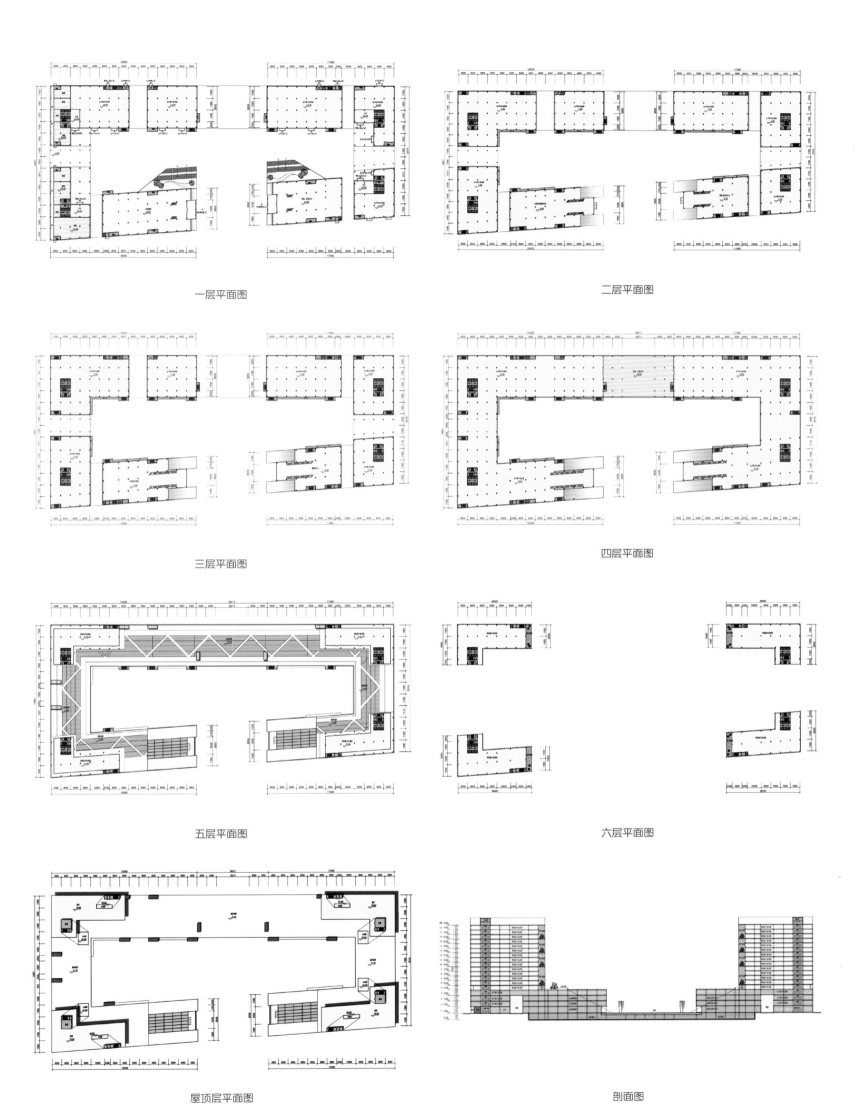

一层平面图

二层平面图

三层平面图

四层平面图

五层平面图

六层平面图

屋顶层平面图

剖面图

THE SHENZHEN MTR CHEGONGMIAO INTEGRATED TRANSPORT HUB COVER PROPERTY

深圳地铁车公庙综合交通枢纽上盖物业

设计机构：广东省建筑设计研究院深圳分院
创作团队：吴彦斌、朱 江、林贝贝、李丽妹
项目地点：中国深圳
总建筑面积：146 000 m²

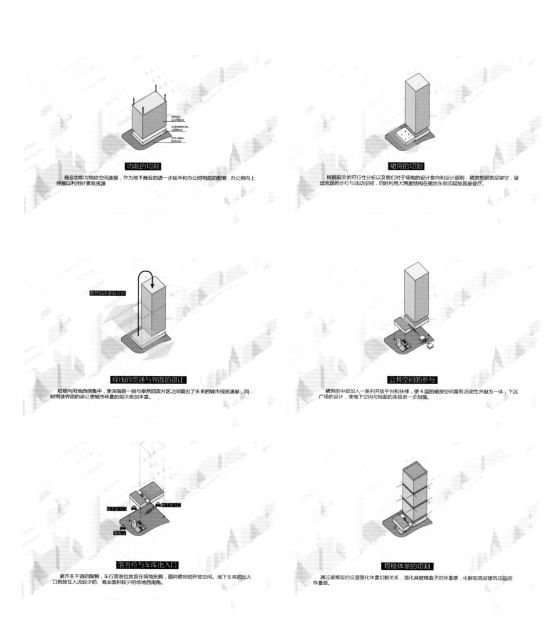

功能的切割

商业功能与地铁空间相连接，作为地下商业的进一步延伸和办公的相应的配套，办公则向上伸展以利用好景观资源。

裙房的切割

根据前文的可行性分析以及我们对于场地的设计意向和设计原则，裙房东侧首层架空，留出充足的步行与活动空间，同时利用大跨度结构在裙房东奥顶层放置宴会厅。

视线的思通与界面的退让

塔楼向地西侧集中，使深南路一侧与泰然旧改片区之间留出了未来的城市视觉通廊，同时塔楼界面的退让使城市体量的层次更加丰富。

公共空间的参与

裙房的中部加入一系列开放平台和扶梯，使4层的裙房空间富有流动性并融为一体，下沉广场的设计，使地下空间与地面的连接进一步加强。

落客位与车库出入口

避开主干道的限制，车行落客位放置在场地东侧，面向裙房的开放空间。地下车库的出入口则放在人流较少的、商业面积较少的场地西南角。

塔楼体量的切割

通过避难层的设置强化体量切割关系，强化其玻璃盒子的体量感，化解超高层建筑压迫的体量感。

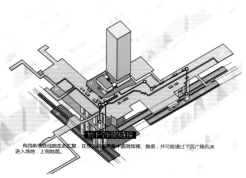

地下空间的连接

有四条地铁线路在此汇聚，在流线中高效转移、换乘，并可能通过下沉广场迅速进入场地，上到地面。

创新结构

引入斜撑体系，塔楼角部的角柱得以解放，获得更大开放的景观视线。架空的空中花园拥有大跨度悬�ち空间，具有强烈视觉冲力和结构力量感，同时可以获得180度连续的视线。

分析图

车公庙片区位于深圳市福田区西部，北临香蜜湖片区，西接竹子林，是拥有混合业态的商务办公区域。区内建筑密度高，人车流密度大。随着片区内高品质物业的落成使用，以及规划的泰然更新项目的建设，必将使车公庙发展成深圳又一个成熟的商务办公重点区域。

项目用地面积约位于车公庙核心区域，地处深南大道与香蜜湖路交界处西南角，南面为泰然二路。用地所处位置南临泰然办公区，西接天安办公区，已投入使用的地铁1号线以及规划建设中的7号、9号及11号线将在此处形成4线交汇的重要地铁枢纽中心。便捷的车行及轨道交通、优质的景观资源使本项目拥有无可比拟的价值优势。

设计理念

有限的用地面积中解决高容积率与复杂交通及空间组织是本项目的最大挑战。

1. 释放首层空间，创造城市枢纽节点，提升上盖物业价值。

项目地处4条地铁线路交汇中心，大量的人流蕴含无限的价值。聚合人流、疏导人流是作为地铁上盖物业的重要作用之一，也是提升上盖物业价值的有力方式。通过大尺度悬挑打通首层空间，以及下挖至地下二层地铁站厅层的大尺度下沉广场，形成缓冲式灰空间。

自然采光的下沉广场辅以特殊结构形式的建筑空间，塑造出片区新的视觉与空间焦点，汇聚地面及地下的人流，并有效引导至周边区域。南北通透的首层空间带来视线的延续，打破了深南大道一楼一缝隙的呆板城市界面，由此带来的人流汇聚也为规划中的泰然更新项目创造动力与活力。

2. 垂直式的一站一景观。

地铁的发展带来迅达的交通模式，片区间的距离被缩短，乘客们享受着一站一景观的生活模式。垂直分段的塔楼造型设计结合无柱开敞的架空空间，形成简洁、挺拔的建筑形象。配合不同的空中花园及灯光设计，形成深南大道上高辨识度的垂直式一站一景观的设计效果。

规划分析及总平面设计

1. 区域规划条件分析

项目周边城市干道路网发达，深南大道、香蜜湖路及泰然二路紧邻用地，西侧为区内道路，交通十分便捷。用地背靠泰然办公区，与东侧天安办公区隔香蜜湖路相望。随着规划中的泰然更新项目的落实与推进，车公庙片区将升级成为深圳又一处中高端商务办公集中区。

项目地处地铁1号线车公庙站，规划中的7、9、11号线将在此形成地铁交通枢纽。规划项目用地地下空间与地铁站厅实现无缝连接，承载汇集、疏导人流的综合交通枢纽中心节点。

2. 总平面布置

项目用地面积为146 170平方米，总建筑面积146 170平方米，其中规划计容建筑面积115 790平方米，容积率≤17.7。规划方案建筑呈东西走向布置，办公塔楼位于用地西侧。建筑高度225.5米，地上49层，地下5层。建筑耐火等级为一级，结构设计使用年限50年。地下一层为商业餐饮功能，地下二层与地铁站厅无缝连接，为交通公共空间与商业功能。地下三层至地下五层为地下车库。地上商业裙房4层，6至49层为商业性办公。

项目主要人行出入口设于用地北侧与东侧，车辆出入口设于用地西南角与东南角。用地临近香蜜湖路及泰然二路处设有出租车落客区。

— — — 车行流线
— — — 人行流线

流线分析图

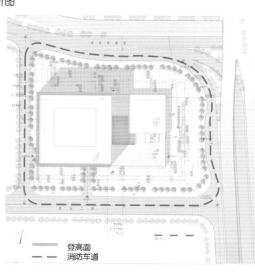

—— 登高面
— — — 消防车道

消防分析图

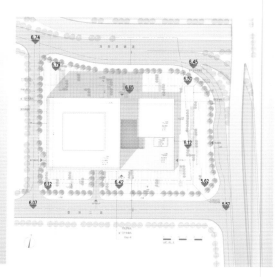

竖向分析图

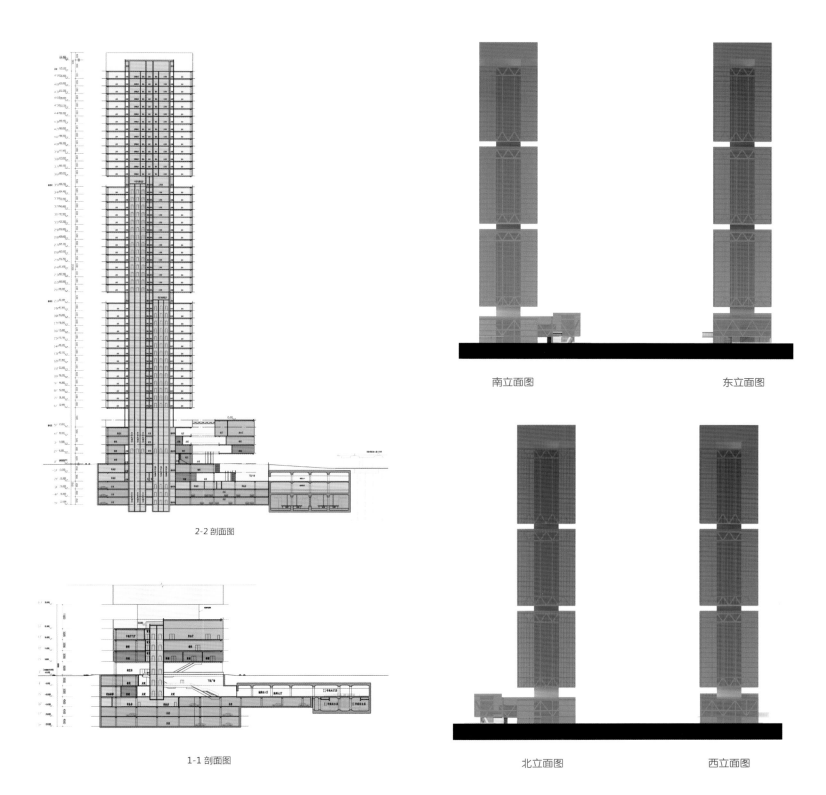

2-2 剖面图

1-1 剖面图

南立面图

东立面图

北立面图

西立面图

　　地下车库出入口设置在用地东南角与西南角，避开与主要人流出入口之间的冲突，远离城市主要干道交界口，减少拥堵情况出现。建筑四周均设置消防环道，满足消防通行及扑救的要求。

　　景观绿化设计：由于用地紧张，首层场地主要作为交通人流集散场地设计，辅以简约风格的水面及绿地布局。通过裙房屋面，塔楼避难层空中花园为建筑使用者带来立体式的景观绿化空间享受。结合建筑造型，塔楼每个空中花园均有其独特的园林风格和植物种类，形成垂直式一站一景观的设计效果。

单体设计

　　1. 平面设计：地下一、二层为商业空间，结合下沉广场与垂直交通体系布置，流线便捷清晰。地下三层至地下五层为机动车库。裙房商业平面围绕首层架空空间与中庭空间布局，地面一层与二层为银行与商铺，其中办公大堂布置在二层北侧，人流能通过自动扶梯快速到达。三层及四层为餐饮功能与大空间宴会功能。办公塔楼标准层面积约为 2 256 平方米，设 2 个防火分区。标准层平面布局方正，结合高效的核心筒布置形式，拥有较高的实用率。办公单元随着楼层高度的提升及景观视线不断开阔而逐步增大，低中区办公单元面积以 150~ 250 平方米为主，高区办公单元以 300~ 500 平方米为主。单元划分方式也可以应客户的租赁需求而进行灵活组合或分隔。

　　2. 立面造型设计：立面设计运用简约玻璃幕墙与结构构件结合的手法，展现出刚劲有力、简洁挺拔的现代建筑风格。裙房玻璃立面透出大尺度悬挑钢结构桁架体系，结合巨型 LED 屏幕，成为来往于深南大道人车流的视觉焦点。塔楼立面划分突出建筑的竖向挺拔效果，面向深南大道的北立面采用折叠式幕墙设计，玻璃与金属构件的交错布置使立面随着人的视线移动而形成虚实与韵律变化。架空避难层利用特殊结构形式，使建筑出现悬空漂浮的震撼效果。

　　3. 无障碍设计：深圳地铁车公庙综合交通枢纽上盖物业项目按《城市道路和建筑物无障碍设计规范》进行无障碍设计，体现以人为本的设计原则。首层入口室内外高差设台阶和无障碍坡道；在核心筒内设置无障碍电梯，在公共卫生间设置无障碍厕位等设施，方便残疾人使用。

　　4. 节能设计：立面造型结合良好的窗墙比例进行设计，架空首层与下沉广场，自然通风采光的架空绿化屋面提供宜人的室外空间。优化设备系统选型，成熟的太阳能热水与太阳能发电系统的引入，将进一步降低建筑能耗。各种绿色建筑技术的运用，也是对地铁公司绿色出行的企业文化最好的回应。

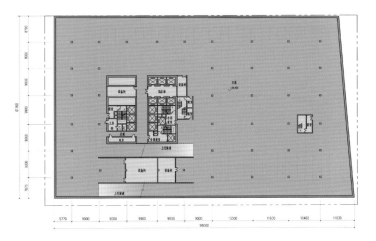

地下负五层平面图

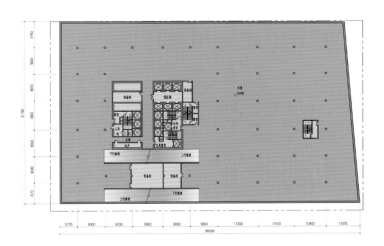

地下负四层平面图

地下负三层平面图

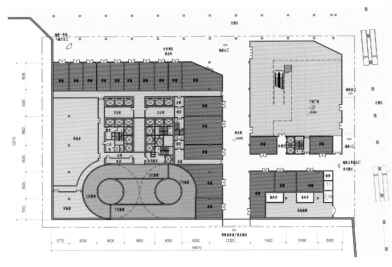

地下负二层平面图

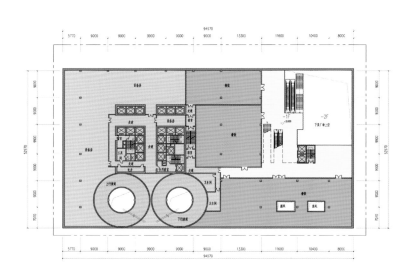

地下负一层平面图

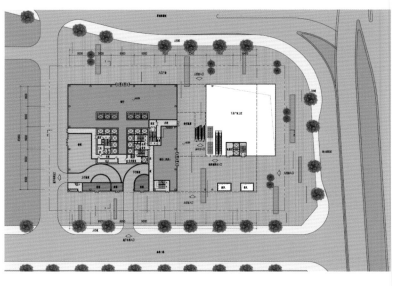

首层平面图

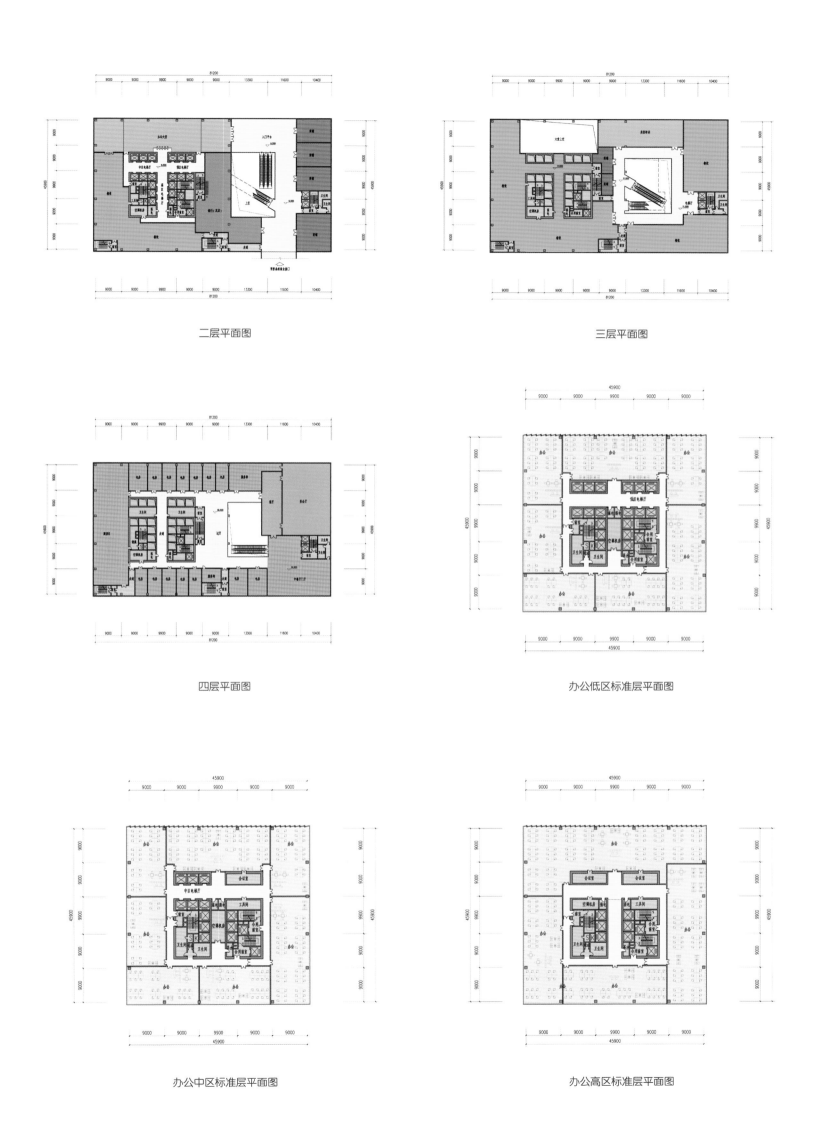

二层平面图

三层平面图

四层平面图

办公低区标准层平面图

办公中区标准层平面图

办公高区标准层平面图

QINTAI CENTER
武汉琴台中心

设计机构：Adrian Smith + Gordon Gill Architecture
项目地点：中国武汉
总建筑面积：146 000 m²

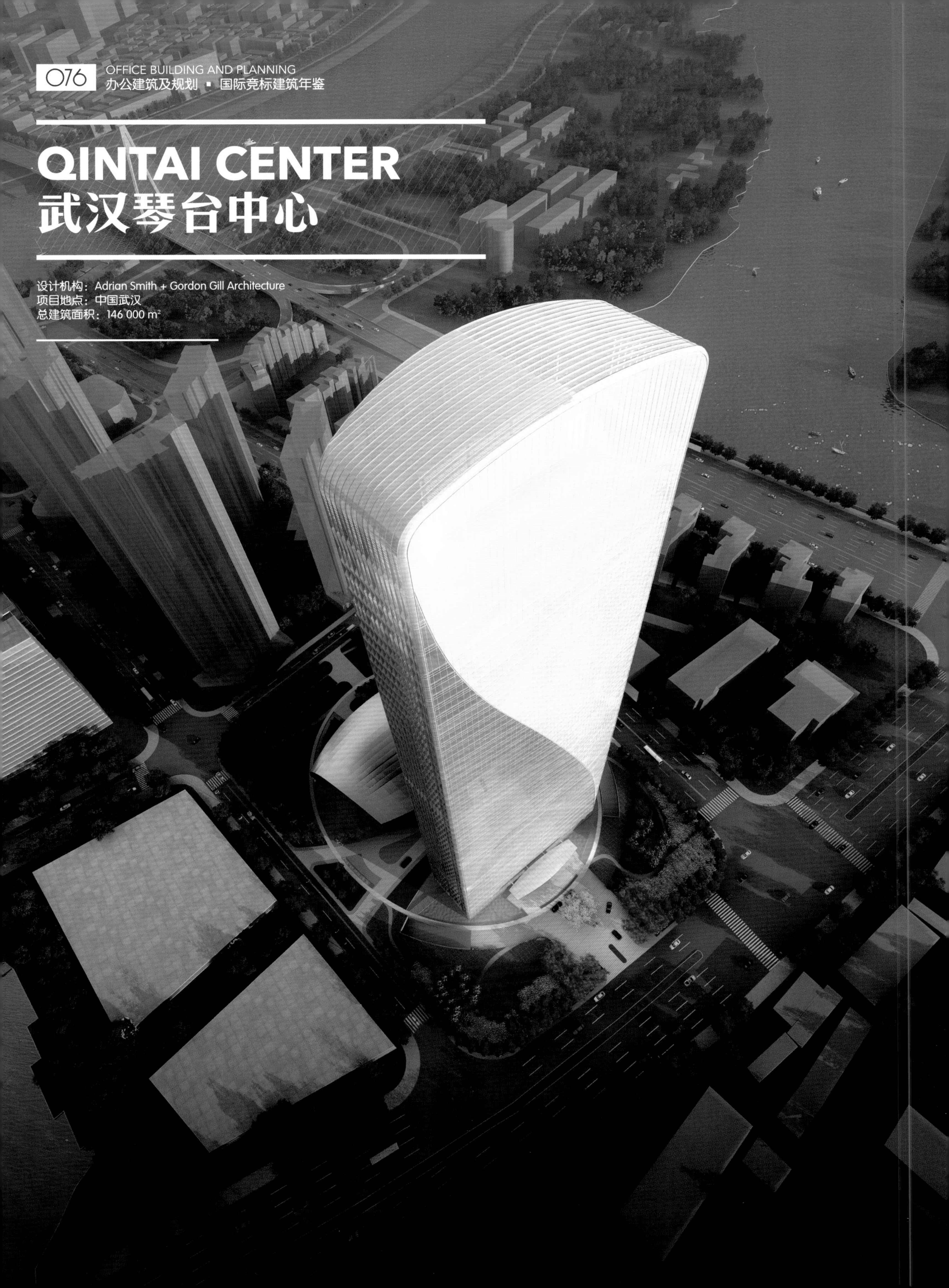

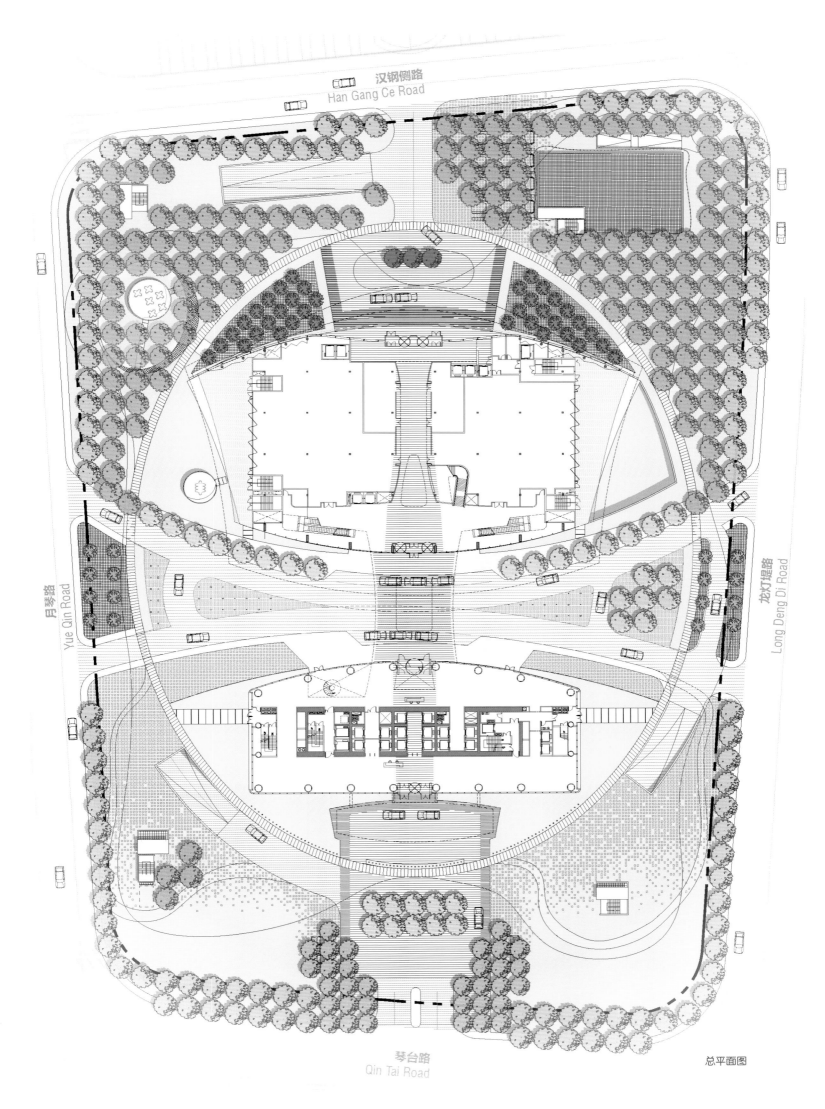

汉钢侧路
Han Gang Ce Road

月琴路
Yue Qin Road

龙灯提路
Long Deng Di Road

琴台路
Qin Tai Road

总平面图

琴台中心的总建筑面积为 146 000 平方米，包括五星级酒店和供客户使用的办公空间、湖北烟草公司以及其他。该建筑将连接一个商业广场和一个人行天桥，直达一个低层；低层包括零售店、餐厅和一个有宴会厅的会议中心。在建筑的顶部，特殊的行政休息室和餐厅将供大家观赏美丽的周边城市风光。

建筑独特的形态同时呈现了武汉的文化和环境。这种有竞争力的形态源于古筝——一种传统的中国乐器，它与齐特琴相似，特殊的"琴弦"被支柱拉伸在长方形木质框架上形成了一个S形曲线。这种乐器类似中国传统的湖北文化，同时反过来激发了之前的设计过程。
在概念设计中，被文化影响的建筑已经开发出有关建筑物的能源性能。根据严格的分析数据，表皮的对角线向外弓，使西北面顶层升高。这种形状已经被调整成为能优化自身的阴影，最大限度地减少太阳能热增益的形状。另外，建筑的一小部分能够吸收太阳光并且加以有效利用，减少了建筑表面亮度的能源消耗。

琴台中心扩大了武汉的大面积水源的视野，包括东边的月亮河和北边的汉水河。该建筑也将看到 AS + GG 设计的武汉绿地中心——坐落于离琴台中心约 5 英里处的超高层建筑。
琴台中心 25 863 平方米的一系列水池和其他在建筑周边的水装饰充分强调了月亮河城市三条河流的文化重要性。水的特征同样扮演了设计的元素，让建筑的使用者在武汉这种高温气候里感觉到空气更清新。形成这些元素的水来自雨水或从各处收集来的循环水。

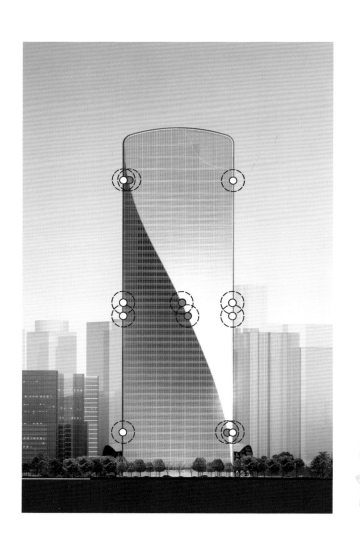

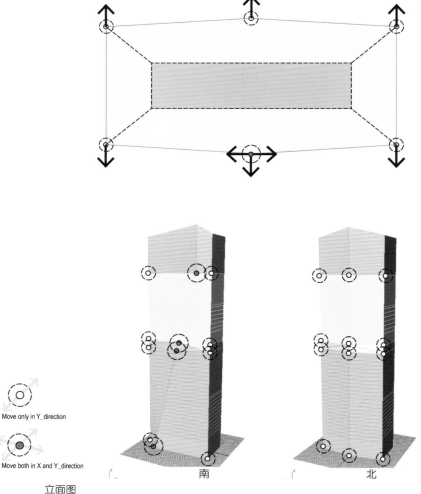

Move only in Y_direction

Move both in X and Y_direction

南   北

立面图

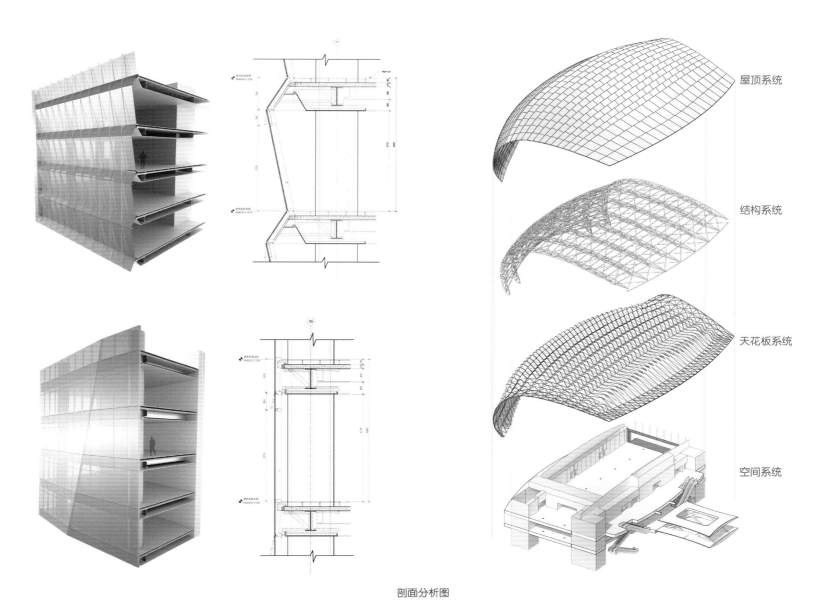

屋顶系统

结构系统

天花板系统

空间系统

剖面分析图

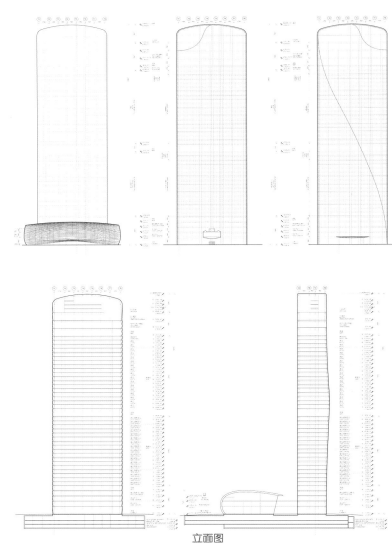

立面图

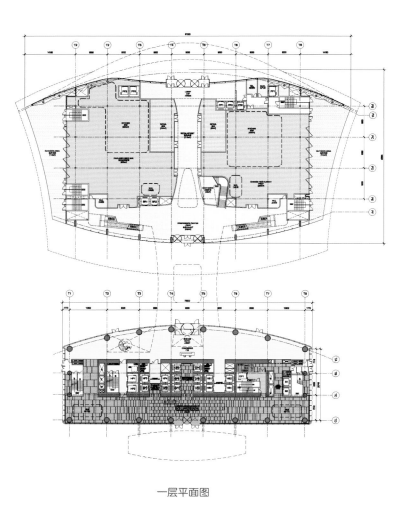

一层平面图

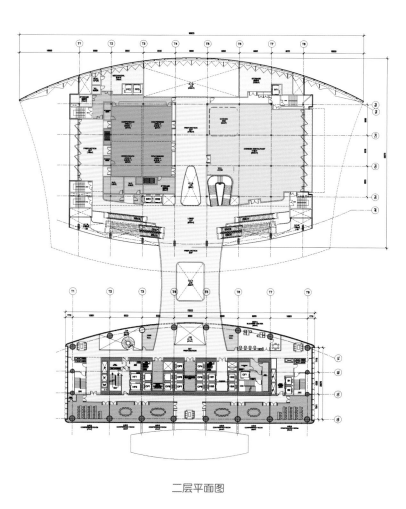

二层平面图

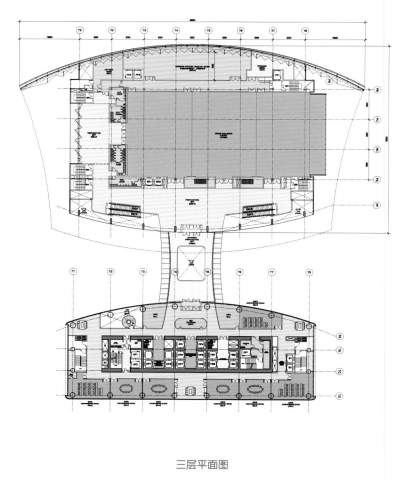

三层平面图

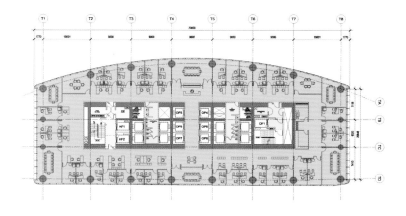

六层平面图

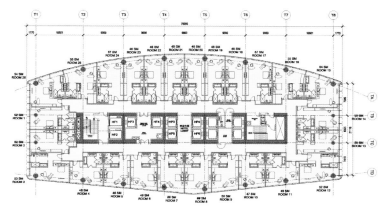

二十五层平面图

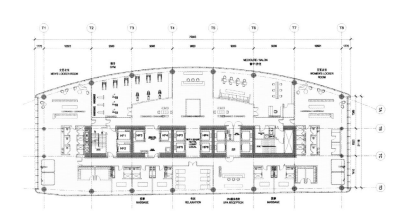

四十一层平面图

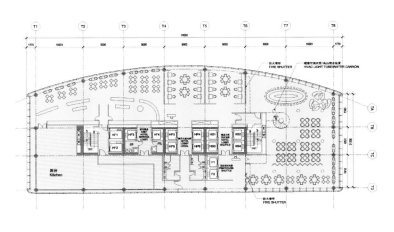

四十三层平面图

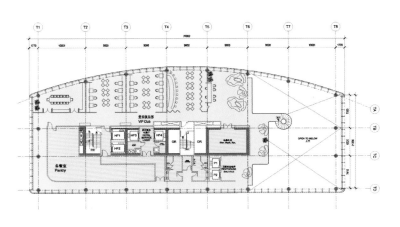

四十四层平面图

四十五层平面图

HAN'S GLOBAL
R & D CENTER
大族环球研发中心

主创设计师：陈江华
创作团队：石海波、陈江华、马亚辉、王 颖
项目地点：中国北京
总用地面积：65 012 m²
总建筑面积：357 000 m²
容 积 率：3.80
绿 化 率：35%

　　该团队多年来致力于研发生产型园区、总部办公基地及物流仓储等类型的泛工业地产研究及建筑创作，获实施项目总建筑面积逾百万平方米。项目团队成员石海波、陈江华两人目前就职于深圳同济人建筑设计有限公司，但该项目是他们在深圳奥意建筑设计有限公司时的作品，特此声明。

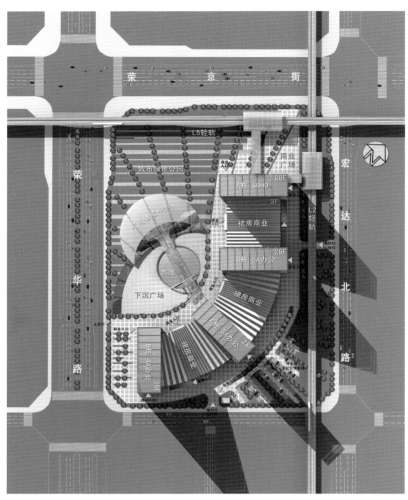

36号地块总经济技术指标

项目总用地面积：65012 m²

总建筑面积：357000 m²

其中，计容积率面积：247000 m²

不计容积率面积：110000 m²

建筑基底面积：24100 m²

容积率：3.80

绿化率：35%

覆盖率：37.1%

停车位：2200 个

其中，地上车位：180 个

地下车位：2020 个（3220个）

（采取机械停车可增加车位1200）

地上最大层数/高度：28F/120m

地下层数：3层

注：社会停车场（不计入项目用地面积）

面积：2000 m²

车位：100 个

分项经济技术指标

地上部分计容积率面积212500 m²

其中，裙房及高层底部商业空间：50500 m²

公寓及公寓式酒店面积：48000 m²

3栋写字楼面积：3 X 4800＝144000 m²

地下一层为商业空间，计容积率，面积34500 m²

地下不计容积率面积：80000 m²

其中，负二层停车（商业用）：40000 m²

停车数：950 个

负三层设备用房及停车：40000 m²

停车数：1070 个

注：地上地下商业部分总面积：85000 m²

平面图

36号地块总经济技术指标

项目总用地面积：65012 m²

总建筑面积：357000 m²

其中，计容积率面积：247000 m²

不计容积率面积：110000 m²

建筑基底面积：24100 m²

分项经济技术指标

地上部分计容积率面积212500 m²

其中，裙房及高层底部商业空间：50500 m²

公寓及公寓式酒店面积：48000 m²

3栋写字楼面积：3 X 4800＝144000 m²

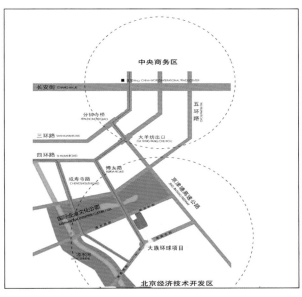

城市区位分布图

北京经济技术开发区 (BDA) 是 1994 年国务院批准的北京市唯一的国家级开发区。它位于京津塘高速公路起点西侧，是京津双城联动发展的黄金枢纽，也是环渤海经济圈"第三增长极"的战略要塞。北京市"十一五"规划提出：开放区所在地——亦庄作为北京市重点发展的新型卫星城之一，其定位是"高新技术产业中心""高端产业服务基地"和"国际就业宜居新城"。至 2020 年，亦庄新城规划人口 700 000，建设规模约为 100 平方公里。目前城市基本设施已经趋于完善，它引导着电子、汽车、医药、装备等高新技术与现代制造业的发展，并逐渐成为适合就业和居住的现代化国际新城。

本项目用地位于整个开发区及未来亦庄新城的核心标志性地区，根据《亦庄新城规划》和《中心公建区控制性详细规划》的要求，项目将规划为集聚行政办公、金融贸易、商务交流、购物中心、服务业、公寓酒店为一体的综合商业等多功能复合型建筑。容积率控制在 3.0~4.0 不等，建筑高度控制在 80~120 米，建筑密度不得大于 50%，绿化率不得小于 20%。

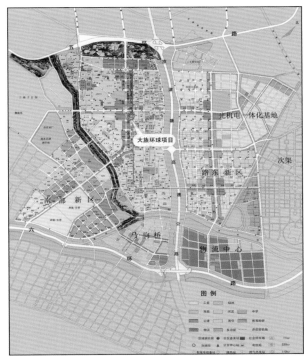

BDA 项目用地分布图

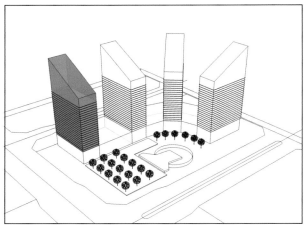

SOHO 公寓

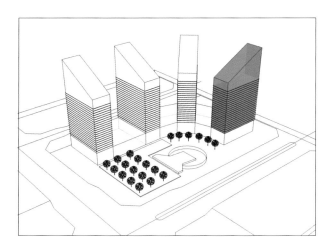

5A 办公区

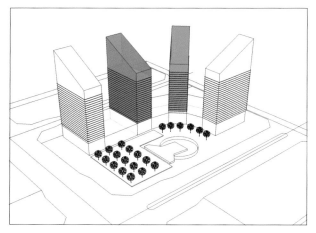

4A 办公区

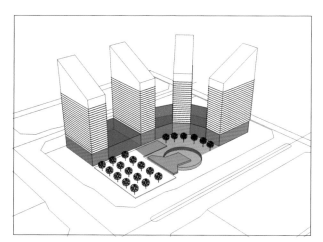

商业及广场区

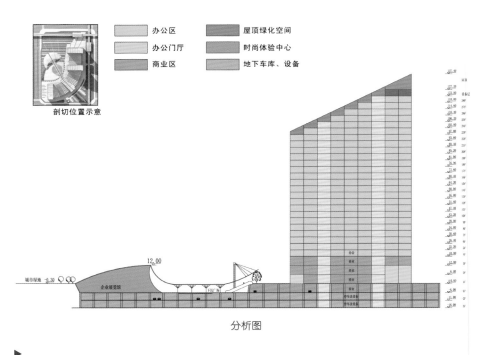

办公区	屋顶绿化空间
办公门厅	时尚体验中心
商业区	地下车库、设备

剖切位置示意

分析图

▶

中国城市高度发展城市功能需求多元化，从而出现了很多多功能的建筑综合体。大型建筑综合体集办公、公寓、酒店、商业、会展及休闲娱乐等功能于一体，通过自身有机的整合与明确的定位，在彼此之间建立起一种相互依存、资源共享的能动关系，继而形成一个多功能、高效率、复杂又统一的城市"活力核"。本项目的功能在调研及分析策划的基础上大致划分为：办公、商业、公寓（包括公寓式酒店）三部分。北侧的板式高层为公寓区，由部分 SOHO 办公与部分酒店式商务公寓构成。其他三栋板式高层均为办公区——由两栋国际最高标准的 5A 级写字楼与一栋稍低标准的 4A 级写字楼组成。三栋板楼彼此独立，拥有各自的入口大堂和交通体系。板楼围绕中央下沉广场放射状布置，加之其相同的建筑体量强化了整体建筑群的标志性，从而突显出其卓尔不群的城市形象。四栋板楼之间设置三层的裙房，裙房通过各栋高层底部的空间连通为大型的室内商业空间。其地块中央的下沉广场与裙房的负一层相贯通，既改善了地下室的通风采光条件，又提升了地下商业空间的价值。为了增加下沉广场的活力，在广场西北角设置球形时尚体验中心：提供新颖展览、娱乐等功能，增加场所的趣味感。商业裙房与广场有机联系，形态丰富，提供了全方位、一站式的购物空间。

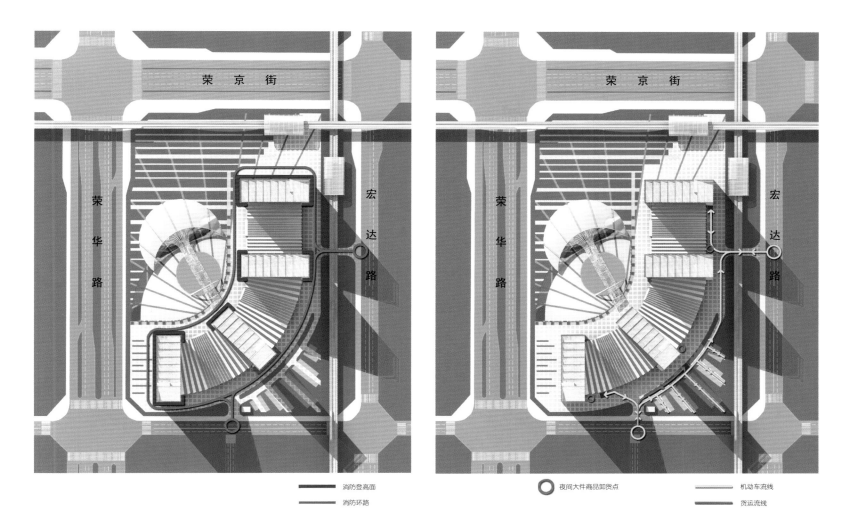

荣京街

荣华路

宏达路

—— 消防登高面
—— 消防环路

荣京街

荣华路

宏达路

⊙ 夜间大件商品卸货点

—— 机动车流线
—— 货运流线

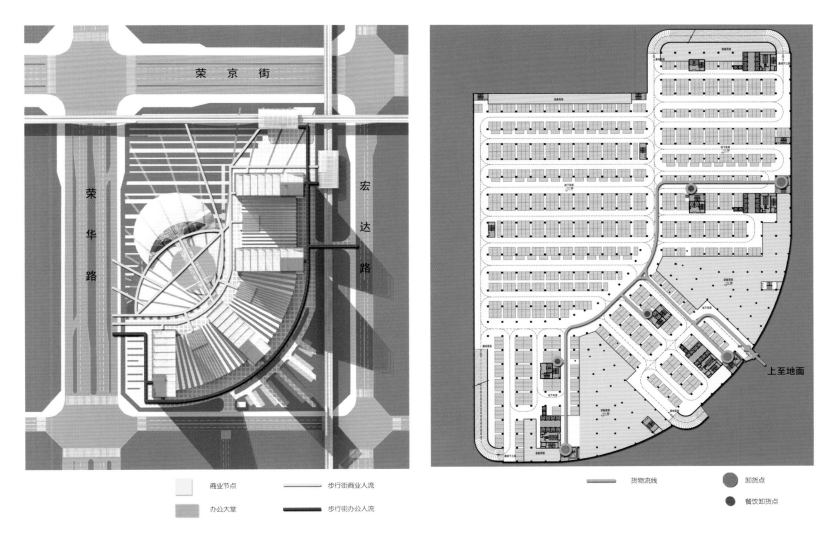

荣京街

荣华路

宏达路

☐ 商业节点
▨ 办公大堂

—— 步行街商业人流
—— 步行街办公人流

上至地面

—— 货物流线

● 卸货点
● 餐饮卸货点

平面图

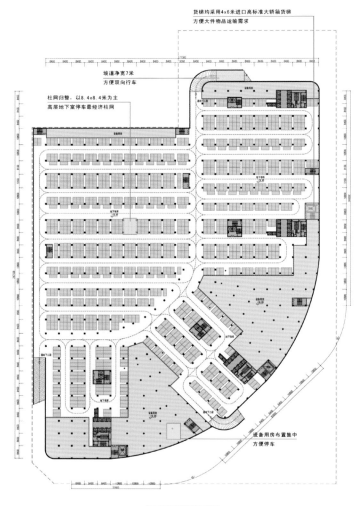

货梯均采用4x6米进口高标准大轿箱货梯
方便大件物品运输需求

坡道净宽7米
方便双向行车

柱网归整，以8.4x8.4米为主
高层地下室停车最经济柱网

设备用房布置集中
方便停车

地下三层平面图

货梯均采用4x6米进口高标准大轿箱货梯
方便大件物品运输需求

地下二层平面图

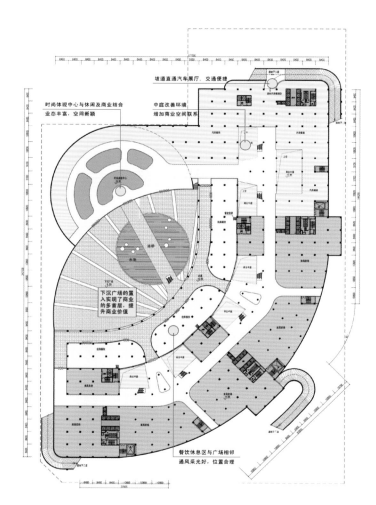

时尚体验中心与休闲及商业结合
业态丰富，空间新颖

坡道直通汽车展厅，交通便捷

中庭改善环境
增加商业空间联系

下沉广场的置入实现了商业的多营层，提升商业价值

餐饮休息区与广场相邻
通风采光好，位置合理

地下一层平面图

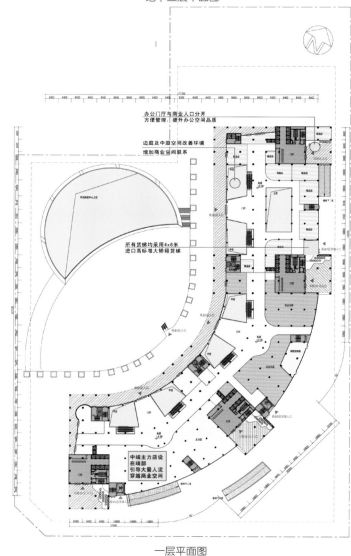

办公门厅与商业入口分开
方便管理，提升办公空间品质

边庭及中庭改善环境
增加商业空间联系

所有货梯均采用4x6米
进口高标准大轿箱货梯

中端主力店设在端部
引导大量人流
穿越商业空间

一层平面图

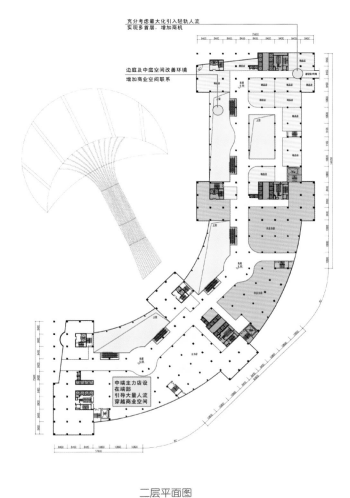

充分考虑最大化引入轻轨人流
实现多首层，增加商机

边庭及中庭空间改善环境
增加商业空间联系

中端主力店设
在端部
引导大量人流
穿越商业空间

二层平面图

充分考虑最大化引入轻轨人流
实现多首层，增加商机

边庭及中庭空间改善环境
增加商业空间联系

中端主力店设
在端部
引导大量人流
穿越商业空间

三层平面图

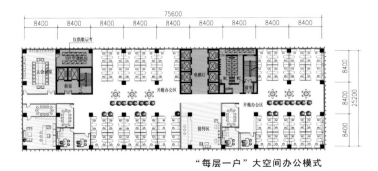

"每层一户"大空间办公模式

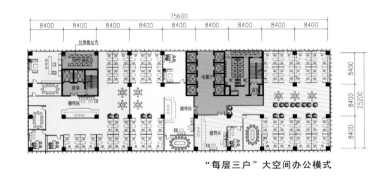

"每层三户"大空间办公模式

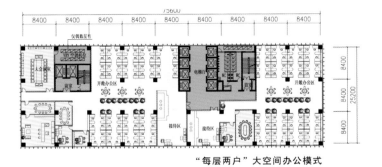

"每层两户"大空间办公模式

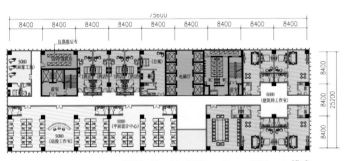

SOHO（Small Office Home Office）模式

标准层平面图

WEIXING BUILDING
卫星大厦

主创设计师：陈江华
创作团队：石海波、陈江华、王 颖、张 军
项目地点：中国深圳
总用地面积：5 000.69 m²
总建筑面积：42 618.76 m²
建筑高度：80 m
容 积 率：7.0
绿 化 率：13.22%

该团队多年来致力于研发生产型园区、总部办
公基地及物流仓储等类型的泛工业地产研究及建筑
创作，获实施项目总建筑面积逾百万平方米。项目
团队成员石海波、陈江华两人目前就职于深圳同济
人建筑设计有限公司，但该项目是他们在深圳奥意
建筑设计有限公司时的作品，特此声明。

研发生产入口

3F

5F

车库入口

货物入口

18F

车库出口

卫星大厦

普通研发入口

科园路

学府一路

▶

卫星大厦由深圳航天东方红海特卫星有限公司兴建，它是由微小卫星及相关产品研发和系统构成的基地。

项目地处深圳市高新区填海六区，南傍深圳湾，毗邻规划建设中的南山商业文化中心区。地块位于学府路与科园路交汇处东北角，南邻规划中的南山区软件园，西临正在建设的深大南校区，东侧、北侧与小区内其他待建用地相接。

项目用地现状为空地，地势平坦，区位及地理环境优越。卫星大厦作为中小卫星研发及生产的高端企业，不仅肩负着促进深圳产业结构升级的重任，而且其建筑形象也将起到"建设'产、学、研'于一体的综合性园区"的示范作用。

设计构思

本方案以城市设计为指引，从合理的功能分区、特色的宇航建筑形象、清晰的流线组织、生态节能的绿色表皮与空间等方面，力求为航天人打造一座适用、经济而富于宇航特色的标志性建筑。

总体布局

该项目功能复杂，由于用地紧张，一层生产车间面积需求大，因此建筑占地满铺于建筑红线。

裙房部分用于研发及生产，上部主体板楼部分沿西、南道路布置成L型，用作普通研发。

根据建筑物不同的使用功能，方案相应设置了独立的出入口。基地南侧设普通研发人员出入口，人流进入一层大堂后由电梯直达普通研发楼层，或者直接由地下车库再由电梯上至各层。

基地西北角设裙房生产研发人员出入口，东北角设生产所需的货物出入口及货梯。根据要点要求，将地下车库的出入口设于基地东侧和北侧，餐饮后勤区货物由地下一层东北角的专用货梯垂直上下，可以减少人、车、货流交叉。

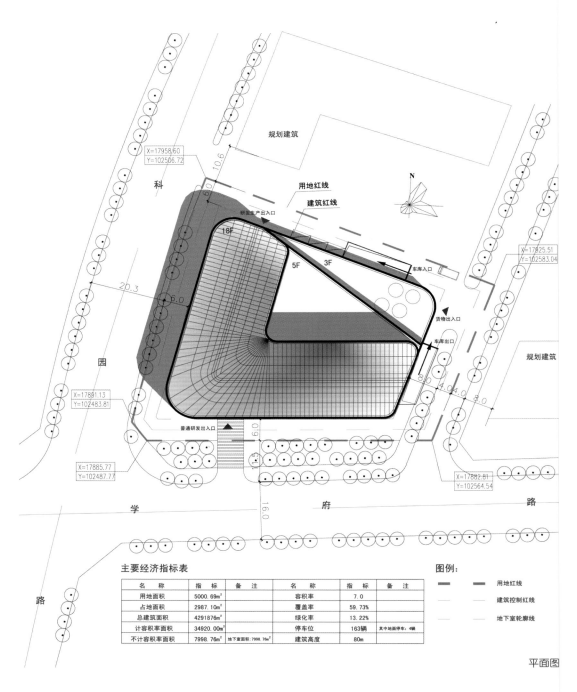

主要经济指标表

名　称	指标	备注	名　称	指标	备注
用地面积	5000.69m²		容积率	7.0	
占地面积	2987.10m²		覆盖率	59.73%	
总建筑面积	4291876m²		绿化率	13.22%	
计容积率面积	34920.00m²		停车位	163辆	其中地面停车：4辆
不计容积率面积	7998.76m²	地下室面积：7998.76m²	建筑高度	80m	

图例：

━━━ 用地红线
---- 建筑控制红线
---- 地下室轮廓线

平面图

建筑设计说明

·基于城市设计的思考

　　建筑是城市的建筑，建筑设计必须遵循城市设计的规划。地块所处填海六区，在《城市设计控制图》中规定：地块内四栋建筑必须构成完整的院落空间。经过多个方案的比较，发现"等高的 L 型"体量对城市道路转角及沿街界面的控制最完整也最有利，组团的围合关系也更富于张力，符合并可以完善城市设计的空间意向。

·基于建筑功能的思考

　　建筑是企业的建筑，建筑必须满足企业研发及生产工艺的需求。我们把复杂的功能进行了梳理，地下为"停车设备区"，地面由下至上为"车库设备区""生产研发区""餐饮后勤区""普通研发区""宇航展示区"四部分。各部分有走道或垂直楼电梯相通，分区独立且方便联系。

　　建筑一层用作总装车间，面积相对紧张，于是将一层在建筑红线范围满铺。而二、三层功能及面积相对灵活，因此将裙房沿城市道路两侧向内回缩，使建筑在"近人"的尺度范围内有一定退让，从而减轻街角的局促感。餐饮后勤部分是人流量最大的场所，设计中将其布置在六层；五层的屋顶作为屋顶花园。四、五层的退台处理使六层室外平台与三层的屋顶设备区形成竖向隔离，提升了建筑的空间品质。考虑到宇航展示的特殊性，将展览等相关功能设在顶部，体现宇航产业亲近太空的特色。

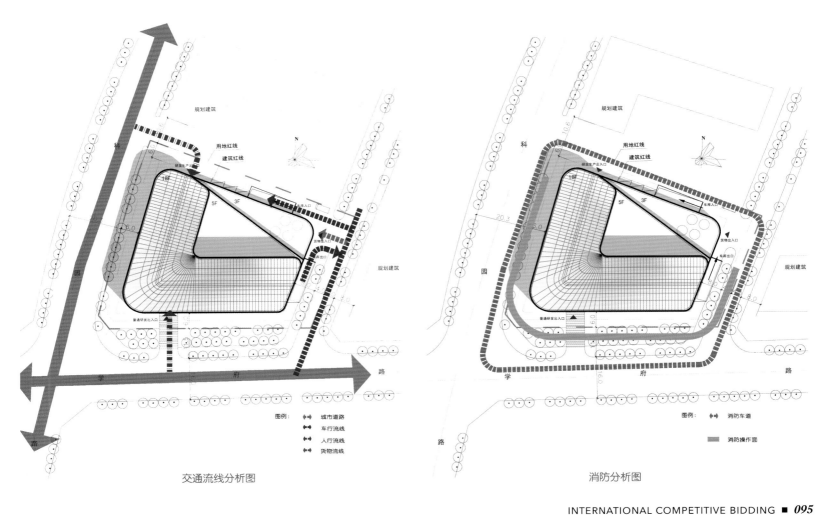

交通流线分析图　　　　　　　　　　　　　　　　　　　　　消防分析图

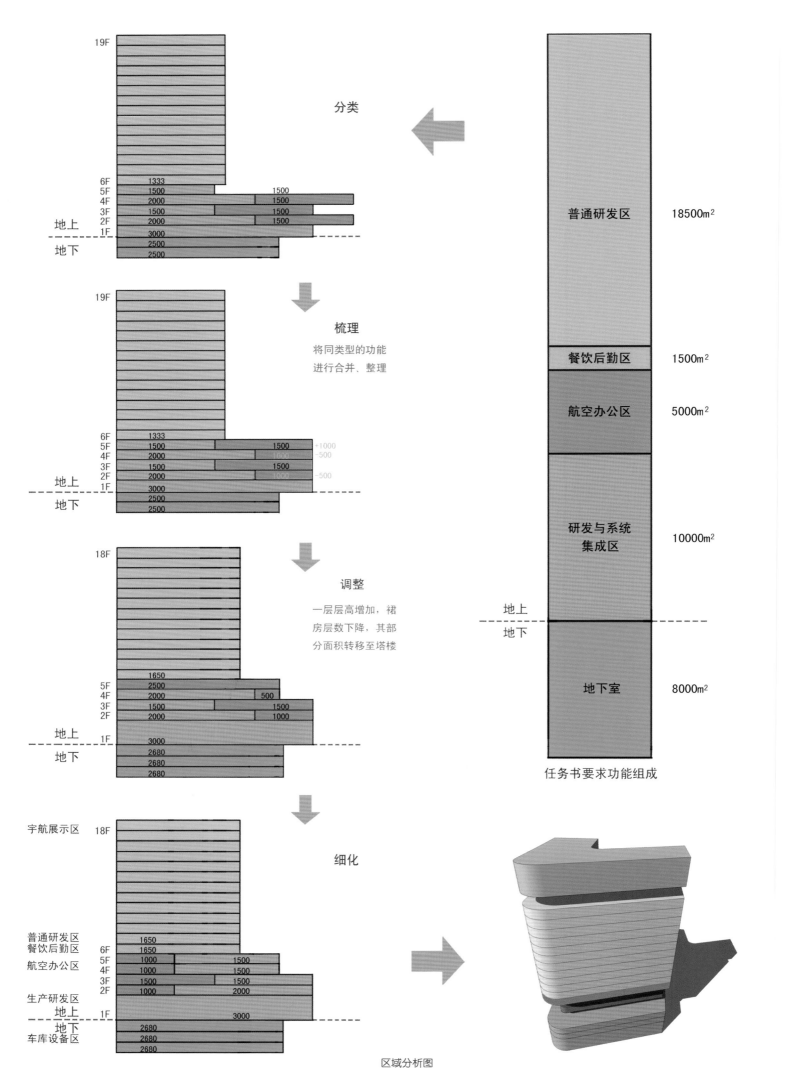

分类

梳理

将同类型的功能
进行合并、整理

调整

一层层高增加，裙
房层数下降，其部
分面积转移至塔楼

细化

普通研发区 18500m²

餐饮后勤区 1500m²

航空办公区 5000m²

研发与系统
集成区 10000m²

地上
地下

地下室 8000m²

任务书要求功能组成

区域分析图

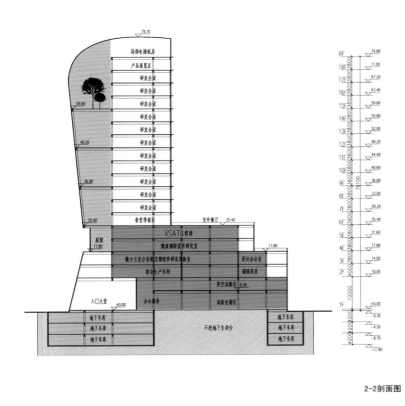

2-2剖面图

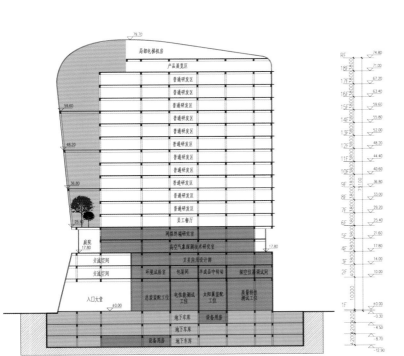

1-1剖面图

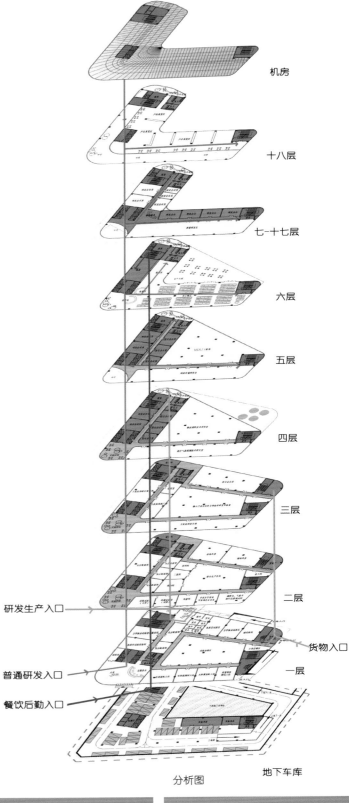

机房

十八层

七-十七层

六层

五层

四层

三层

二层

研发生产入口

货物入口

普通研发入口

餐饮后勤入口

一层

地下车库

分析图

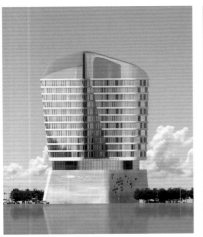

东立面图

南立面图

西立面图

北立面图

地下三层平面图
S=2666.3m²

地下一层平面图
S=2666.3m²

地下二层平面图
S=2666.3m²

一层夹层平面图
S=2534.10m²

用地红线

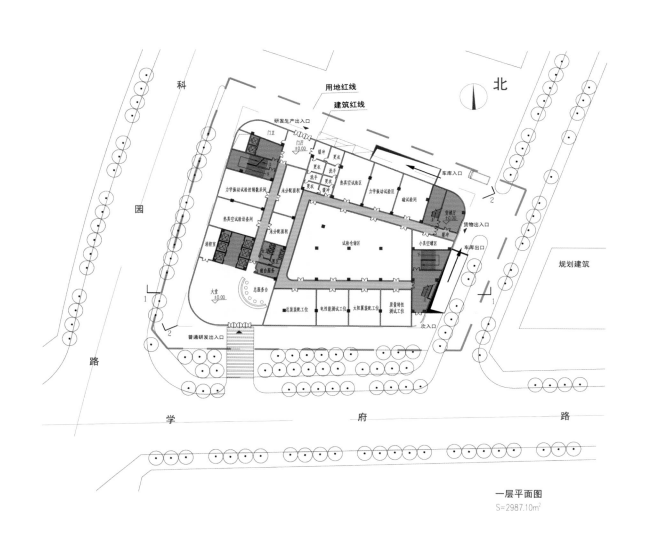

一层平面图
S=2987.10m²

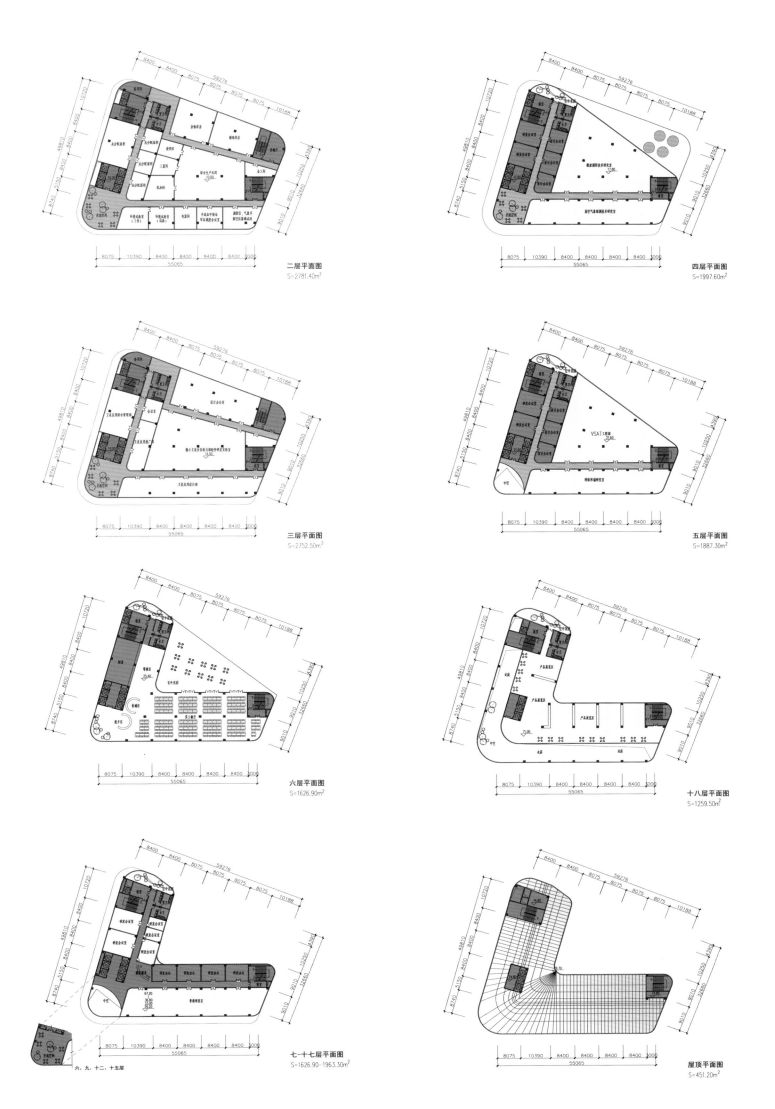

二层平面图
S=2781.40m²

三层平面图
S=2752.50m²

四层平面图
S=1997.60m²

五层平面图
S=1887.30m²

六层平面图
S=1626.90m²

十八层平面图
S=1259.50m²

七—十七层平面图
S=1626.90~1963.30m²

六、九、十二、十五层

屋顶平面图
S=451.20m²

ANIME BUILDING
动漫大厦

设计机构：深圳市建筑设计研究总院
设计团队：刘 宁、孙宏宾、刘文旭
项目地点：中国深圳
总用地面积：3 943.36 m²
总建筑面积：49 630.46 m²
建筑高度：99.1 m
容 积 率：9.59
绿 化 率：19.3%

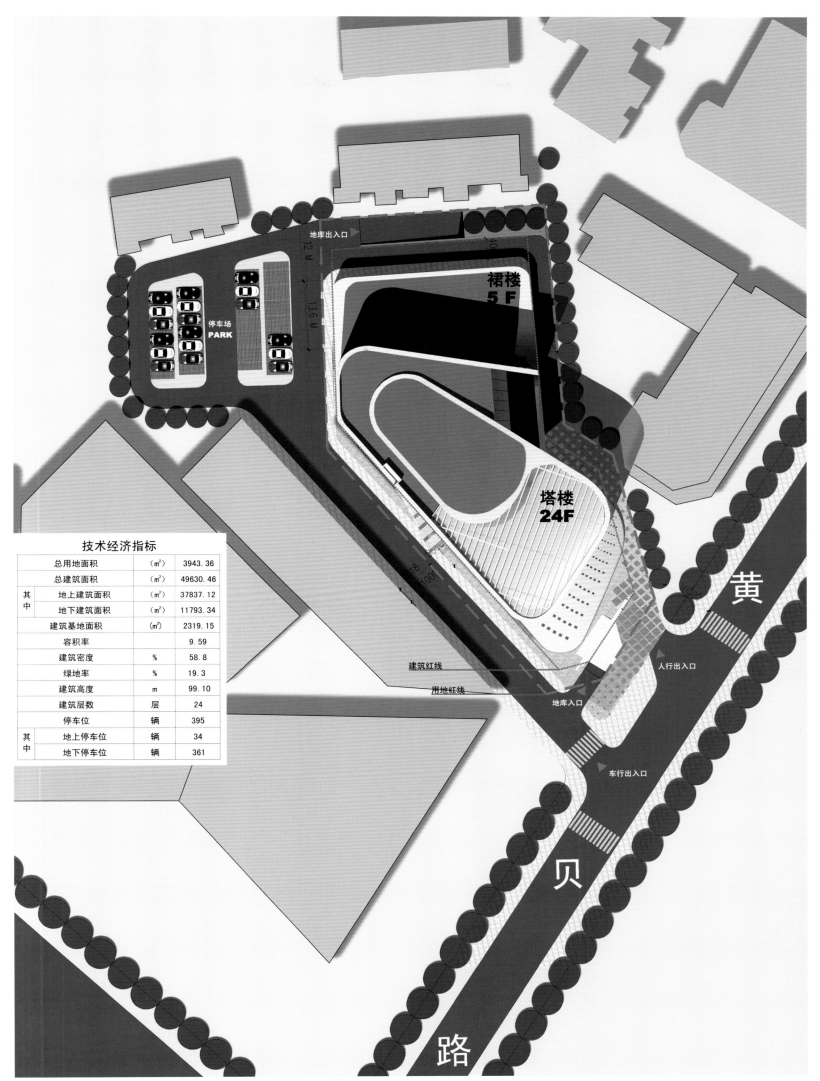

技术经济指标

	总用地面积	（m²）	3943.36
	总建筑面积	（m²）	49630.46
其中	地上建筑面积	（m²）	37837.12
	地下建筑面积	（m²）	11793.34
	建筑基地面积	（m²）	2319.15
	容积率		9.59
	建筑密度	%	58.8
	绿地率	%	19.3
	建筑高度	m	99.10
	建筑层数	层	24
	停车位	辆	395
其中	地上停车位	辆	34
	地下停车位	辆	361

平面图

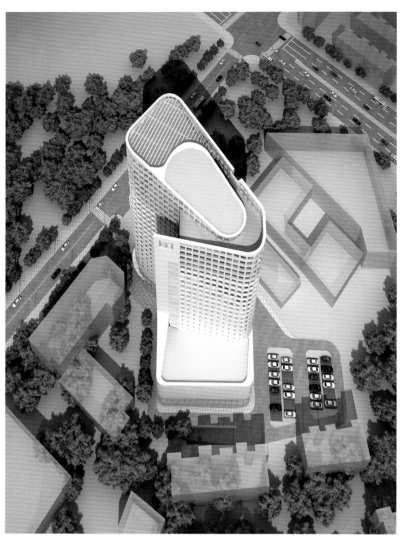

▶ **基地位置：** 项目建设地点位于深圳市罗湖区怡景路 2008 号，即怡景路与黄贝路交汇处北侧。

周边建筑： 项目基地现为原深圳广播电视台大楼、家属区、单身宿舍和部分空地，部分原有综合楼计划拆除。

交通连接： 项目主要外部交通由地块东南面的黄贝路接入，基地西南面相邻建筑（原市广播电视台）之间设一条公共道路，该道路与黄贝路连通并设置人行道。

群体关系： 经过推敲论证，我们采用曲线延展的动态变化流线造型，不论是在平面布局上还是竖向空间中，整个建筑形象都是完整的，充满着时代的气息。这样的布局方式具有以下优势：

1. 景观视野的最大化和多层次的景观空间，宏观上提升了办公空间的品质。采用退台式竖向绿化景观布局，不仅丰富了立面造型，更使得建筑自身具备"新陈代谢"的功能。

2. 有变化的天际线。塔楼和裙楼在高度上的差别带来了天际线的变化，裙楼较低，形体扎实稳重，点式塔楼较高，突显形体的挺拔。高低错落的天际线丰富了动漫大厦的城市形象，同时获得了"挺拔、疏朗"的建筑印象。

3. 充分尊重已有建筑，减少不利影响。点式塔楼的设计最大限度地保留了城市界面的完整性，通过形体的整合满足北侧多层住宅的日照要求，争取空间关系上的双赢局面。

4. 在基地的西侧设置停车场，极大地缓解了地面停车的压力。

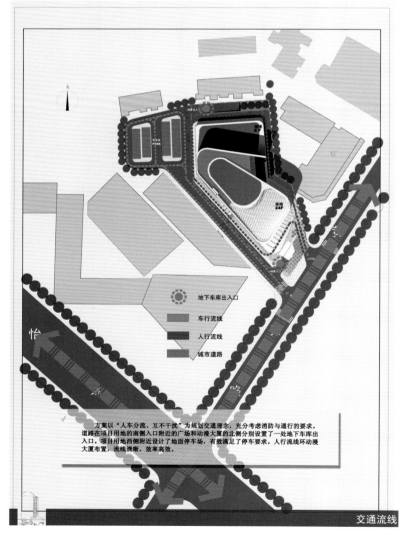

方案以"人车分流、互不干扰"为规划交通理念，充分考虑消防与通行的要求。道路在项目用地的南侧入口附近的广场和动漫大厦的北侧分别设置了一处地下车库出入口。项目用地西侧附近设计了地面停车场，有效满足了停车要求。人行流线环动漫大厦布局，流线清晰，效率高效。

交通流线

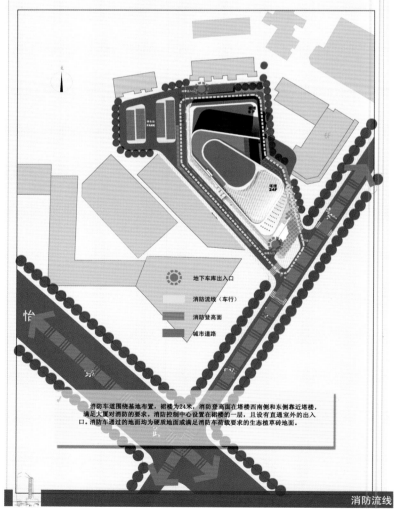

消防车道围绕基地布置，裙楼为24米，消防登高面在塔楼西南侧和东侧靠近塔楼，满足大厦对消防的要求。消防控制中心设置在裙楼的一层，且设有直通室外的出入口。消防车通过的地面均为硬质地面或满足消防车荷载要求的生态植草砖地面。

消防流线

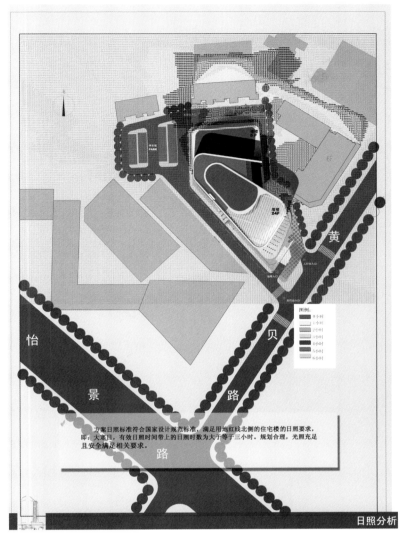

日照分析

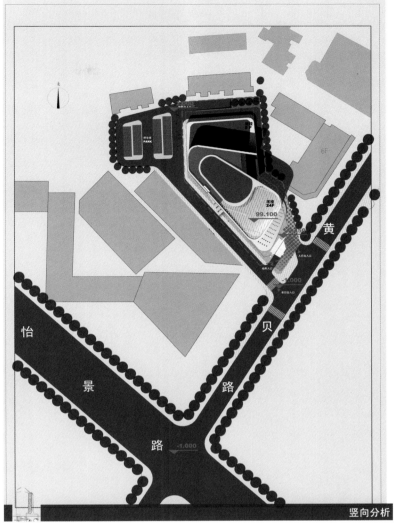

竖向分析

▶

　　交通流线：本方案在基地中设计了两个主要出入口：主要车流经黄贝路进入基地，途经基地内环路，进入地库和西侧地面停车场，在基地内部入口处设置地下车库入口，使到达车辆能够迅速进入地下车库，减少道路交通压力。在黄贝路，大厦的另一侧设置了人行出入口。整个基地内部交通流线清晰、便捷，步道景观优美。

　　功能组织：建筑形体主要由东南段点式塔楼和低层裙房组成，整栋建筑一至三层为公共服务功能用房，三至五层为公共技术服务区，六层为餐厅厨房，七、八层为 IDC 机房，九层为公寓，十层及十层以上均为办公空间。

场所及空间

1. 办公空间：塔楼标准层的设计强调高效实用，集约的核心筒布置有效地增加了使用空间面积，使使用率高达 75.6%。

办公空间为开敞式办公，高效便捷、动静分区、公私分明，为动漫工厂的使用理念提供了良好条件。

2. 公共空间：大堂设计开敞豪华，10 米通高的中空结构气派大方。在主要出入口处设置清晰明了的指引标识，使内部流线简洁明了。

3. 交通流线：室内各大功能空间主要通过垂直流线来组织，在核心筒位置一共设置 10 部电梯，在 15 层设置高低换乘区，使人流得到有序组织和疏散。

4. 广场花园：景观设计从整体环境出发，与入口广场相互呼应。配合建筑简洁、明快的设计风格，以动漫为主题，利用水景、草坪、树阵及铺地的穿插融合，不仅提供了一处办公之余可以放松休闲的场所，同时也是一处体现动漫文化特色的展示空间。

M & E ROOMS
机电设备

OFFICE
办公室

OFFICE LOBBY
办公大堂

APARTMENT
公寓

PARKING + M&E ROOMS
车库设备用房

公共技术服务功能区

公共服务功能区、动漫体验馆

CANTEEN
员工食堂

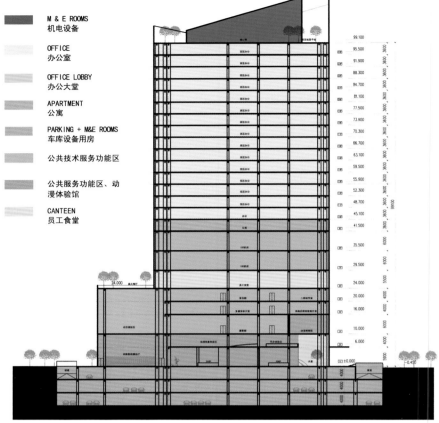

剖面图

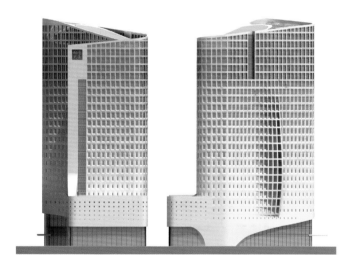

北立面图　　　　西立面图

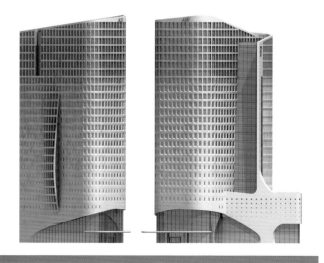

南立面图　　　　东立面图

▶

节能环保设计

    1. 绿化技术：将场地绿化和建筑立体绿化相结合，在满足绿化率的前提下，配植适宜的乔、灌木和草地；屋顶绿化、垂直绿化和窗台绿化组合成"绿肺"系统。

    2. 生态核：生态中庭使室内空间变成具有温室效应的阳光房；生态仓使绿化空间具有微型植物群落。这些措施能有效地改善室内空间质量。

    我们的设计综合考虑了城市文脉、建筑功能、形式艺术、空间组织、节能环保等因素，使国家动漫大厦如同一个任由时光雕刻的艺术品，矗立在城市当中。

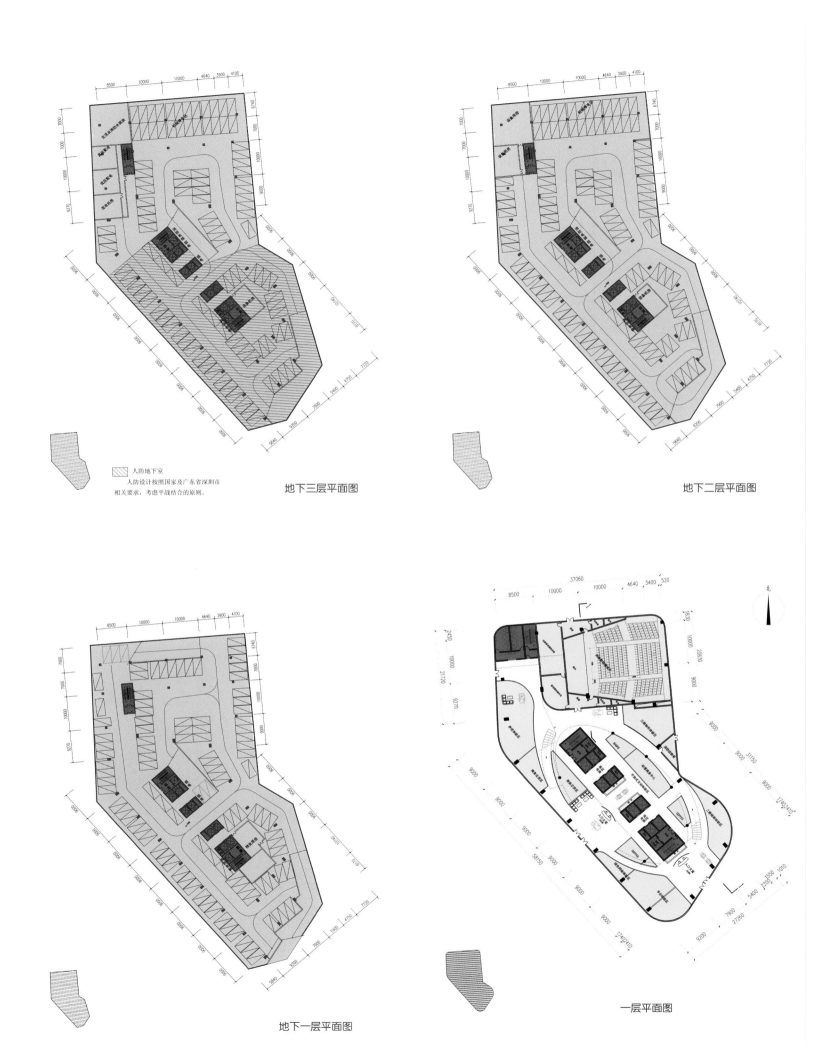

人防地下室

人防设计按照国家及广东省深圳市相关要求，考虑平战结合的原则。

地下三层平面图

地下二层平面图

地下一层平面图

一层平面图

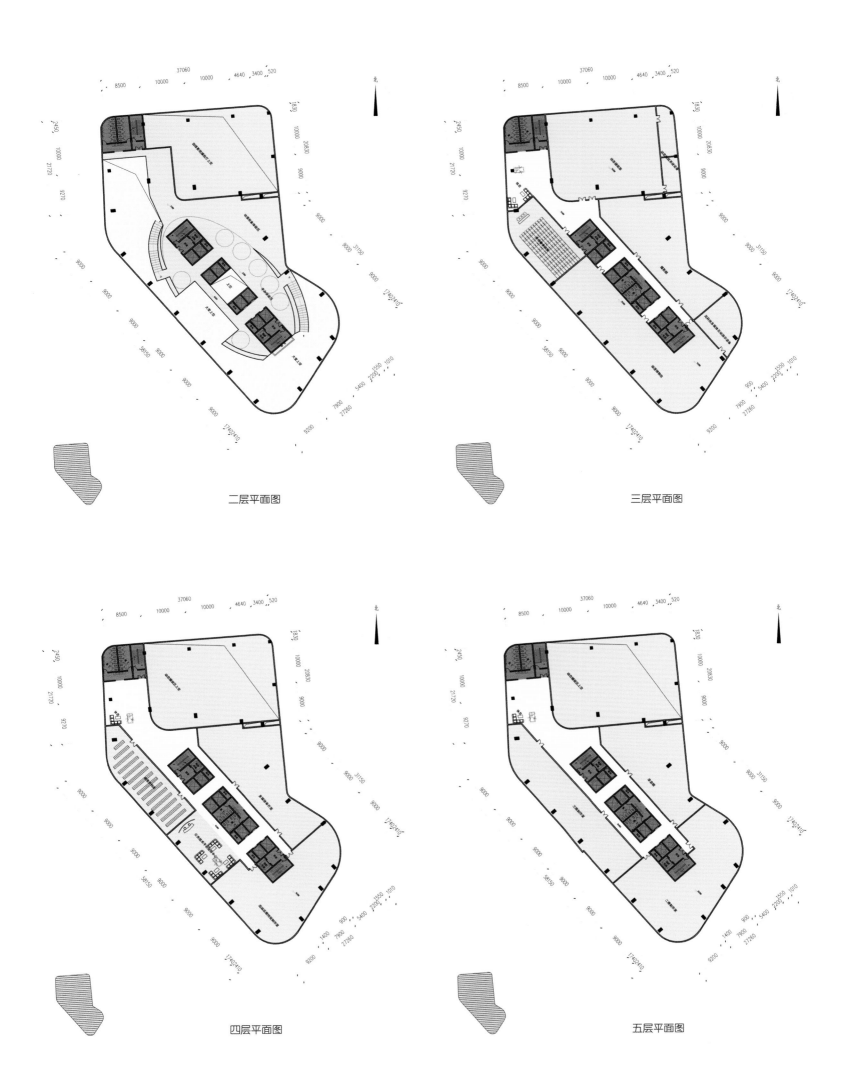

二层平面图

三层平面图

四层平面图

五层平面图

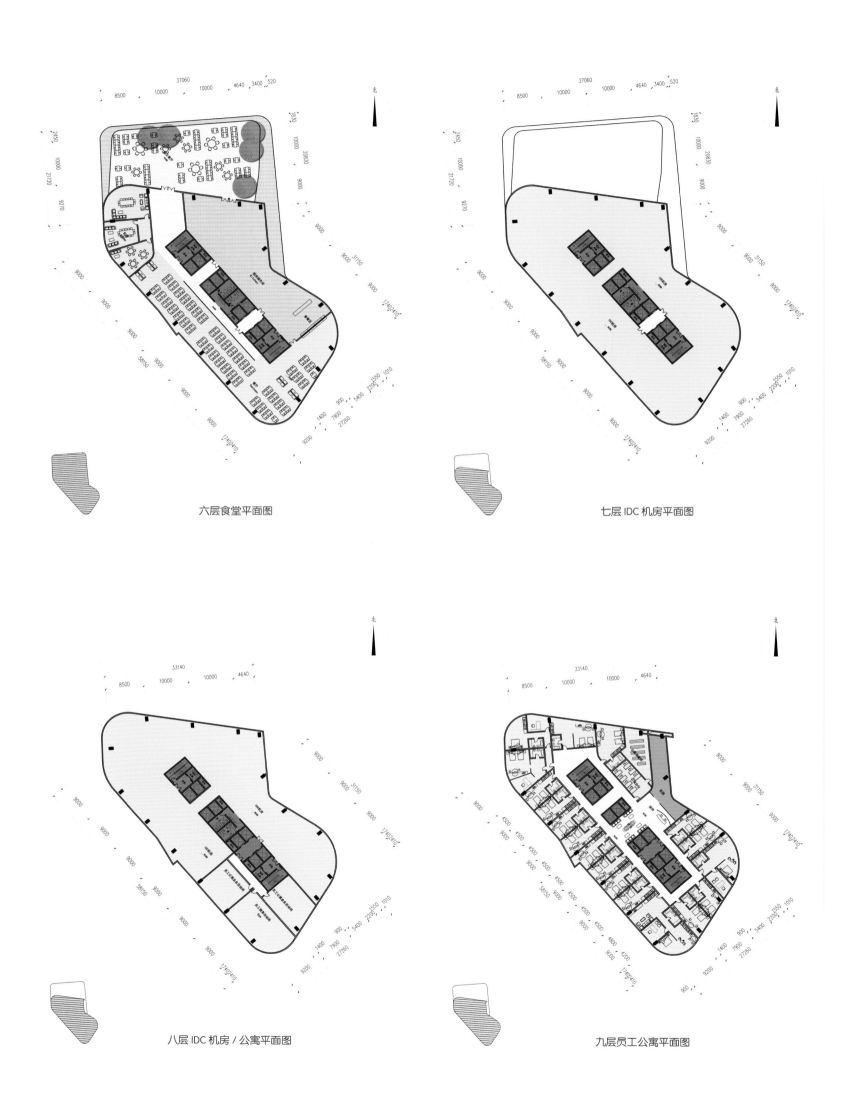

六层食堂平面图

七层 IDC 机房平面图

八层 IDC 机房 / 公寓平面图

九层员工公寓平面图

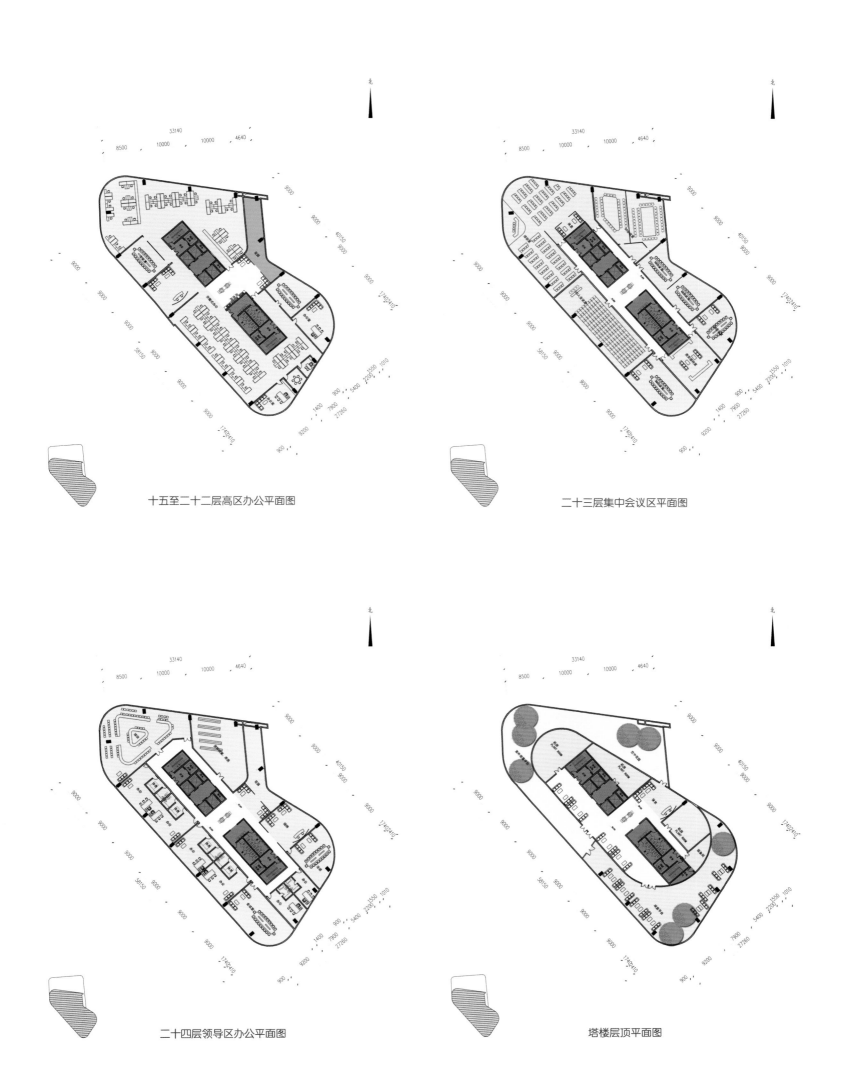

十五至二十二层高区办公平面图

二十三层集中会议区平面图

二十四层领导区办公平面图

塔楼层顶平面图

YIHUA BUILDING
深圳市怡化大厦

设计机构：深圳市建筑设计研究总院
设计团队：刘 宁、孙宏宾、刘文旭
项目地点：中国深圳
用地面积：5 582 m²
项目面积：64 178 m²
建筑高度：150 m
容 积 率：8.99
绿 化 率：11%

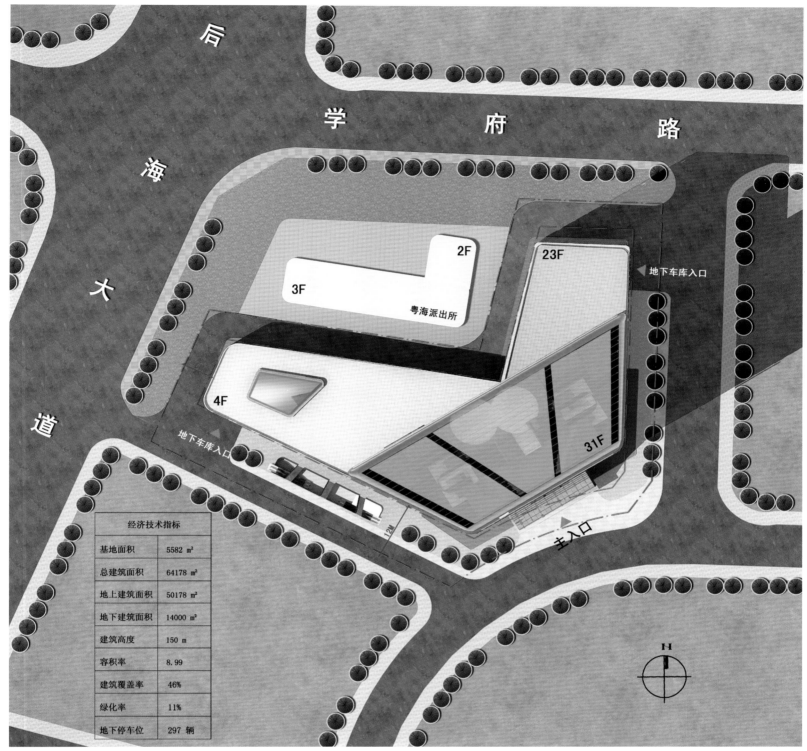

经济技术指标

基地面积	5582 m²
总建筑面积	64178 m²
地上建筑面积	50178 m²
地下建筑面积	14000 m²
建筑高度	150 m
容积率	8.99
建筑覆盖率	46%
绿化率	11%
地下停车位	297 辆

平面图

深圳市怡化电脑有限公司成立于1999年，是一家专业的银行自助设备的设计商、制造商、供应商和服务商，是深圳市的高新技术企业和软件企业，是深圳市政府重点支持的高科技创新企业。

本项目位于深圳市高新技术产业园区后海大道与学府路交汇处的东南面，宗地号为T204-0117，占地面积 5 582 平方米，建筑容积率 8.99，建筑覆盖率 46%，绿地率为 11%，计入容积率的总建筑面积为 50 178 平方米，总建筑面积 64 178 平方米，建筑高度为 150 米，顶部设 18 米构架和玻璃顶棚。

通过对基地的现场调研，我们对基地优势与劣势进行了具体的分析：
项目优势：1. 该场地较为规则，地势平坦，为办公建筑的设计提供了先决的优势条件。
　　　　　2. 基地位于科技园区的北端龙头位置，为本项目树立独特的标识性提供了良好的地域条件。
　　　　　3. 基地周边交通状况良好，基础设施完善，有利于项目的建设和运行使用。
项目劣势：1. 基地外围比较局促，而且成不规则的 "L" 型，对土地的充分利用带来不利因素。
　　　　　2. 在本区域城市设计中，如何在高楼林立的科技园区中突显自己，并且打造完整、稳重的气质是设计的难点和重点。

立面图 1

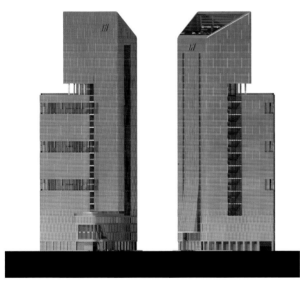

立面图 2

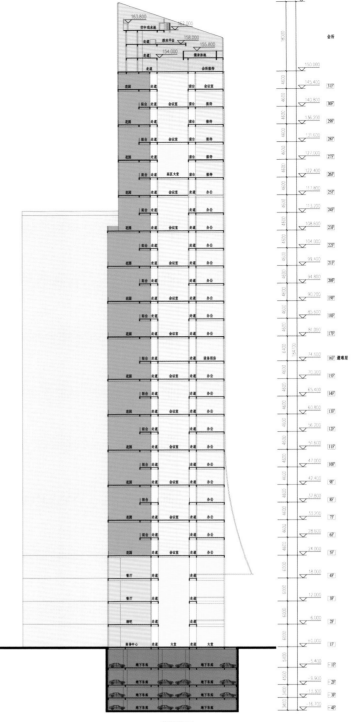

剖面图

在整体布局以及主塔楼位置的设计中，我们通过不同的尝试，最终确立了最为理想的方案：方案中，塔楼是由高低两个体量穿插组合而成的，目的在于满足使用面积上的要求，同时能够塑造出挺拔的气质，傲视整个科技园区，低区的塔楼依然能够满足规划要求，统一沿街城市界面，高区塔楼则很好地展示了大厦的昭示性。

20世纪以前，建筑被喻为"石头的史诗""凝固的音乐"，即建筑的外立面是不可改变的。但随着科技发展，21世纪的建筑已打破这一传统惯例。通过对幕墙的精心雕琢，怡化大厦表面肌理给人一种强烈的向上的感觉。

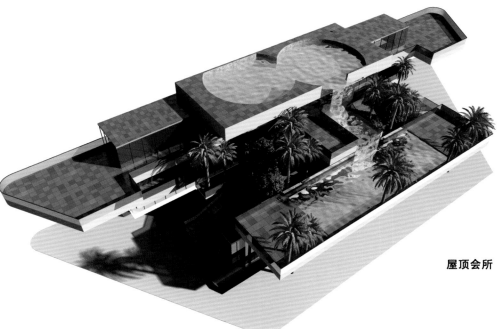

屋顶会所

本建筑地上部分为31层，地下4层。具体功能如下：地下2~4层为停车场以及设备用房；地下层一部分为餐饮功能，另一部分为停车功能；裙房1~2层为银行及沿街商业；3~4层为酒楼。塔楼1~3层为办公楼的大堂空间，功能主要为商务、娱乐、休闲、办公服务；4~31层为办公功能；4~25层为低区办公，主要是用于办公楼的租售；26~31层为高区办公，用于公司内部自用；屋顶18米的构架空间作为豪华空中会所，布置7×25米的矩形无边际泳池。

本方案在有限的基地内，经过仔细推敲，设计了一套完善的交通系统。在基地距离道路交叉口70米以外设置了两处城市的开口；在基地北侧设置了消防车环路，与人流合理分开，互不干扰；在建筑的西侧和北侧设置了两个双车道地下入口，满足地下室车辆疏散的要求。

本方案满足《公共建筑节能设计标准》的要求，结合南方夏热冬暖的气候特点，提高大厦舒适性和能效比，积极响应政府的节能减排号召和建筑的可持续发展。主要措施有：利用空中庭园，使过渡季节充分利用室外新风、自然光源的利用、采用绿化遮阳构造措施、地下室自然采光和通风设计、利用室外景观设计营造区域小环境，减少热岛效应，加大循环水综合利用；通过选用环保节能的材料，采取提高供暖、通风、空调设备、系统的能效比；大量采用绿色节能照明设备，提高能源利用效率；在保证相同的室内热环境舒适条件下，尽可能地减少能耗。

本方案的安全设计充分考虑了防火间距、安全疏散、建筑构造、建筑防爆、防腐蚀等，并满足了《无障碍设计规范》。相信通过此设计，我们能与业主共同努力打造出一个现代、简捷、稳重、节能并且可持续发展的深圳市怡化大厦。在贯彻了本案设计理念后，我们深信建成的怡化大厦将会是一栋彰显科技园区中心地位、创造数码时代精神、提倡生态环保、方正大气的新综合大楼。它将引领 21 世纪的建筑潮流。

地下四层平面图

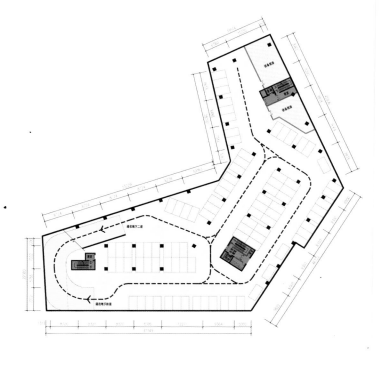

地下三层平面图

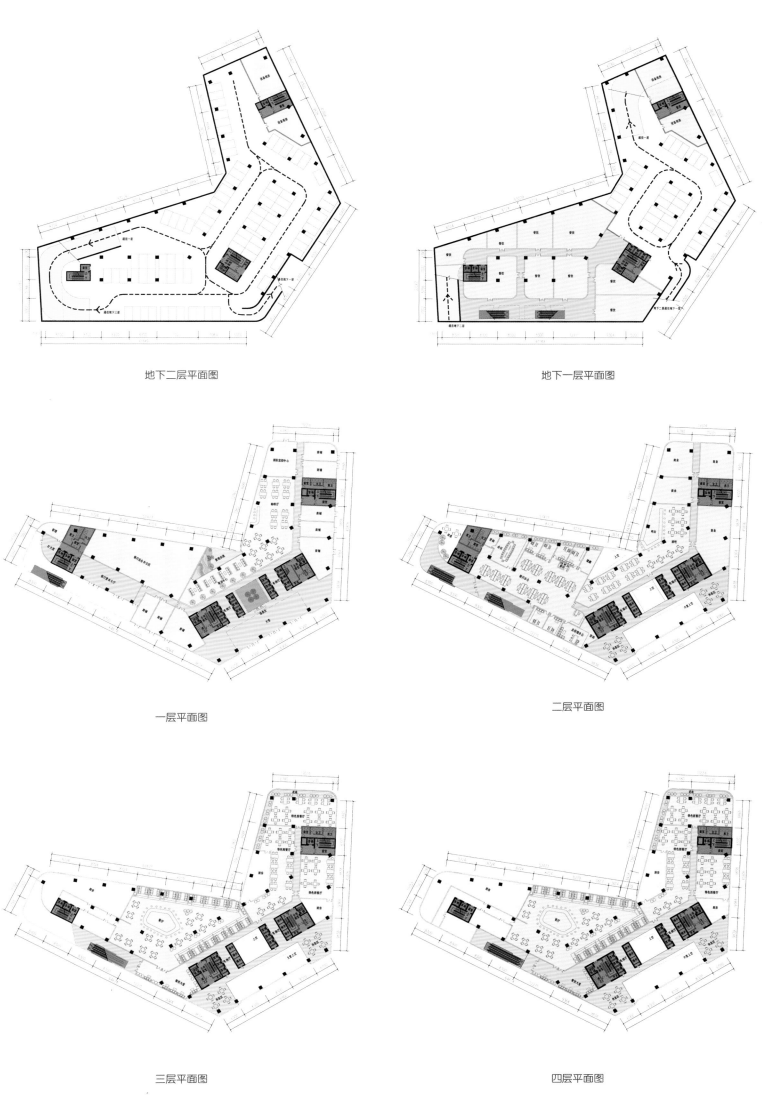

地下二层平面图

地下一层平面图

一层平面图

二层平面图

三层平面图

四层平面图

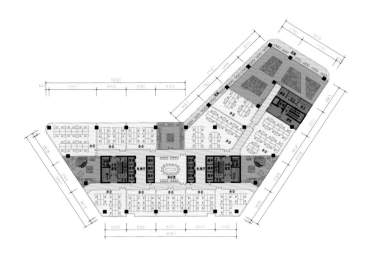

五、七、九、十一、十三、十五层平面图

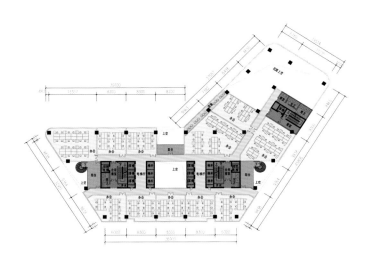

六、八、十、十二、十四层平面图

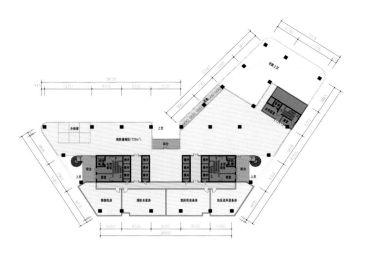

十六层平面图

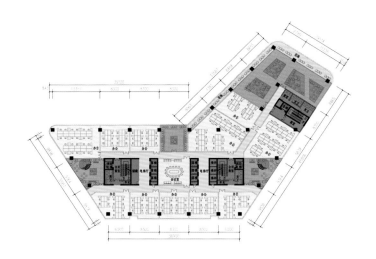

十七、十九、二十一、二十三层平面图

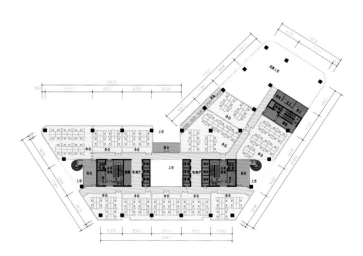

十八、二十、二十二层平面图

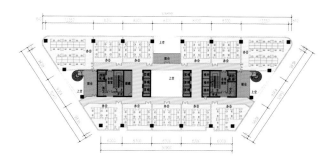

二十四层平面图

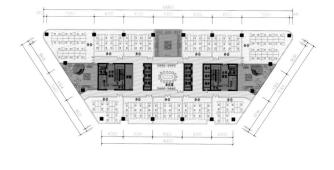

二十五层平面图

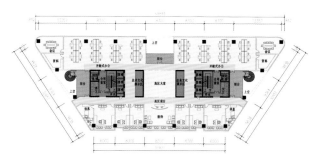

二十六层平面图

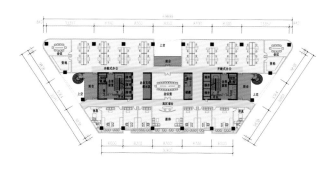

二十八、三十层平面图

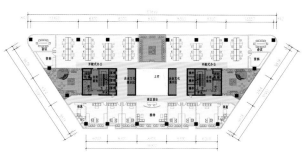

二十七、二十九层平面图

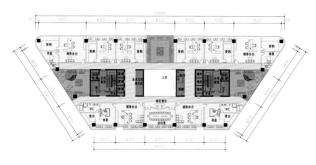

三十一层平面图

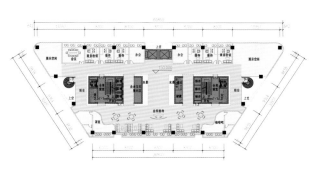

会所首层平面图

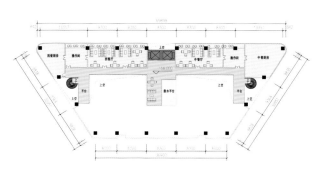

会所三层平面图

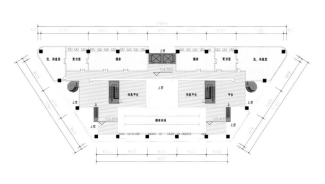

会所二层平面图

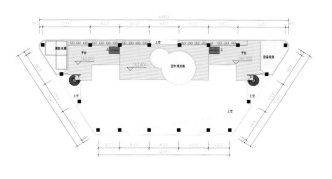

会所四层平面图

ZHUHAI INTERNAT- IONAL RED WINE TRADE CENTRE
珠海国际红酒交易中心

设计机构：OSO Studio LTD
设计团队：周 昊、郭 垚
项目地点：中国珠海
占地面积：34 000 m²
项目面积：169 000 m²

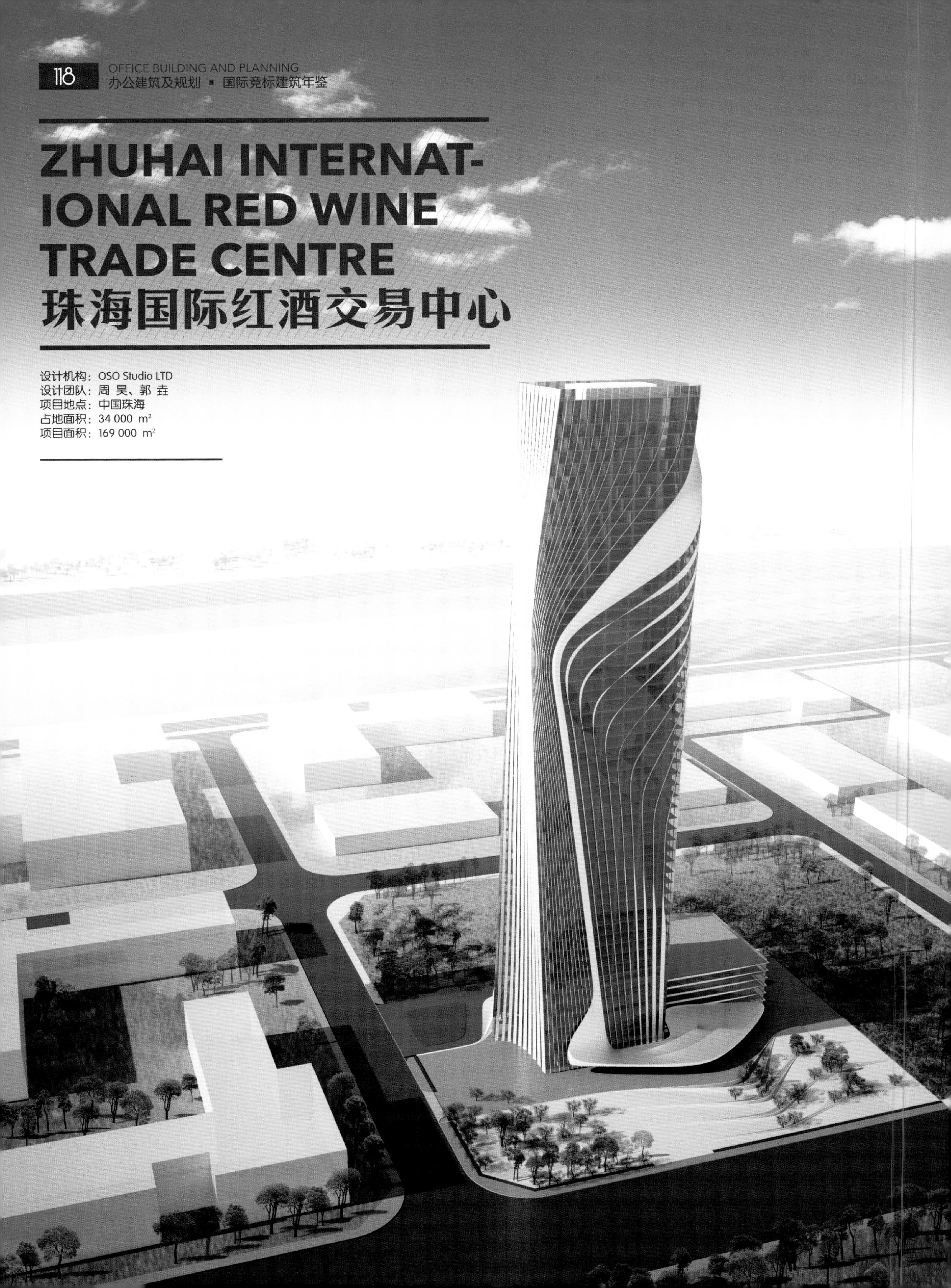

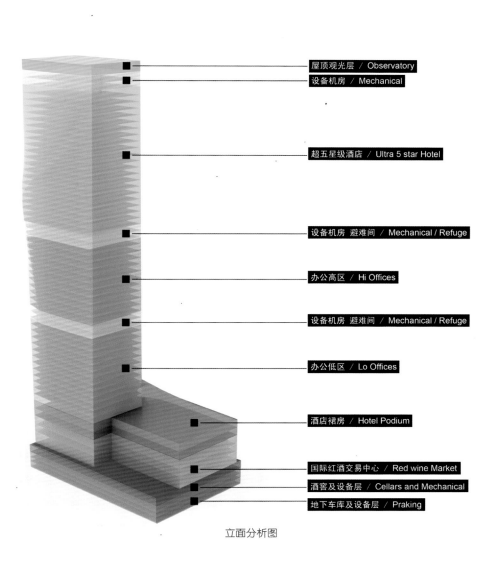

屋顶观光层 / Observatory
设备机房 / Mechanical
超五星级酒店 / Ultra 5 star Hotel
设备机房 避难间 / Mechanical / Refuge
办公高区 / Hi Offices
设备机房 避难间 / Mechanical / Refuge
办公低区 / Lo Offices
酒店裙房 / Hotel Podium
国际红酒交易中心 / Red wine Market
酒窖及设备层 / Cellars and Mechanical
地下车库及设备层 / Praking

立面分析图

项目基地位于广东省珠海市保税区，与横琴岛和澳门隔海相望。红酒交易中心项目是一个结合了交易市场、酒店与办公功能的综合建筑，它是将现有的保税区再开发为未来的自由贸易区一个关键的起点。在现状的保税区场地上，我们创造了一个不可复制的地标，为未来的自由贸易区。更为城市打造一张独特的名片。

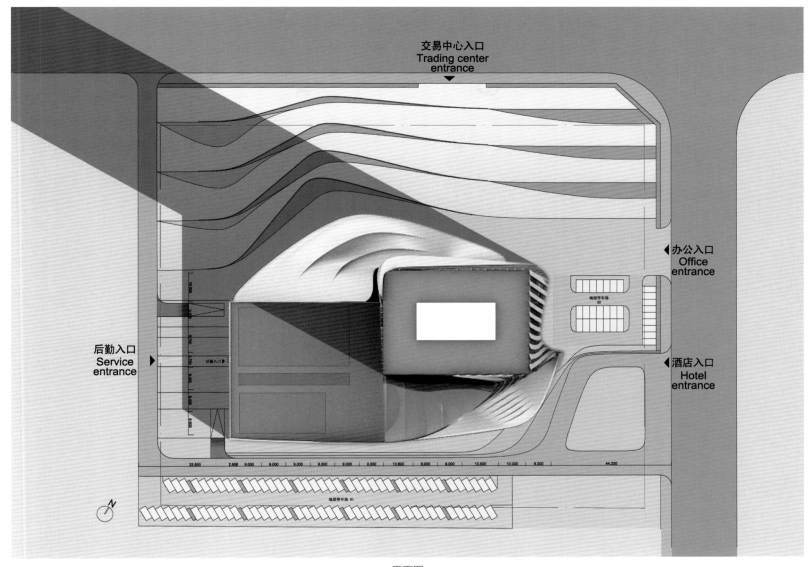

交易中心入口
Trading center entrance

办公入口
Office entrance

后勤入口
Service entrance

酒店入口
Hotel entrance

平面图

▶

　　建筑吸引力来源于美学上静力与动力的平衡，而设计手段在于将两种不同的视觉元素重新整合在一起，达到一种具有整体性的、形式上的动态平衡。我们重新阐释建筑与红酒主题的关联性，创造出一个优雅的、在不同位置可被不同解读的建筑。

　　由北侧望去，柔性的幕墙包裹住刚性的结构，展现出刚柔并存的调和性，传递出力量与柔美的统一性。建筑裙房与高层塔楼既联又分，在北侧的办公与交易中心入口，一个巨大的雨罩由上部流动性体量构成，覆盖于两个直线型入口上方。由南侧望去，裙房与上部塔楼是一个连续的整体，在垂直体量与水平体量间进行了连续的转换，呈现出源于液体动力学的优雅流动感。裙房体量的水平流动形式反映了平面化的城市能量 ——车、人、水、景观及其他，向上、加速、流畅地汇入上部刚性的塔楼。

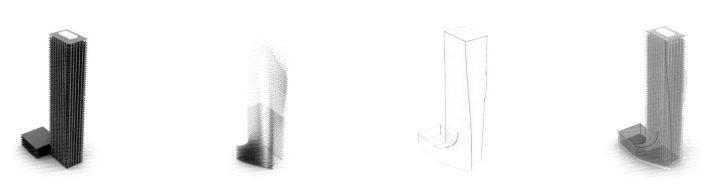

主体结构　　　　　　　　　　附加结构　　　　　　　　　　围护结构　　　　　　　　　　叠加

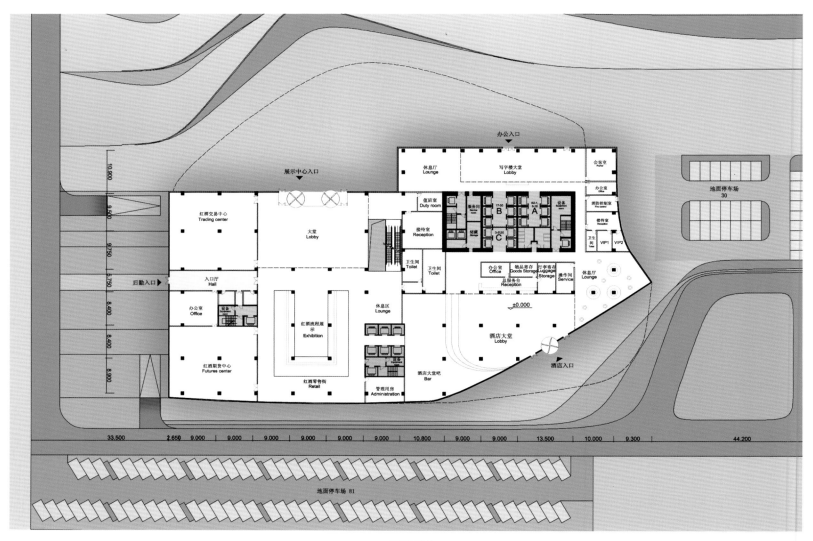

一层平面图

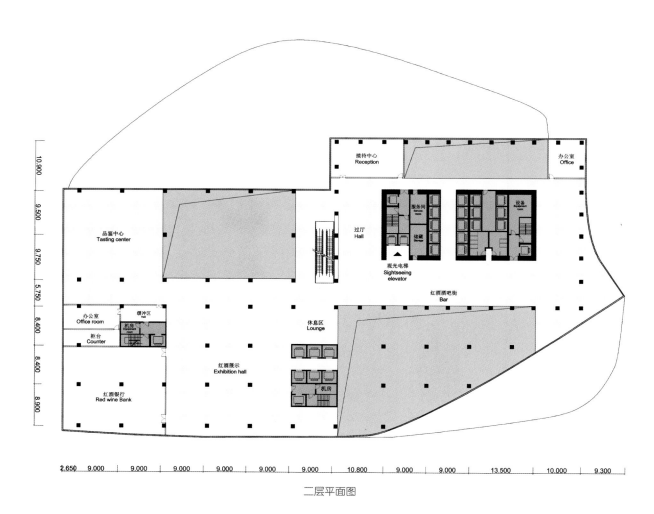

二层平面图

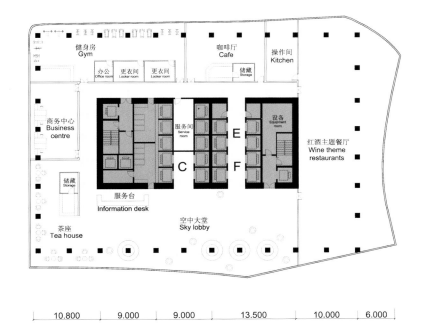

健身房
Gym
咖啡厅
Cafe
操作间
Kitchen
办公
Office room
更衣间
Locker room
更衣间
Locker room
储藏
Storage
商务中心
Business centre
服务间
Service room
设备间
Equipment room
储藏
Storage
红酒主题餐厅
Wine theme restaurants
服务台
Information desk
茶座
Tea house
空中大堂
Sky lobby

空中大堂平面图

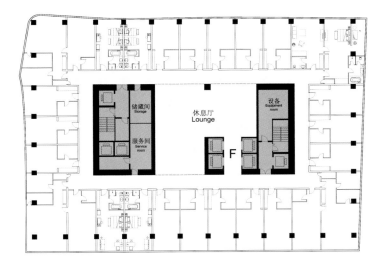

储藏间
Storage
休息厅
Lounge
设备间
Equipment room
服务间
Service room

酒店平面图

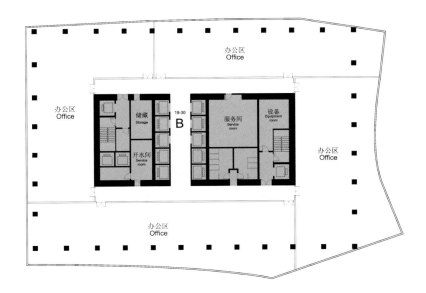

办公区
Office
办公区
Office
储藏
Storage
19-30
服务间
Service room
设备间
Equipment room
开水间
Service room
办公区
Office
办公区
Office

办公层平面图

ZHENGDONG 139 NEW CITY
郑东绿地 139 新都会

设计机构：DAO 国际设计机构
项目地点：中国河南
项目面积：781 982 m²

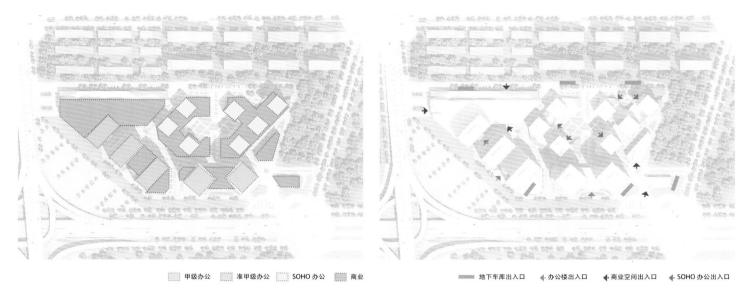

甲级办公	准甲级办公	SOHO 办公	商业

功能分区图

地下车库出入口	办公楼出入口	商业空间出入口	SOHO 办公出入口

各功能入口分析图

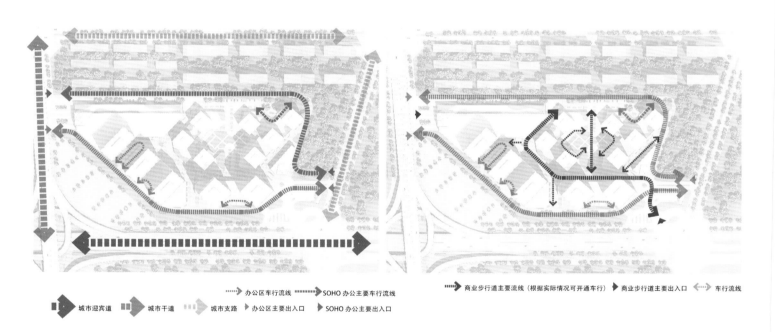

城市迎宾道　城市干道　城市支路　办公区主要出入口　SOHO办公主要出入口　办公区车行流线　SOHO办公主要车行流线

车行流线分析图

商业步行道主要流线（根据实际情况可开通车行）　商业步行道主要出入口　车行流线

人行流线分析图

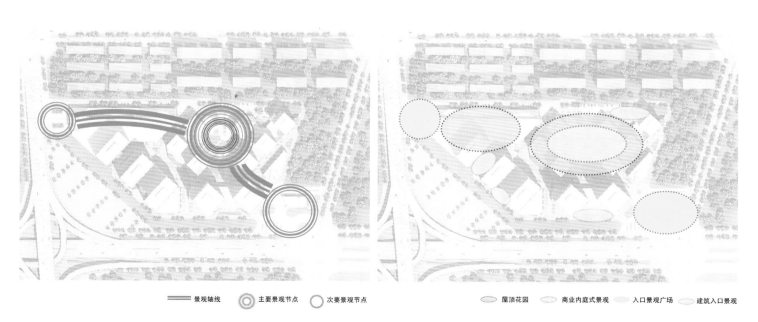

景观轴线　主要景观节点　次要景观节点

景观结构分析图

屋顶花园　商业内庭式景观　入口景观广场　建筑入口景观

景观 功能分析图

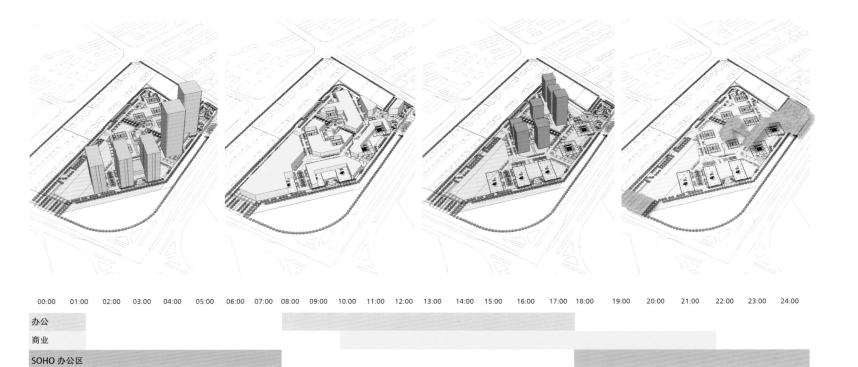

| | 00:00 | 01:00 | 02:00 | 03:00 | 04:00 | 05:00 | 06:00 | 07:00 | 08:00 | 09:00 | 10:00 | 11:00 | 12:00 | 13:00 | 14:00 | 15:00 | 16:00 | 17:00 | 18:00 | 19:00 | 20:00 | 21:00 | 22:00 | 23:00 | 24:00 |

办公

商业

SOHO 办公区

休闲娱乐区

区块分析图

▶

　　"绿地新都会"项目位于河南省郑州市郑东新区，坐落于金水东路和东风南路交汇处。整个项目定位为：政务区核心地段大型商务商业综合体，业态涵盖甲级办公、SOHO 办公、购物中心商业、商务配套商业。总建筑规模为 781 982 平方米，其中地面以上计容面积为 528 455 平方米，地下面积为 253 527 平方米。一期建设范围为甲级写字楼 O1、O2；裙房商业 P4、P5；独立商业 C2、C3。建筑面积为 213 134.9 平方米，其中地面以上计容面积为 165 488.9 平方米，地下面积为 47 646 平方米。

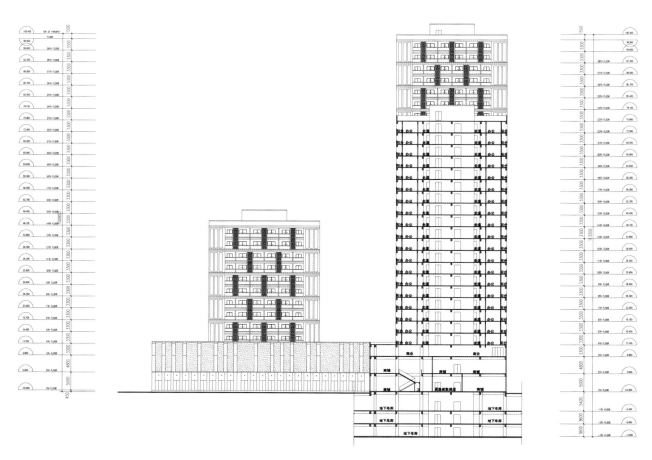

剖面图

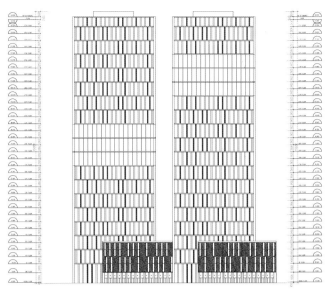

立面图 1

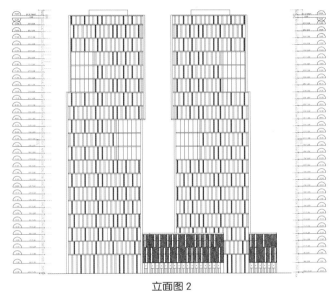

立面图 2

TIANJIAN CENTER R & D BUILDING
天健中心研发大楼

设计机构：广东省建筑设计研究院深圳分院
创作团队：吴彦斌、朱 江、袁 华
项目地点：中国深圳
占地面积：23 706.1 m²
项目面积：94 600 m²
建筑高度：99.6 m
容 积 率：3.0

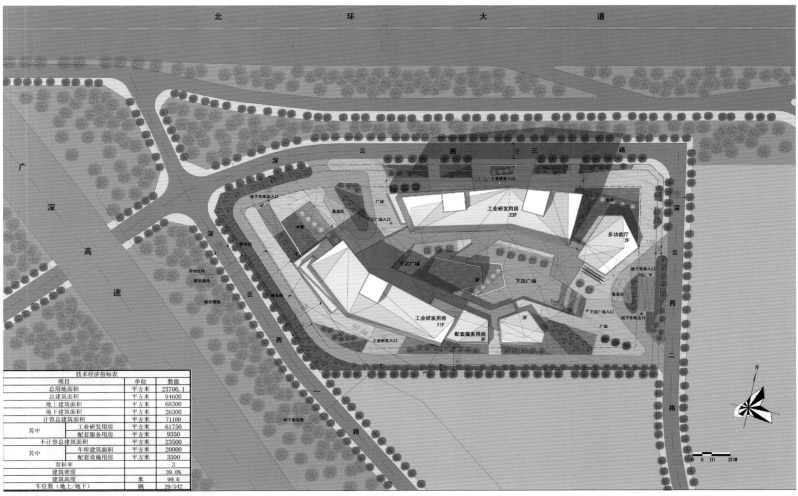

技术经济指标表		
项目	单位	数值
总用地面积	平方米	23706.1
总建筑面积	平方米	94600
地上建筑面积	平方米	68300
地下建筑面积	平方米	26300
计容总建筑面积	平方米	71100
其中 工业研发用房	平方米	61750
配套服务用房	平方米	9350
不计容总建筑面积	平方米	23500
其中 车库建筑面积	平方米	20000
配套设施用房	平方米	3500
容积率		3
建筑密度		39.0%
建筑高度	米	99.6
车位数（地上/地下）	辆	29/542

总平面图

深圳天健技术中心位于深圳市南山区北环大道和广深高速交汇处的东南面，隶属安托山片区。项目总用地面积 23 706.l 平方米，地势平坦，用地规整，周边均为待开发改造的工业用地，周边道路微循环有待完善。项目属于大沙河创新走廊之侨香路总部商务产业带，未来总部商务集聚区整体兴起之后，将成为新的城市亮点。

项目总建筑面积 94 600 平方米，地下 2 层，地上 23 层，建筑高度 99.6 米。地下室设有配套服务用房、配套设施用房、停车库、设备用房，其中地下一层包含下沉庭院。2 层裙房设置配套服务用房和多功能厅。地上主楼 23 层，副楼 11 层，功能为工业研发用房。建筑耐火等级为一级，结构设计使用年限 50 年。

北立面图　　　　　　　　　东立面图

南立面图　　　　　　　　　西立面图

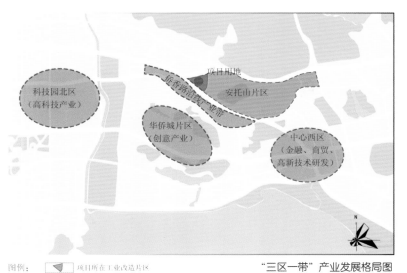

图例： 项目所在工业改造片区　　　　　　"三区一带"产业发展格局图

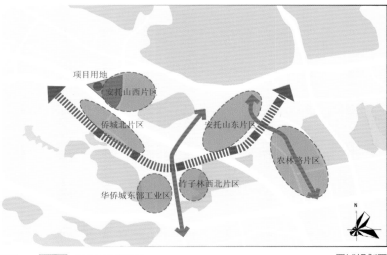

图例： 项目所在工业改造片区　　　　　　区域规划图

"三区一带"的产业发展格局：三区：科技园北区（高新技产业）、华侨城片区（创意产业）、中心西区（金融、商贸、高科技研发）；
一带：侨香路沿线产业带；
外部"三区一带"的产业发展格局将促使安托山片区的城市功能结构显著优化。

区域规划：项目被纳入侨香路总部商务产业带规划中，此商务产业带将成为深圳商务中心发展的战略性节点地区；
以侨香路为中心发展轴线，传递城市轴向东西延伸、南北辐射的发展动力，形成"一中轴、双十字"的空间结构。

图例： 项目所在工业改造片区　　　　　　区域生态资源分析图

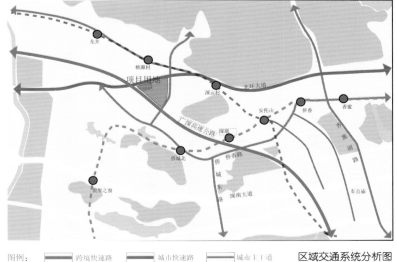

图例： 跨境快速路　城市快速路　城市主干道　　区域交通系统分析图
城市次干道　地铁2号线　地铁7号线

区域生态资源：项目北依塘朗山，南通园博园，西望华侨城，东临香蜜湖，项目临靠规划建设的安托山公园，周边整体自然环境突
出。现状虽不能即时兼得这些生态景观，但片区发展展现了一个良好的整体生态资源。

▶
　　安托山西片区目前内部交通微循环较差，未来道路系统完善后，
区域对外交通主要依靠北环、深南、香蜜湖路三条快速路和侨香路、
深云路等主干道，有地铁二号线安托山站和深康站。项目周边均为待
开发的工业用地，片区整体有待进一步升级改造。
　　项目用地性质为工业用地，功能主要为工业研发和配套服务两方
面的内容，建筑退用地红线不少于12米，用地西侧为橙线安全保护区，
此范围内宜作道路和绿化处理。

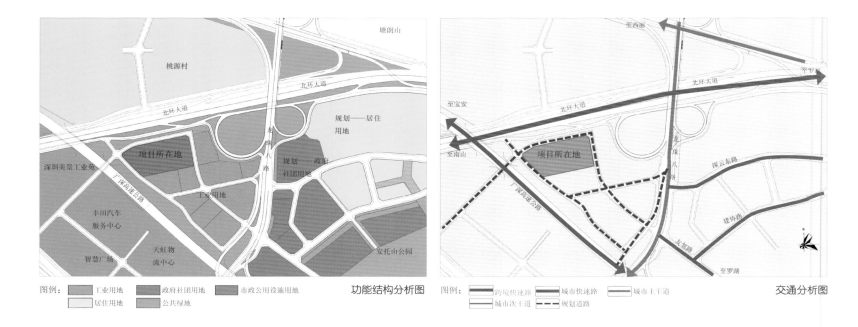

图例：□工业用地 □政府社团用地 □市政公用设施用地　　　功能结构分析图　图例：▬跨境快速路 ▬城市快速路 ▬城市主干道　　　交通分析图
　　　　□居住用地 □公共绿地　　　　　　　　　　　　　　　　　　　　　　　□城市次干道 ┅规划道路

周边功能结构：项目北接桃源村、南邻国有储备用地、西靠高发科技园等工业带、东临工业保留用地。

场地交通分析：项目现状通达性较差，仅通过一条沙上路与外部连通，且项目周边多为断头小路；
　　　　　　　　未来，项目地块区域内规划建成深云西路（一路至五路），将区域内各地块进行有效连接。

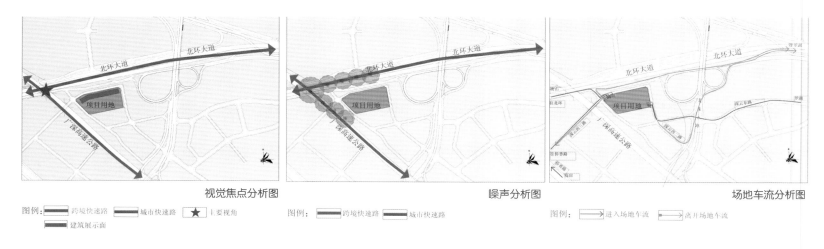

视觉焦点分析图　　　　　　　　　　噪声分析图　　　　　　　　　　场地车流分析图

图例：▬跨境快速路 ▬城市快速路 ★主要视角　　图例：▬跨境快速路 ▬城市快速路　　图例：→进入场地车流 →离开场地车流
　　　▬建筑展示面

视觉焦点分析：项目位于城市快速路——北环大道、广深高速公路交汇处，具有良好的城市视角与展示
　　　　　　　　面，建筑形象的塑造十分重要。

场地噪声分析：北环大道与广深高速公路紧邻基地，是噪声的主要来源。

规划车流分析：项目地块区域内规划建成深云西路（一路至五路），将区域内各地块进行有效连接。用地
　　　　　　　　西北角和东南角为主要人流来向，可作为基地的主要出入口。

▶

总平面布置

　　天健技术中心研发大楼项目总建筑面积 94 600 平方米，其中工业研发用房面积 61 750 平方米，配套服务 9 350 平方米，地库 20 000 平方米，配套设施用房 3 500 平方米，包括一栋 23 层的板式主楼和 11 层的板式副楼。负一层到地上二层设置配套服务用房，包括一个可容纳 300 人的多功能厅。整组建筑的主出入口位于基地的西北和东侧，形成一条贯穿基地的主动线。主楼沿基地北面展开，与副楼合围出内部庭院，工业研发的人流从庭院内部进入主楼和副楼，形成一条南北次动线。庭院设连廊系统、下沉广场、玻璃雨棚，形成丰富的内部空间。

交通分析

　　用地的西北角和东南角为主要的人流来向。通过释放端头两个开放的空间节点和中部的下沉庭院，梳理出一条贯穿基地的主动线。两个入口广场是人流车流集散的重要场地。人行在庭院入口通过大台阶或者自动扶梯到达不同的标高平台，对人流进行疏导和分流。车行在落客之后进入地下车库，减少和人流交叉。宽敞的入口广场为人车流的组织带来更多的灵活性和方便。主楼分 A、B 区设置，人流在大堂进行分流。低区、高区电梯直达地下车库，整体上提高电梯的使用效率，缩短等候电梯的时间。塔楼四周均设置消防环道，满足消防通行及扑救的要求。

方案比较

	整体布局	北环大道人视角度	
方案一：		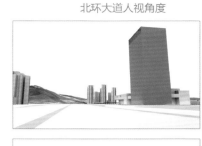	优点：建筑体量突出。 不足： 1. 塔楼受道路影响较大； 2. 标准层需要两个防火分区。
方案二：		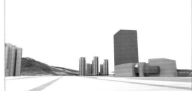	优点：塔楼受道路影响较小。 不足： 1. 建筑体量不够突出； 2. 标准层需要两个防火分区。
方案三：	 		优点：组团关系良好。 不足：建筑形象不够突出。
方案四：	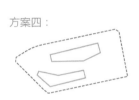 	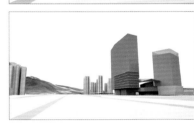	优点： 1. 组团关系良好； 2. 建筑形象突出； 3. 处理好道路交汇口与建筑体量之间的矛盾； 4. 建筑体量布局有利于自然通风，体现绿色建筑理念； 5. 主体塔楼有充分的视线景观。 不足：北环路对主体建筑存在噪声影响。

综合以上考虑，塔楼采用方案四的布局形式，优点突出，有利于形成丰富的内部空间和塑造良好的外部形象。

场地条件

- 建筑退缩线
- 橙线防护范围线（用地开发建设必须满足相关管线保护条例及范围要求）

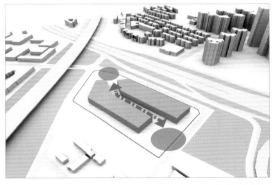

公共空间

- 入口广场——展示形象的空间
- 人流动线

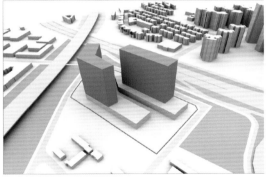

体块布局

- 建筑基本体量
- 组织自然通风

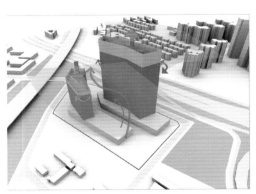

塑造形象

- 优化组团关系
- 有效引导自然通风，景观资源最大化

化整为零

- 一簇水晶：纯净、动人
- 水晶状散落于场地，突显项目形象特色

绿色建筑

- 遮阳板、水景、微气候、雨水回收、空中庭院

人行流线分析图

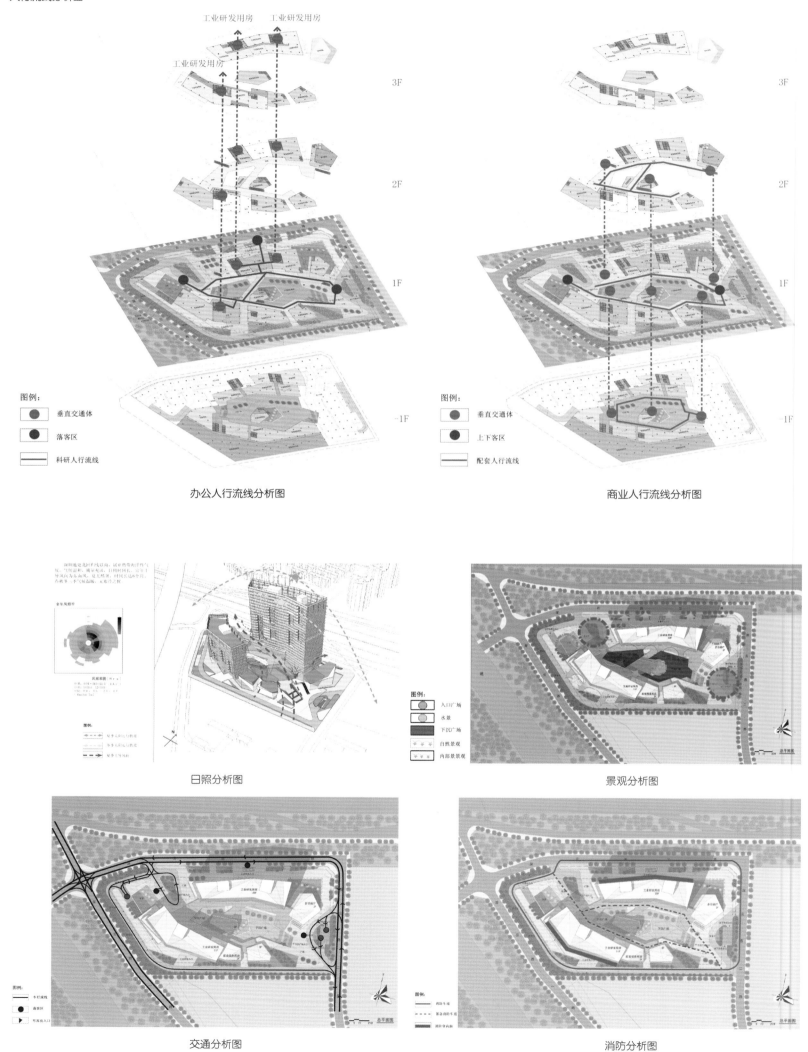

工业研发用房　工业研发用房

工业研发用房

3F

2F

1F

-1F

图例：
● 垂直交通体
● 落客区
—— 科研人行流线

办公人行流线分析图

3F

2F

1F

-1F

图例：
● 垂直交通体
● 上下客区
—— 配套人行流线

商业人行流线分析图

日照分析图

图例：
● 入口广场
● 水景
■ 下沉广场
※ 自然景观
※ 内部景观

景观分析图

图例：
—— 车行流线
● 落客区
▶ 车流出入口

交通分析图

图例：
—— 消防车道
- - - 紧急消防车道
■ 消防登高面

消防分析图

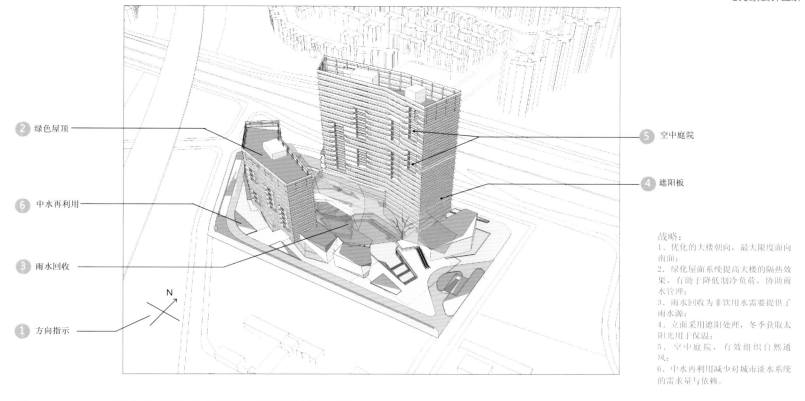

② 绿色屋顶

⑥ 中水再利用

③ 雨水回收

① 方向指示

⑤ 空中庭院

④ 遮阳板

N

战略：
1．优化的大楼朝向，最大限度面向南面；
2．绿化屋面系统提高大楼的隔热效果，有助于降低制冷负荷，协助雨水管理；
3．雨水回收为非饮用水需要提供了雨水源；
4．立面采用遮阳处理，冬季获取太阳光用于保温；
5．空中庭院，有效组织自然通风；
6．中水再利用减少对城市淡水系统的需求量与依赖。

屋面绿化系统

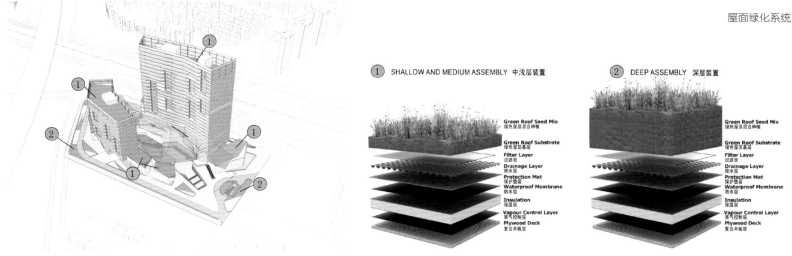

① SHALLOW AND MEDIUM ASSEMBLY 中浅层装置

② DEEP ASSEMBLY 深层装置

Green Roof Seed Mix 绿色屋顶混合种植
Green Roof Substrate 绿色屋顶基层
Filter Layer 过滤层
Drainage Layer 排水层
Protection Mat 保护垫层
Waterproof Membrane 防水层
Insulation 保温层
Vapour Control Layer 蒸气控制层
Plywood Deck 复合木板层

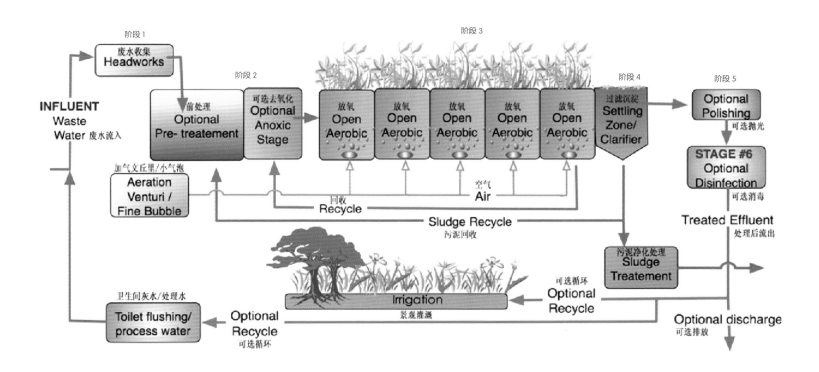

阶段1 废水收集 Headworks

阶段2 前处理 Optional Pre-treatement / 可选去氧化 Optional Anoxic Stage

阶段3 放氧 Open Aerobic ×5

阶段4 过滤沉淀 Settling Zone/ Clarifier

阶段5 Optional Polishing 可选抛光

INFLUENT Waste Water 废水流入

加气文丘里/小气泡 Aeration Venturi / Fine Bubble

空气 Air

回收 Recycle

Sludge Recycle 污泥回收

STAGE #6 Optional Disinfection 可选消毒

Treated Effluent 处理后流出

污泥净化处理 Sludge Treatement

Optional Recycle 可选循环

Irrigation 景观灌溉

Optional discharge 可选排放

卫生间灰水/处理水 Toilet flushing/ process water

Optional Recycle 可选循环

天健技术中心研发大楼项目投资估算总表

序号	工程或费用名称	单位	数量	建筑及装饰工程	设备及安装工程	室外配套工程	其他费用	合计	经济指标(元)	投资比例(%)	备注
一	建筑安装工程费用	m²	94600	28374	13084	632		42090.33	4449.30	86.58%	
（一）	建筑及装饰装修工程	m²	94600	28374				28374.00	2999.37	58.37%	
1	基坑支护工程	m²	202750	2433.00	0.00	0.00	0.00	2433.00	120.00	5.00%	
2	车库	m²	26300	7101.00	0.00	0.00	0.00	7101.00	2700.00	14.61%	
2.1	建筑工程	m²	26300	6049.00					2300.00		
2.2	装饰装修工程	m²	26300	1052.00					400.00		
3	配套服务用房（-1F）	m²	2800	756.00	0.00	0.00	0.00	756.00	2700.00	1.56%	
3.1	建筑工程	m²	2800	644.00					2300.00		
3.2	装饰装修工程	m²	2800	112.00					400.00		
4	配套设施用房（-1F）	m²	3500	997.50	0.00	0.00	0.00	997.50	2850.00	2.05%	
4.1	建筑工程	m²	3500	805.00					2300.00		
4.2	装饰装修工程	m²	3500	192.50					550.00		
5	工业研发用房	m²	61750	11732.50	0.00	0.00	0.00	11732.50	1900.00	24.13%	
5.1	建筑工程	m²	61750	8645.00					1400.00		
5.2	装饰装修工程	m²	61750	3087.50					500.00		未考虑二次装修
6	配套服务用房	m²	6550	1310.00	0.00	0.00	0.00	1310.00	2000.00	2.69%	
6.1	建筑工程	m²	6550	982.50					1500.00		
6.2	装饰装修工程	m²	6550	327.50					500.00		未考虑二次装修
7	外立面装饰工程	m²	33700	4044.00					1200.00		
（二）	设备安装工程	m²	94600	0.00	13084.20	0.00	0.00	13084.20	1383.11	26.91%	
1	给排水工程	m²	94600		756.80				80.00		
2	消防栓喷淋系统工程	m²	94600		1135.20				120.00		
3	高低压配电、电气工程	m²	94600		3973.20				420.00		含太阳能光伏发电
4	火灾自动报警工程	m²	94600		946.00				100.00		
5	通风空调工程	m²	94600		4257.00				450.00		含冰蓄冷空调系统
6	电梯工程	m²	94600		850.00				89.85		
7	智能系统	m²	94600		946.00				100.00		
8	擦窗机工程	m²	94600		100.00				10.57		
9	外立面泛光工程	m²	94600		120.00				12.68		
（三）	室外配套工程	m²	9420			632.13		632.13	671.05	1.30%	
1	室外配套工程	m²	9420	0.00	0.00	632.13	0.00	632.13	671.05	1.30%	
1.1	道路、广场、停车场工程	m²	7398			162.75			220.00		不考虑软基处理
1.2	园林水系绿化工程	m²	8297			290.40			350.00		
1.4	室外给排水工程	m²	9420			103.62			110.00		
1.5	室外照明工程	m²	9420			75.36			80.00		
	工程费用合计	m²	94600	28374.00	13084.20	632.13		42090.33	4449.30	86.58%	
二	工程建设其他费用						4209.03	4209.03		8.66%	包括建设单位管理费、设计费、监理费、招标代理费、配套设施费等
三	预备费						2314.97				
1	基本预备费5%						2314.97	2314.97		4.76%	
2	价差预备费										
	总投资（一）+（二）+（三）	m²	94600	28374.00	13084.20	632.13	6524.00	48614.33	5138.94	100.00%	

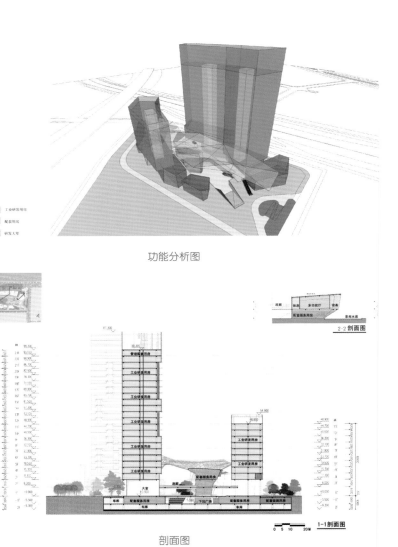

功能分析图

2-2 剖面图

1-1剖面图

剖面图

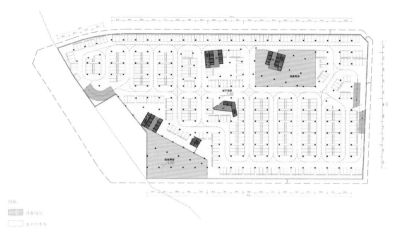

地下二层平面图

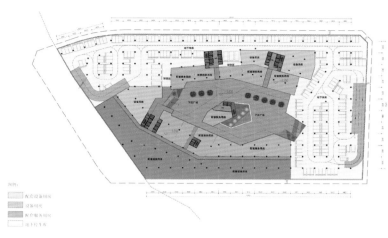

地下一层平面图

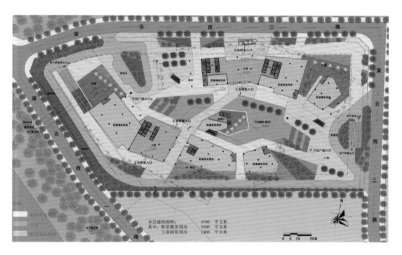

一层平面图

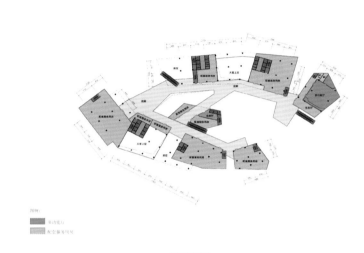

一层平面图

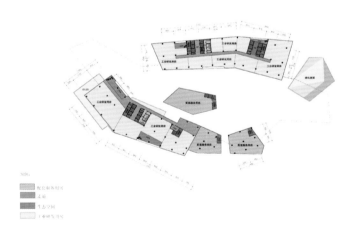

三层平面图

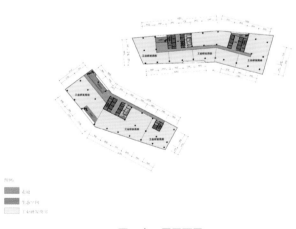

四－十一层平面图

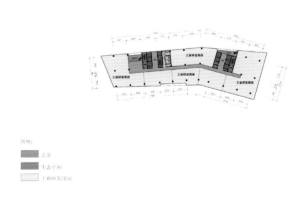

十二－二十层平面图

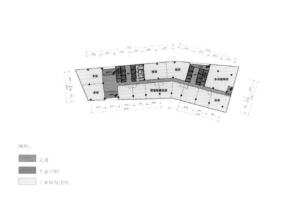

二十二、二十三层平面图

TIANJIN BAONENG TOWER
天津宝能大厦

设计机构：Progetto CMR
项目地点：中国天津
项目面积：80 477.00 m²

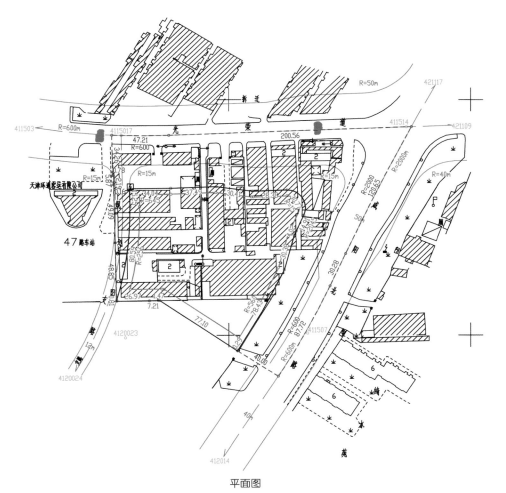

平面图

天津宝能大厦是一个多用途综合体。在这里不同功能和用途的商业设施和谐共生。大厦包括可租用办公室、裙楼零售店、两层地下停车场和玻璃花园。

1-3层主要是零售店和办公大厅、高档品牌店、会议室、餐厅、宴会室和会议室。庭院包含零售和公共活动的功能。庭院通过巨大的玻璃屋顶获得自然光。大厦剩余的部分全部用于租赁办公。

设计理念源于中庭式建筑，塔楼环绕在中央裙楼四周。每个塔楼都作为整体的一部分突显出中央零售店和娱乐区域的壮观与魅力。

游客会立刻被立面的设计所震撼。立面的每个单元格都具备不同的倾斜度，从而创造出不同的灯光效果。颜色是设计中最突出的元素：整个大楼的颜色从最底层的红色到顶层的浅黄色逐渐变浅。

其奇特的结构和形状立面让人们联想到折射光线的多面体钻石。此外，彩色玻璃板让建筑看起来像消失在了天空。

当你走进建筑内部的时候，一眼便看见角落里摆放的花园玻璃盒子。这样建筑的体积和形状更加丰富，同时在建筑每一层都创造出美丽和惊喜。

独特的环境控制系统创造出一幅自然冬天的景象，并且确保每个季节都有恒定的温度。内部的树木和花卉不仅增加了项目的可持续性，而且让工作和居住在里面的人们不必走出大厦就可以随时享受迷人的自然景观。这片绿土同时也是休憩区。

如此循环的设计是对客户的需求经过仔细的思考和分析的结果。在底层有五个入口分别满足各种不同的功能。其中四个是零售店，只有一个是办公室。每个楼层的空间都是根据客户不同的需求类型而特别设计的。例如，办公室的用户可以最高效地入驻，也可以在最短的时间内到达他们的目的地。

周边的景观与主体大厦的主题颜色完美地融为一体。形形色色的石头路面、喷泉、石凳、草坪给游客一片生气盎然的景色。

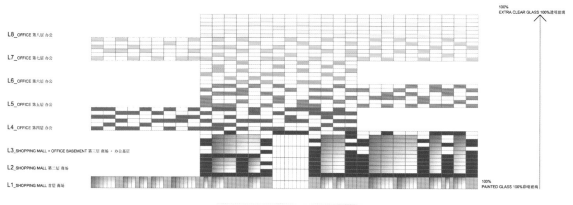

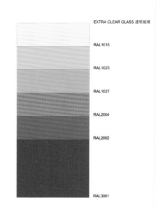

分析图

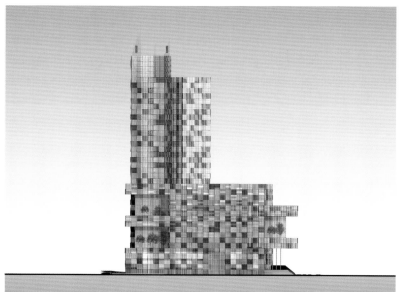

立面图 1

立面图 2

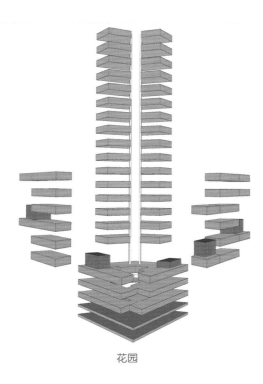

花园

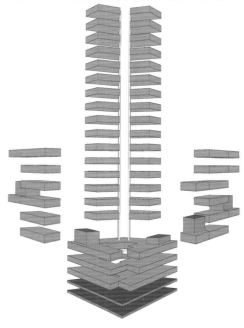

停车场

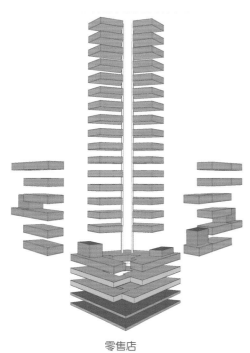

零售店

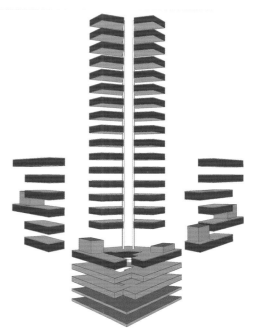

办公室

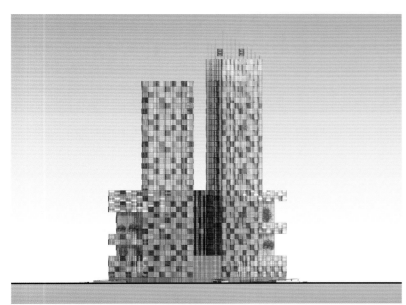

立面图 3

立面图 4

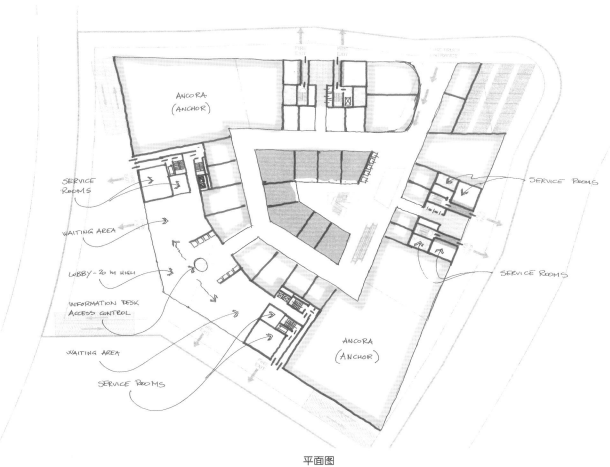

SERVICE ROOMS

WAITING AREA

LOBBY - 20 M HIGH

INFORMATION DESK
ACCESS CONTROL

WAITING AREA

SERVICE ROOMS

ANCORA (ANCHOR)

SERVICE ROOMS

SERVICE ROOMS

ANCORA (ANCHOR)

平面图

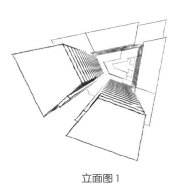

立面图 1

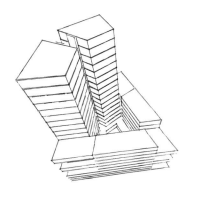

立面图 2

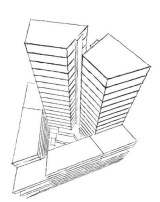

立面图 3

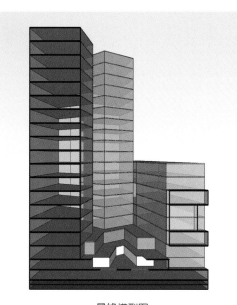

最终模型图

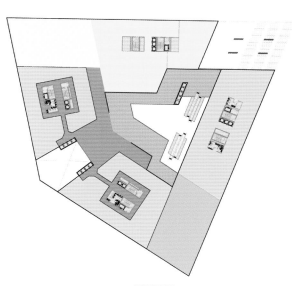

一层平面图

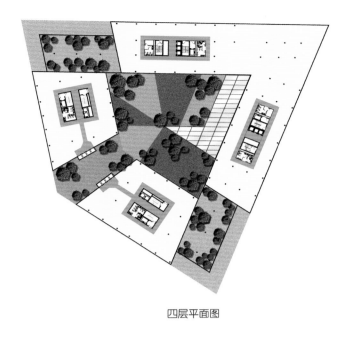

四层平面图

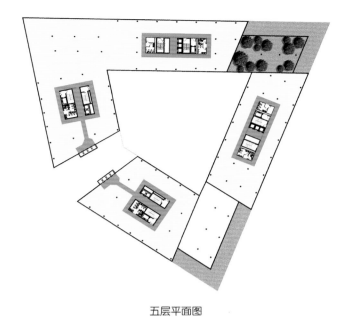

五层平面图

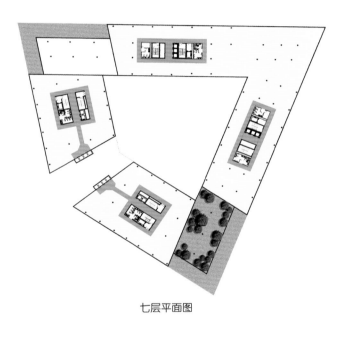

七层平面图

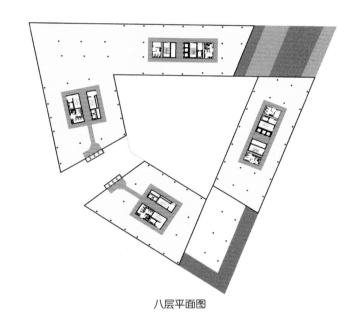

八层平面图

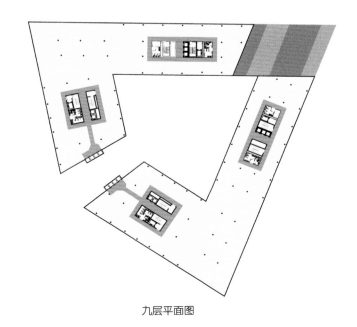

九层平面图

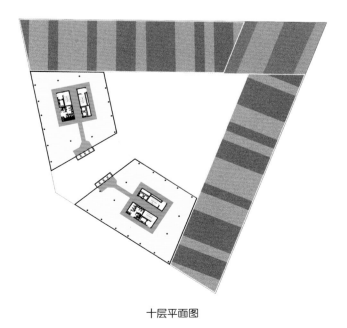

十层平面图

YIWU GUOXIN SECURITIES BUILDING
义乌国信证券大厦

设计机构：孟建民建筑研究所建筑创作中心
项目地点：中国浙江
总用地面积：7 714.51 m²
总建筑面积：78 119 m²
建筑高度：128.4 m
容 积 率：7.9
绿 化 率：25.85%

义乌，中国小商品贸易天堂。

国信，中国证券服务先锋企业。

一个实体市场，一个资本市场，共同见证财富的流动与聚集。

今天，历史的聚光灯再次聚焦于此，未来值得期待！

义乌国信证券大厦基地位于中国义乌国际商贸城金融商务区西南角，南临北城路，与义乌江相对望；西接规划中的世贸中心及城市观光轨道线；东、北面分别是规划中的点式高层办公楼与街区开放空间。基地用地面积为 7 714.51 平方米，容积率 7.9，建筑高度 129 米。其坐拥义乌江第一排视野，地理位置得天独厚，投资潜力无可限量。

通过对项目基地的解读，我们将针对如下几个方面的问题进行分析，并提出设计概念：

1. 建筑空间设计契合城市设计指引
2. 寻求创新与实用的平衡点
3. 场地多样矛盾的消解
4. 景观最大化与其空间应对
5. 建筑空间动态适应未来需求

在"方盒子"楼群中的低调突围

众多金融商务区中建筑单体呈现为四平八稳的"方盒子"模式，如何成为万众焦点，唯有"突围"。我们选择的不是用标新立异的形体、千奇百变的表皮达到的"高调突围"，而是在契合城市设计指引的基础上，发现并消解场地矛盾，寻求创新与实用平衡点的"低调突围"。我们采用大面宽、弧面体，正投影仍为方形平面下适度变化；表皮为渐变横向百叶状肌理，实用且引起关注。

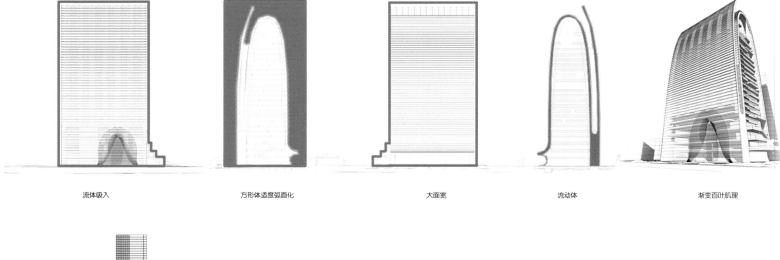

流体吸入　　　　　　　方形体适度弧面化　　　　　　　大面宽　　　　　　　流动体　　　　　　　渐变百叶肌理

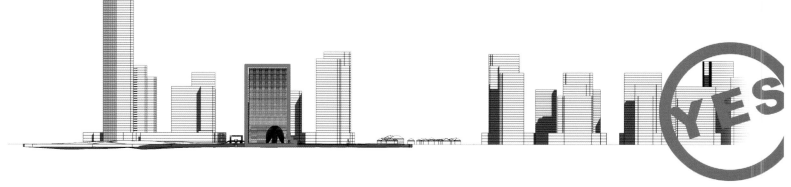

我们要的是契合城市设计指引基础上发现并消解场地矛盾、寻求空间特质以及凸显的"低调突围"。

塔楼裙楼一体化

我们对场地矛盾及经济技术指标分析后，提出"塔楼裙楼一体化"的模式。首先，从城市设计的角度，其周边多栋超过150米点式高层，与其从高度上突围，在横向界面选择突破点更为明智。其次，场地北侧、东侧由于汇集多个出入口，需要建筑边界向内收进，以争取场地空间。其三，我们在塔楼最大可见范围内的标准层做到2 700平方米，采用两个核心筒布局，中部南北通透，实现最大江景面宽，同时形体上收进，保证总面积与总高度的匹配。其四，大塔楼模式实现塔楼裙楼一体化，塑造更为整体化与简洁的形象，低调而又与众不同。

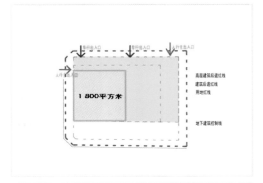

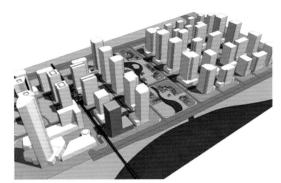

方形塔楼模式：居于西南角，东侧群楼面积较大，但平行江景面宽不长，标准层相对较小，形体与周边点式高层相似，不易凸现。

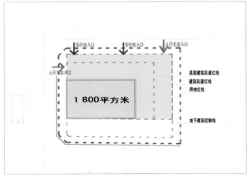

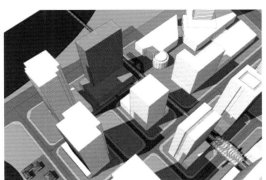

长扁形塔楼模式：居于西南角，东、北侧留用群楼空间，但标准层相对较小，平行江景面宽未最大化。

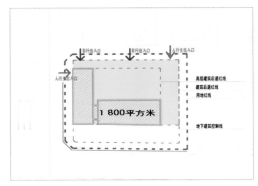

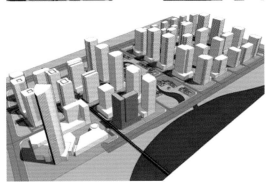

L形板楼模式：居于西南角，北侧群楼面积较大，平行江景面宽最大化，但板式塔楼使用率偏低，且有部分朝西面宽，江景不佳。

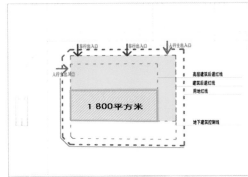

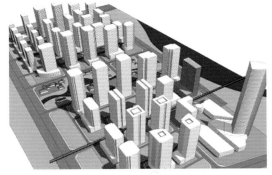

长板楼模式：居于南侧，北侧群楼面积较大，平行江景面宽最大化，但长板式塔楼实用率偏低。

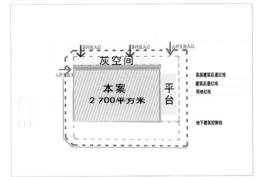

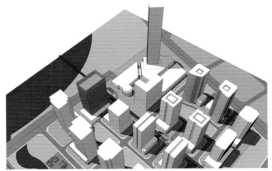

塔楼群楼一体化模式：塔楼与群楼在高层可建范围内做大2 700m²标准层面积，群楼（1-4F）与塔楼保持合理面积比，更多空间被抬升到景观更好的高层区域，办公实用率较高，平行江景面宽保持最大化。

场地北侧、东侧由于汇集多个出入口，需要建筑边界
向内收进，以争取场地空间, 促使群楼塔楼一体化。

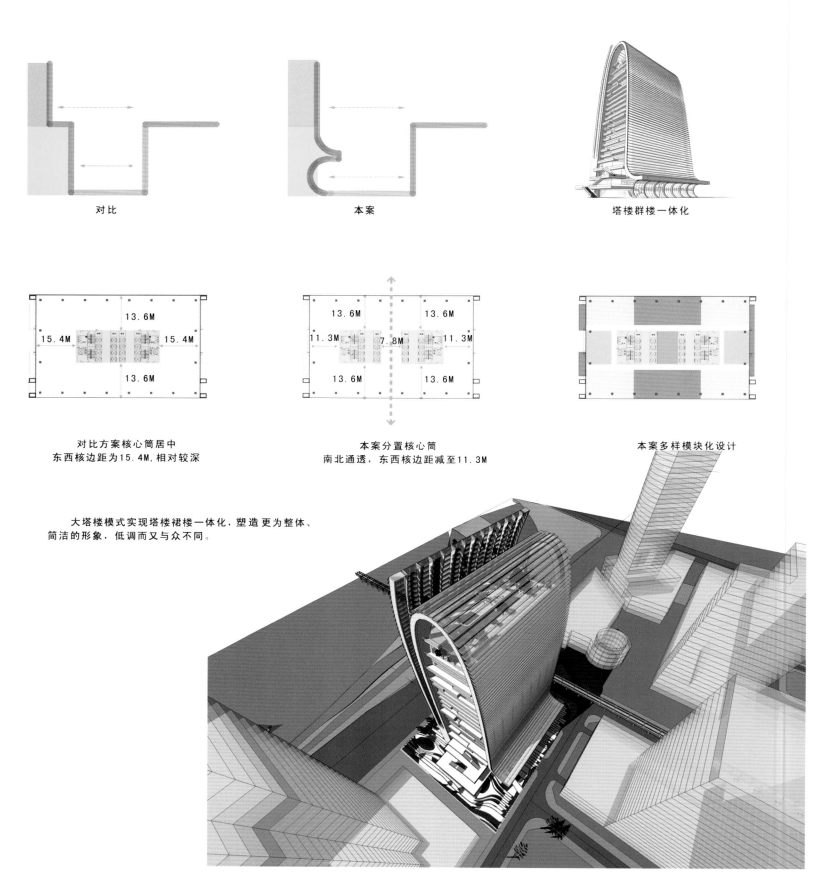

对比

本案

塔楼群楼一体化

13.6M

15.4M   15.4M

13.6M

对比方案核心筒居中
东西核边距为15.4M,相对较深

13.6M   13.6M

11.3M   7.8M   11.3M

13.6M   13.6M

本案分置核心筒
南北通透，东西核边距减至11.3M

本案多样模块化设计

大塔楼模式实现塔楼裙楼一体化，塑造更为整体、
简洁的形象，低调而又与众不同。

江景最大化——"被看"

在拥有绝佳景观要素的城市空间，更应该强化建筑的城市公共性。流动的形体、向上延展的弧形立面、吸入式观水空间，必将成为义乌市的形象地标。

城市巨幕

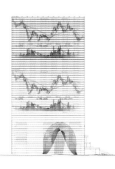
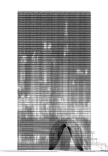

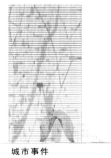
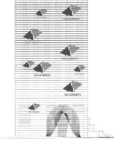

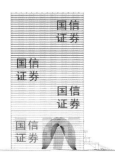

城市事件　　　　　　　　　　　　　立面图

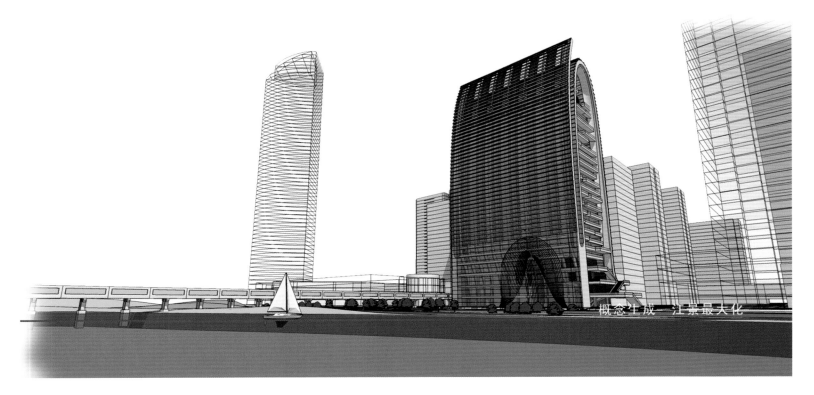

概念生成——江景最大化

城市综合体

义乌国信证券大厦不是单纯意义上的办公楼，它通过植入金融服务、商业配套、公众参与等业态空间，把塔楼自用的办公室与出租办公区进行多样化配比，形成业态多样、空间复合的城市综合体，增强其空间公共性与活力，避免传统商务区夜晚"黑城一片"的尴尬局面出现。

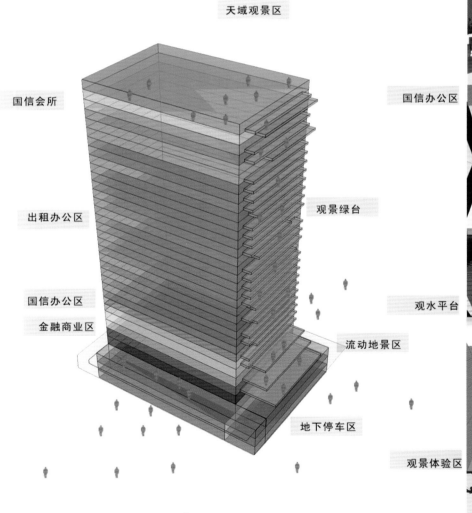

天域观景区

国信会所

出租办公区

观景绿台

国信办公区

金融商业区

流动地景区

地下停车区

立面图

天域观景区

国信办公区

观水平台

观景体验区

流动地景区

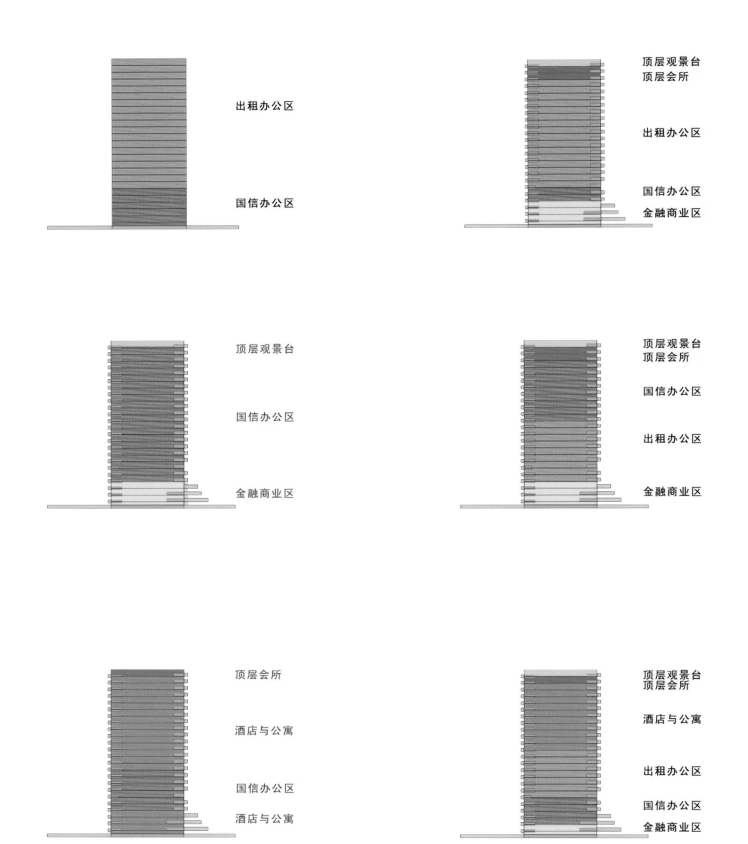

出租办公区

国信办公区

顶层观景台
顶层会所

出租办公区

国信办公区

金融商业区

顶层观景台

国信办公区

金融商业区

顶层观景台
顶层会所

国信办公区

出租办公区

金融商业区

顶层会所

酒店与公寓

国信办公区

酒店与公寓

顶层观景台
顶层会所

酒店与公寓

出租办公区

国信办公区

金融商业区

弹性设计

现代城市与建筑空间强调空间复合、关联、可变性，以适应时代飞速变迁的多样需求。弹性设计正是对此需求的一种空间应对。

功能复合

多功能证券服务大厅满足多样化的证券业务需求；共享空间兼顾入口空间与城市开放空间的使用要求；证券服务、商业配套、自用办公、出租办公等多样功能复合。

空间转换

塔楼标准层采用模块化设计，其可依据市场需求，实现自用办公、出租办公、高级公寓、顶层会所、空中绿庭等互相转换；垂直分区减少空置率，提高投资回报。

对过多日照的过滤

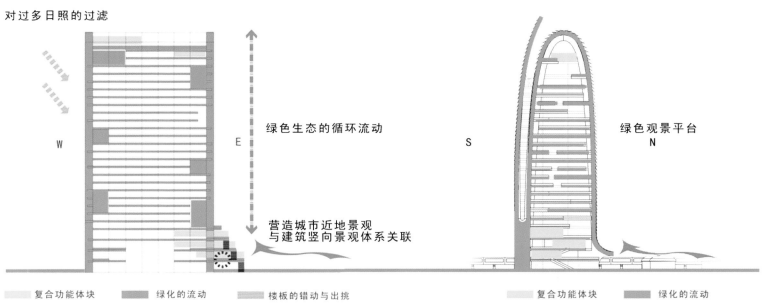

绿色生态的循环流动

营造城市近地景观
与建筑竖向景观体系关联

W

E

绿色观景平台

S   N

| 复合功能体块 | 绿化的流动 | 楼板的错动与出挑 |

| 复合功能体块 | 绿化的流动 |

裙楼楼板的大幅度出挑错动
一、可以形成观景平台，建立与义乌江、中央公园景观的关联性，通过国信证券大厦裙楼的城市公共开放性；
二、可在此悬挂出挑部分复合大空间，增强行为吸引力；
二、可形成灰空间，满足城市设计对裙楼界面的限定。

我们试图通过在东、南、西、顶面设置竖向绿化体，并在适当位置用楼梯、坡道连接，从界面、视觉、功效、行为上促进绿色生态的循环流动。

SHENZHEN
TENCENT QQ
BUILDING
深圳腾讯 QQ 大厦

设计机构：中建国际
项目地点：中国深圳
用地面积：5 999.85 m²
总建筑面积：85 843.69 m²
建筑高度：174m
容 积 率：11.66
绿 化 率：30%

"腾讯科技公司软件产品研发中心"位于深圳高新区，深南大道北侧。它占地 5 999.85 平方米，总建筑面积 85 843.69 平方米。由 39 层办公空间形成的塔楼及 2 层裙房组成，建筑高度 174 米，为超高层建筑，两个避难层设于 15、30 层。地下设 3 层能容纳 300 个车位的停车场及设备用房。整个建筑完全供腾讯公司自用，是腾讯发展的象征。

本项目主要特点：它是企业总部，是深圳主干道——"深南路"边的超高层建筑。

对此，我们的创作着重三个关键：

1. 充满时代感。
2. 彰显腾讯公司企业个性的标志性建筑。
3. 令拥有者自豪。
4. 极富想象力。

反映公司形象应避免"具象化"，避免简单肤浅，而应把握公司或其著名产品的特点，以建筑手法"意象化"。

腾讯公司是著名的互联网即时通信软件开发及运营商，年轻充满活力的公司无处不透露着奋发进取的锐气和冲劲。

受此启发，我们运用先进的电脑曲面辅助设计，创造出如出鞘利剑般直冲云霄的建筑造型，南北立面微微收分的曲线巧妙地避免了体量的臃肿感，灵动优雅，建筑形体兼备工业美感和建筑美感。

腾讯公司是上市的 IT 行业企业，公司的企业精神是：锐意进取，追求卓越。总部大楼应充分体现这一精神。

本方案建筑体量高低有致，形成强烈的上升气势，大气有力，颇有锐意进取之势。

腾讯公司的愿景：最受尊敬的互联网企业。

我们的目标：体现 3/4 之美的标志性建筑。

"比例"，是建筑美学的关键词，是 3/4 建筑形象的重点，对超高层建筑尤为重要。

本方案以多体量组合手法重新划分型体比例，主立面比例匀称，侧立面高耸挺拔，整个建筑比例理想，优雅修长，建筑体型庄端得体。其比例之美，3/4 经得起时间考验。

本项目位于深南大道北侧，东西侧各有高层建筑相邻，它是城市干道边建筑行列的一员。在这种城市关系中，四面同性或四面连续变化的造型并不合适，应让建筑有主面、侧面之分，侧面彼此对应，正面展示特点，形成既有序又有特点的建筑行列。本方案建筑南北立面微微收分呈梭形，一方面，这种手法能保证建筑平面方正好用；另一方面，体型水平向平整，利于与东西建筑形成建筑行列秩序；同时，从深南大道上看，整座大楼形体挺拔锐利，190 多米的高度使这种微妙变化韵味悠长。

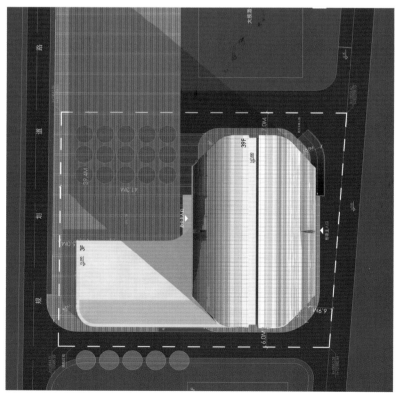

总平面图

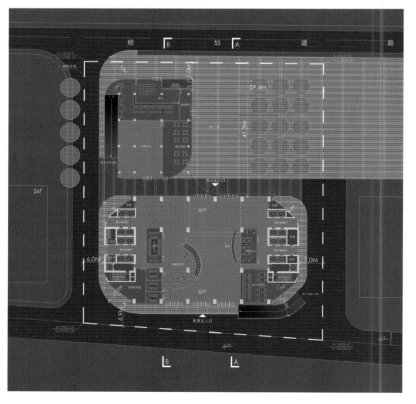

一层平面图

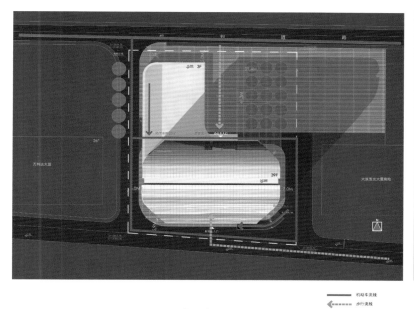

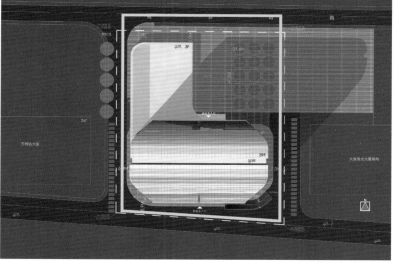

交通分析图

消防分析图

机动车流线
步行流线

紧急情况消防车环道
消防登高面

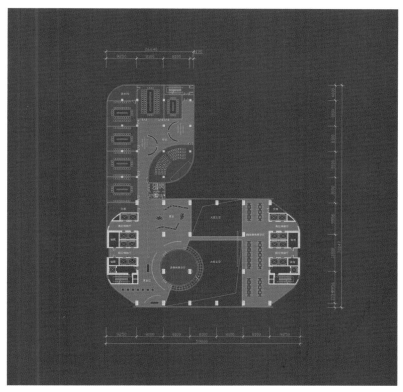

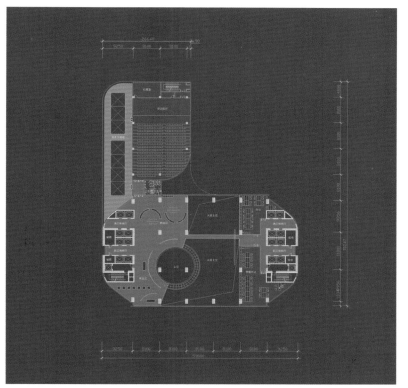

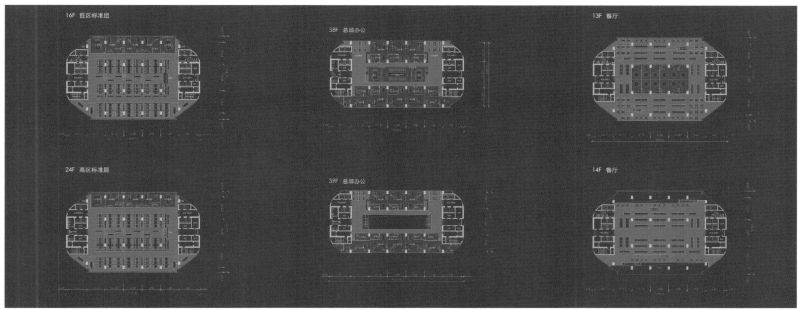

16F 低区标准层

38F 总部办公

13F 餐厅

24F 高区标准层

39F 总部办公

14F 餐厅

平面图

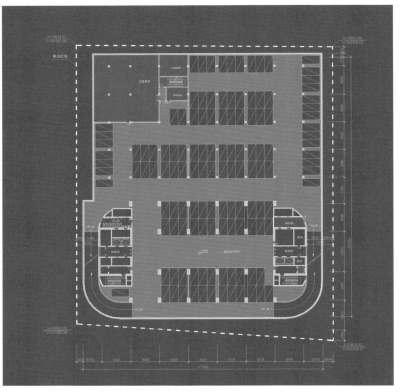

地下二层平面图

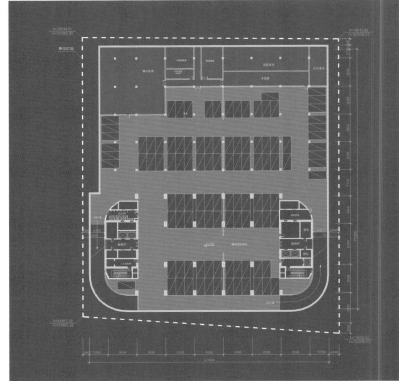

地下三层平面图

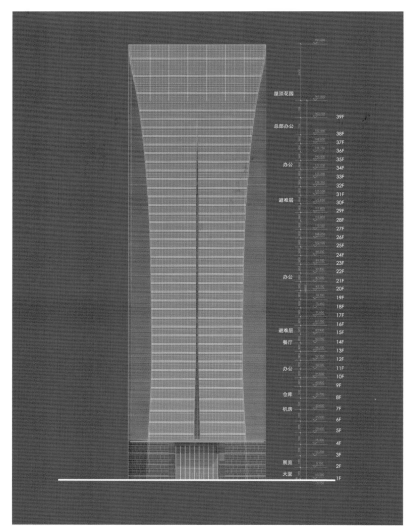

南立面图

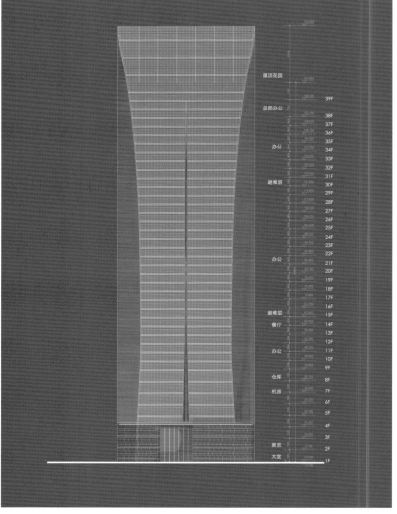

北立面图

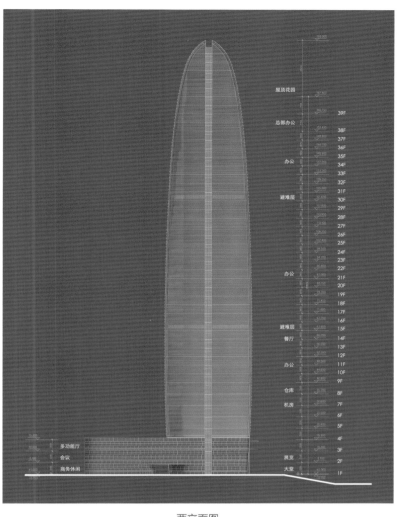

西立面图

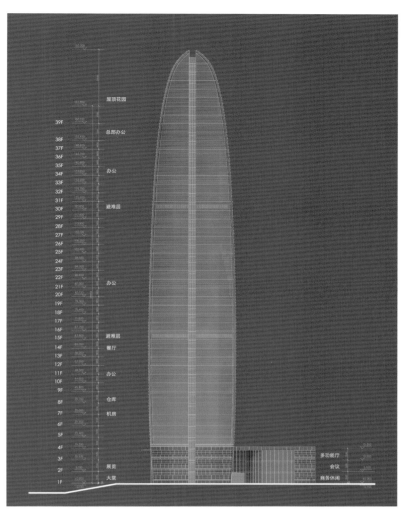

东立面图

A-A 剖面图

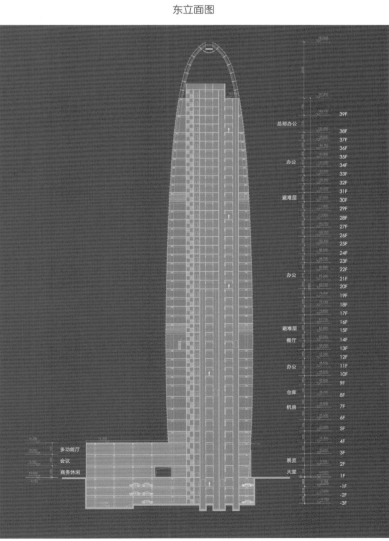

B-B 剖面图

WUJIANG RURAL COMMERCIAL BANK
吴江农村商业银行

设计机构：深圳市梁黄顾艺恒建筑设计有限公司
设计团队：唐蓓蓓、张 建、Dinoh G P Saldaga（菲律宾籍）
项目地点：中国江苏
用地面积：10 463 m²
项目面积：54 407 m²
建筑高度：145m
容 积 率：5.3
绿 化 率：14%

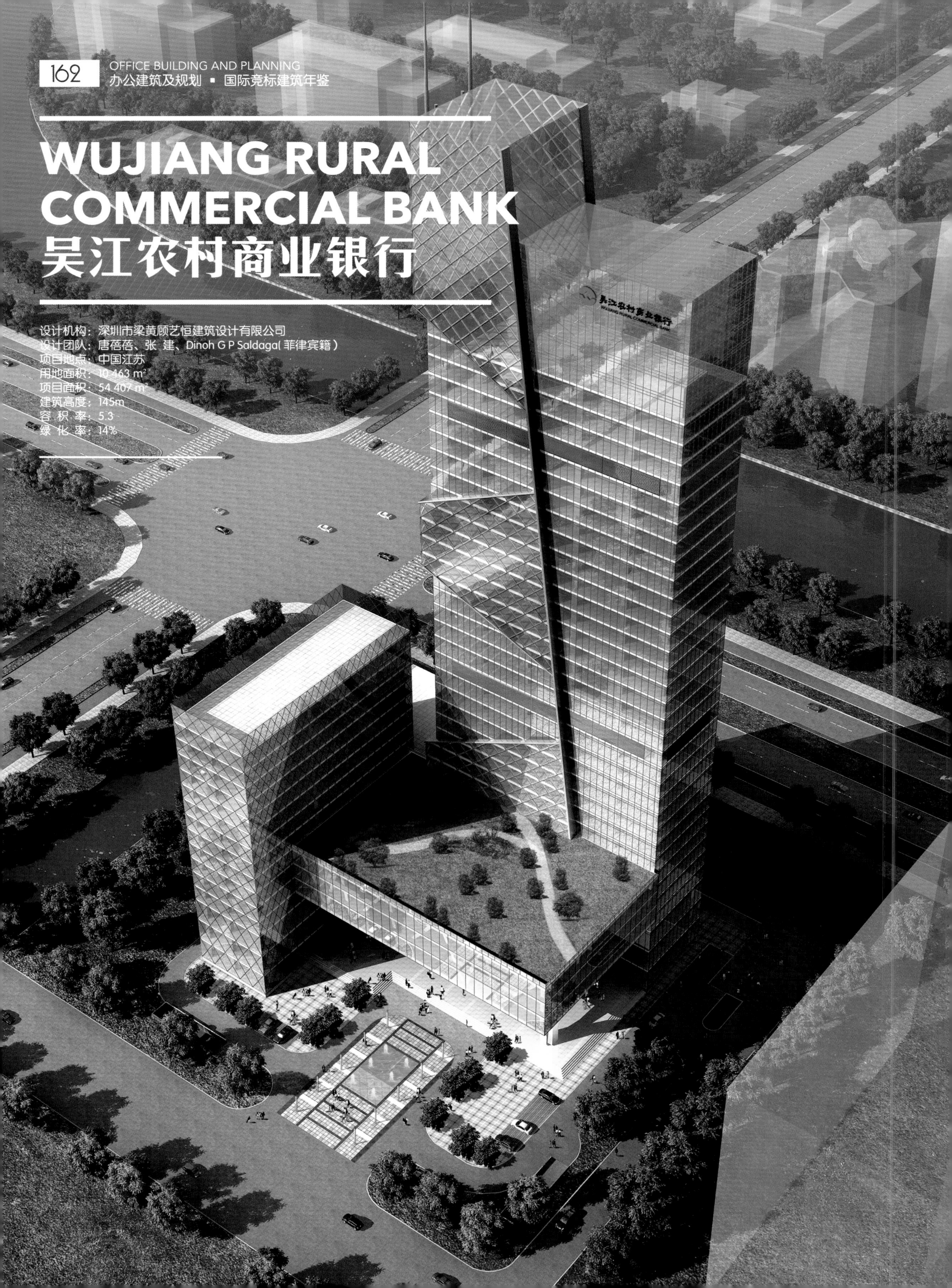

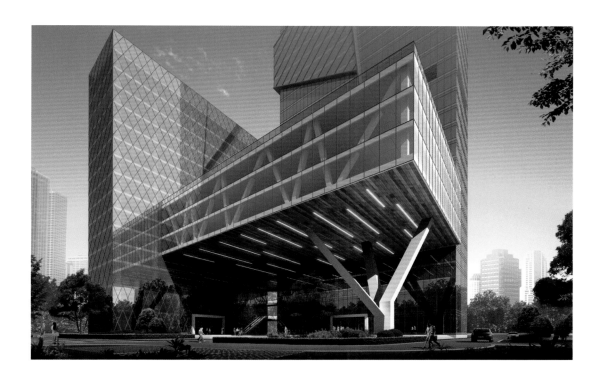

　　吴江市位于太湖之滨，江苏省最南端。南连浙江省嘉兴市和湖州市，北接苏州吴中区和昆山市，东临上海市青浦区，正当江苏、浙江和上海三地交界处，地理位置十分优越。境内水道纵横、湖荡密布。本市物产丰富、经济发达，素有古运河畔"鱼米之乡""丝绸之府"的美称。

　　项目基地位于吴江滨湖新城滨水核心区南部，地块现状较为平整；紧邻南侧学院路和东侧湖光路。其中东侧和南侧均有面积较大的市政绿化景观带，地块北侧和西侧为规划道路。

　　本地块属于商业办公用地。基地占地约 10 463 m²，容积率 ≥ 5.2，计容面积约 54 407 m²；建筑密度 ≤ 65%，绿地率 ≥ 5%；主楼高度 ≥ 95 米，裙楼高度 ≥ 15 米；机动车不得在学院路和湖光路开口行驶。小汽车停车位按 0.7 辆／百平米计。

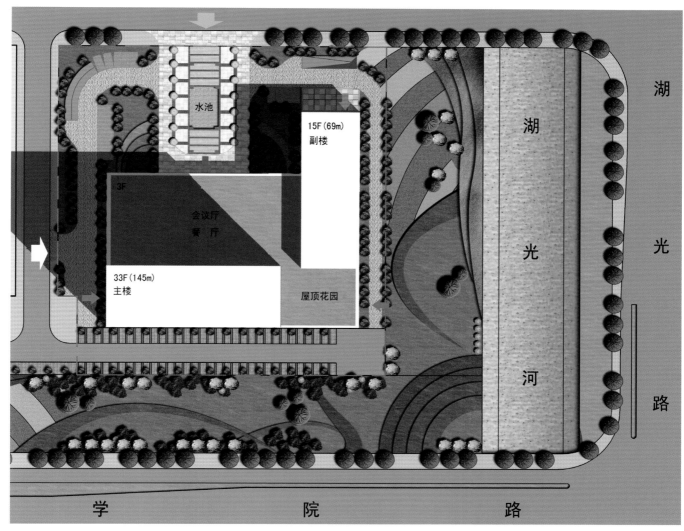

水池

15F（69m）
副楼

3F

会议厅
餐厅

33F（145m）
主楼

屋顶花园

湖

光

河

湖

光

路

学　　　院　　　路

总平面图

➡ 主入口　　　　　➡ 副楼主入口
⌐ 次入口　　　　　➡ 后勤出入口
➡ 主楼主入口

总体布局

　　塔楼和裙楼分别沿用地南面和东面布置，抬升局部裙楼至 4 层，围合成高大雄伟的入口灰空间，并与北侧主入口广场互相渗透，巧妙地将室外和室内空间有机结合。塔楼北侧的北入口为主入口，主要车行和人行均由此分别进入地下车库、营业厅和办公大堂；西侧为次入口，南侧分别设置有后勤出入口和营业厅次入口。

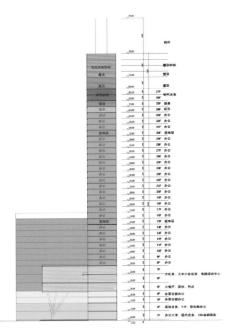

副楼　主楼

剖面图 1

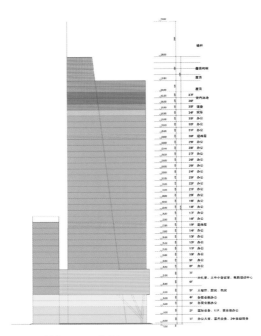

副楼　主楼

剖面图 2

立面图

空间及功能布局

人行通过抬升围合的主入口后，可分别进入裙楼部分的首层营业大厅、办公大堂；二层即是营业办公室；三层为食堂和餐厅；四层为 200 人会议厅、会客厅、会议室和电脑培训中心；五层布置有可容纳 400 人的大会议厅、电子银行办公室和银行仓库；六层为物业办公室、银行仓库。塔楼部分七层和二十层为避难层兼设备层，除八层、九层为机房外，其他楼层主要为银行办公室。

车行进入主入口广场，分别通过北侧左右两边的车库入口进出地下室车库，本项目地下室为两层地下室车库，其中地下二层局部为平战结合的人防地下室车库；货车通过西侧次入口进入塔楼南侧道路到达后勤出入口搬运和卸货。

竖向交通流线

塔楼内部竖向交通设计考虑分高低区服务，1~3 号电梯主要服务 1~19 层低区，4~6 号电梯主要服务 20~33 层高区，其中 1~6 号电梯均停靠 3~7 层，并在 19 层进行高低区转换。消防电梯 1 服务 1~33 层。裙房设置 2 部后勤电梯，其中一部为消防电梯 2，两部电梯主要服务裙房部分，每层停靠。

立面设计

建筑立面通过塔楼和裙楼的体块穿插关系和塔楼的凹凸关系，加之玻璃幕墙外立面，赋予建筑简洁、明快的现代感，雄伟的主入口和高耸顶部造型都充分体现了建筑的挺拔感和独特气质。

平面功能构成

风帆 吴江，江南水乡的一颗璀璨明珠，素有古运河畔"鱼米之乡""丝绸之府"的美称，吴江农村商业银行位于城市现代化商务中心区。本案结合江南水乡特色，赋予建筑强烈的地域特征，其建筑造型来源于海上的帆船形象，"风帆"寓意企业乘风破浪、继往开来、虚怀若谷，简约现代的建筑体量给人以稳重、大气、海纳百川的气质，彰显企业良好的社会形象。

标志 紧密结合吴江农村商业银行标志，将其体现在建筑形体上，加上精心设计的灯光效果，无论白天、晚上都能展现建筑的形体美感，体现建筑的标志性和唯一性。其鱼鳞状的玻璃幕墙亦让人想到鱼的形象，衍伸"年年有余"的传统理财观念，进一步体现江南鱼米之乡的地域特征。

主入口 作为现代化企业的高端总部大楼，其主入口应体现恢弘大气、稳重形象气质，本案将两栋塔楼沿用地边界布置，将更多空间放在主入口广场，并将裙楼抬升至五层，围合成一个高大雄伟的主入口灰空间，主入口设计作为整体设计的点睛之笔，是现代办公楼与现代艺术的完美结合。

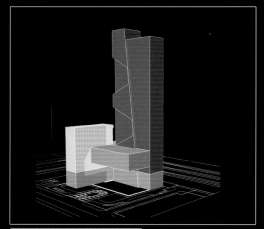

裙楼面积：	10,000 m²
主楼面积：	34,000 m²
副楼面积：	10,000 m²

面积分配比例

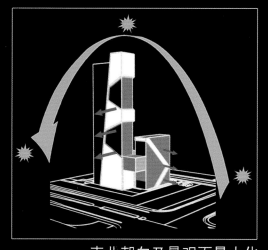

南北朝向及景观面最大化

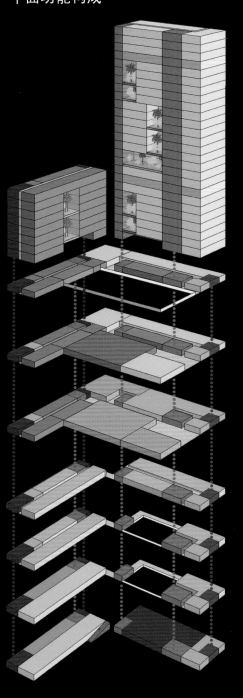

图例：
- 主楼入口大堂
- 副楼入口大堂
- 营业大厅
- 营业部办公室
- 大餐厅及包房
- 报告厅
- 会议室
- 后勤及厨房
- ⋯⋯ 主楼竖向交通
- ⋯⋯ 副楼竖向交通
- ⋯⋯ 后勤竖向交通

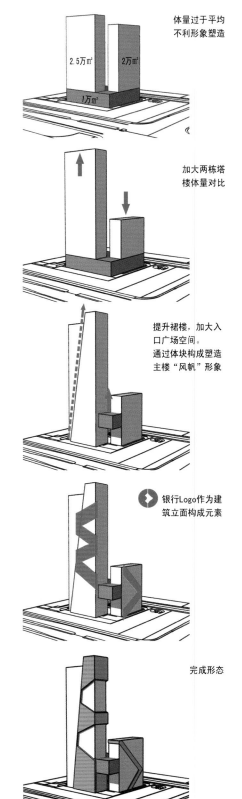

体量过于平均不利形象塑造

2.5万m²　2万m²

1万m²

加大两栋塔楼体量对比

提升裙楼，加大入口广场空间。通过体块构成塑造主楼"风帆"形象

银行Logo作为建筑立面构成元素

完成形态

"风帆"形态的延伸

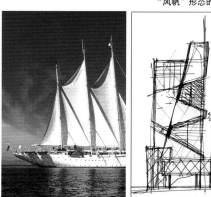 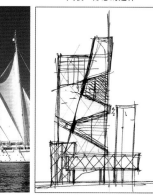

ZHUHAI NATIONAL HI-TECH ZONE HEADQUARTERS BASE
珠海国家高新区总部基地

设计机构：孟建民建筑研究所建筑创作中心
项目地点：中国珠海
项目面积：324 492 m²

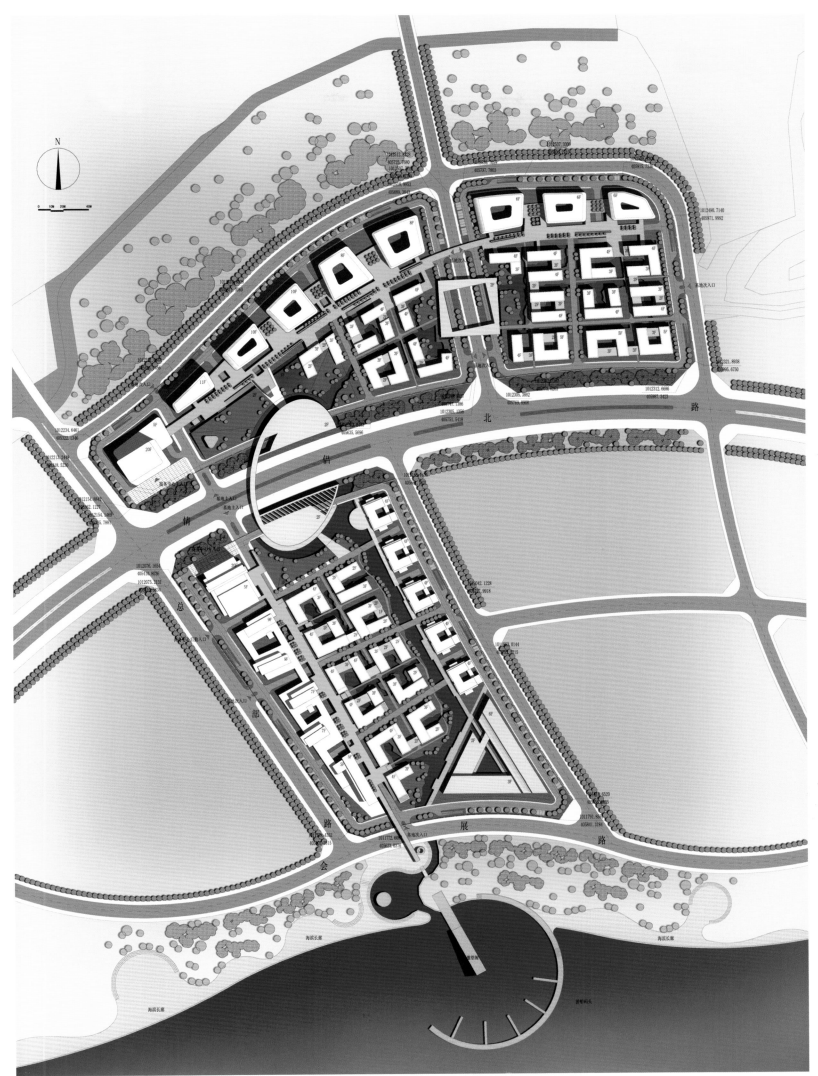

总平面规划图

珠海国家高新区总部基地项目用地位于珠海国家高新区唐家湾石坑山片区、情侣北路南段唐家湾综合组团内。该组团西部、北部与中山市接壤，南部、西南部与珠海前山东坑和珠海香洲神前相邻，京珠高速、粤西沿海高速、广珠城际轻轨等主要交通设施贯穿其中，是出入珠海的主要门户之一，南距澳门18公里，北上广州110公里，与香港、深圳隔海相望，区位优势非常明显。

珠海国家高新区总部基地项目用地南临大海，西北依石坑山，靠山临海，景观环境优越。这里交通便捷，其西侧有105国道、港湾大道，往北可接入京珠高速公路；东北方向通过淇澳大桥接淇澳岛；情侣北路从基地中部穿过，由情侣北路可方便地到达珠海市中心。

项目用地总面积为222 870.32平方米，建设规模为324 492平方米；一期建设12 000平方米，二期建设199 592平方米。

通过对项目的深入分析，我们提出"多元总部，生态海湾"的总体设计理念，具体体现在以下几个方面：
1. 清晰的规划结构
2. 便捷的交通组织
3. 复合的功能空间
4. 现代的建筑造型
5. 生态的园区环境

规划充分利用周边的山海景观资源，遵循功能逻辑，创造人与自然、建筑与环境有机融合的生态办公环境，并以绿化景观和开放空间为联系，以园区建筑为组成元素，形成"一轴、一带、两翼、三中心"的整体规划结构。

"一轴"即形成园区主要骨架的车行、步行交通休闲轴。它以硬朗的外形连接A、B、Cs1、Cs2地块，并通向海上的观景平台，控制着整个场地。交通休闲轴一层为进入园区的车行道，二层为联系服务中心、商务中心、独栋办公楼及散布于园区的综合配套用房的步行平台，人们可在此进行就餐、会客、休闲、观景等各种活动。

"一带"是指起于石坑山，贯穿基地，连接大海的景观绿带。设计因地制宜，将石坑山山体景观引入基地，辅以植物、水体、游路，形成带形景观体系，这一体系向东延展，转向大海，在山海之间形成一道亮丽的风景。

"两翼"为位于基地北侧的包括服务中心在内的一排点式高层建筑和位于基地西侧的一排板式高层建筑，两排建筑成垂直布局，面向东南成围合之势，既利于整体自然通风和采光，又将大海景观纳入怀中，形成"藏山纳海"的规划格局。

"三中心"为对整体规划格局起控制作用的三座建筑——两座综合配套用房和IT组团办公，它们分别以形体明确的方形、椭圆形、三角形镶嵌于基地中，结合开放的绿化空间，成为园区的控制核心。

图例

　　　控制中心
▪▪▶　功能主轴
　　　多层绿带
　　　高层塔楼带
　　　山景
　　　海景

平面图1

图例
服务中心　综合配套
商务中心　独栋办公楼

平面图 2

图例
展示中心　会所
集中商务-酒店　功能复合轴
集中商业　配套服务

平面图 3

便捷的交通组织

结合规划布局整体，采用人车分流的交通组织方式，既能保证各自流线的独立性，又能保证其有效性。

穿越基地的城市主干道和次干道为园区提供了便利的交通条件，园区主入口即设于城市主干道上，同时设置多个次入口与城市次干道相连，使其完美地融入园区规划。

规划设计在每个地块外围设置双向环形道路，使园区内部步行系统更加完整；同时为保证每栋建筑的可达性，在环道内部增加贯穿基地的车行、人行双层交通系统，最大程度地增加总部楼体的临街栋数，符合企业对可识别性及广告效应的需求。车行货物流线在进入园区后都可方便地进入地下车库，然后由地下车库进入各自相应的区域；步行而来的人员经过地面花园般的环境进入各自的办公场所。行人与机动车的分流充分保证了内部交通组织的有效性。以 C 地块东侧的独栋办公楼为例，驾车而来的工作人员进入园区后，通过地块内的外围环路到达办公楼所在的组团附近，驾车在组团附近或地下车库内停车后，由地面或经过楼梯进入办公室内；乘坐公共交通而来的工作人员进入园区后，可由步行道路到达自己的工作区域。

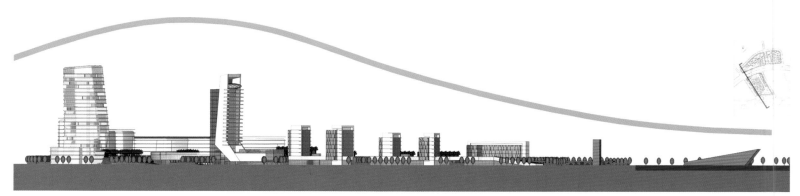

立面图 1

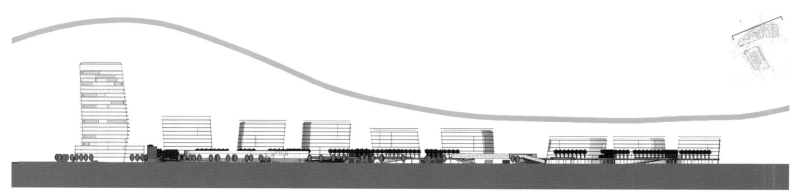

立面图 2

▶

复合的功能空间

　　在总部办公的基本功能之上，复合完善的城市配套功能，形成充满生机活力的城市社区。

　　本项目在规划层面上分为服务中心区、商务中心区、独栋办公区及综合配套区。设计不但需要为在此工作的职业人群提供办公场所，还要提供购物、休闲、娱乐、交流的场所。鉴于此，我们采用复合的规划理论，将办公、科研、商业、休闲娱乐、休息、健身、教育培训等空间按不同比例进行配套，形成复合的空间，从而创造一个有活力的工作场所，使城市区域有效延伸。

　　本案提供了小、中、大三种类型的不同规模的办公空间，针对不同发展周期的企业需求，采取不同的组合形式，2~4套水平组合或者4~8套垂直叠加形成一个组团，3~6个组团形成一个组群，每个组群内布置适当规模的服务设施，每个地块内配置1~2个开放休闲空间及集中的公共服务设施，满足人们的基本工作和生活需求。

　　在组团的组织中可形成从500平方米至数万平方米的组合，适宜不同规模类型、空间偏好企业的多样性需求，最大程度地贴近市场。

　　整体标准化、模块化的规划设计可满足园区分期、分区建设与运营出租的多样需求。单体建筑的空间组合模式具有可变性。设计采用标准柱网，创造出可灵活组合和增值的高效性，空间可分可合、可大可小，能够满足不同的使用需求，并衍生出适应不同企业总部发展需求的组合形式。

现代的建筑造型

　　园区内的建筑造型设计以"技术美学"为原则，融入生态的设计理念，创作出新颖、独特、节能环保的绿色建筑。

　　秉承开发区差异化的建筑空间产品，我们打造出一流的园区办公空间。园区内建筑的形态主要有独栋、拼合、叠拼、塔式、板式、组群等类型，结合建筑的广告宣传性、媒介性与标识性，使园区建筑呈现统一而丰富的建筑形象。基地北侧为自东向西逐渐增高的点式建筑，基地西侧为自南向北逐渐增高的板式建筑，母体统一而又富于变化；镶嵌于基地"绿带"内的独栋办公楼则以组团形态呈现，而综合配套用房以及IT组团则以纯几何化的形式出现，几何化的造型不但使整个园区的建筑形态更为丰富，而且强化了园区的入口空间，具有标志性。

　　运用现代的设计手法，使建筑形式简洁而灵动，圆润的塔楼与方正的板楼、点式的高层与水平展开的组群、通透的玻璃与厚重的石材都形成了鲜明的对比，对比中彰显企业总部办公的严谨与理性、进取与活力……

生态的园区环境

　　追求绿色生态的可持续发展是总部办公建筑未来的主要趋势。

　　园区的环境设计强化背山面海的景观优势，以水为主题，强化中央绿带的公共性与休闲性。大面积绿化向园区和城市两个方向流动，巧妙地结合步道、交流广场、地下采光井、地面停车、屋面平台等功能空间，使内外上下渗透流动的绿化最大化。

　　园区入口绿地的提升及折板化加大了视觉绿量，屋顶绿化最大限度地降低了建筑密度和视觉拥堵，形成了多层次的立体绿化，强化了园区的生态化品质。

　　在建筑的处理上，设置屋面花园、空中庭院、底层架空，强调生态自然环境从建筑外部到内部的延伸，创造清新自然的工作环境。

　　在生态技术的应用上，结合当地的气候特征，设计也采取诸如场地生态处理、立面遮阳措施、太阳能光热系统、风力发电系统、雨水回收、外墙绿化、地下车库采光通风井等一系列绿色节能措施，保证工作环境的舒适性。

　　徐徐的清风、淡淡的花香、潺潺的流水、嘤嘤的鸟鸣……勾画出园区山水风情的独特魅力。无论你身在园区何处，都与自然亲密无间。

YINGLONG FINANCIAL BUILDING
英隆金融大厦

设计机构：广东省建筑设计研究院深圳分院、ADEPT APS
创作团队：吴彦斌、朱 江
项目地点：中国深圳
总用地面积：9 251 m²
总建筑面积：69 865 m²
建筑高度：118 m
容 积 率：5.0

　　规划地块处于深圳市中心出发的半小时交通圈内，周边区域道路通畅，临近轨道 3 号线以及规划的 12 号线和 16 号线、北通道、水官高速、机荷高速、龙平路等交通干道，能够快速、便捷地与周边其他城市、地区衔接，区位及交通条件优越。

　　本次规划地块为深圳市龙岗区龙城街道大运新城北拆迁安置片区 07-09 商务地块；南临如意路主干道，西临大运路次干道，东靠围坑路，北临阁溪路，场地平整，周围市政道路设施完善；总用地面积为 9 251 平方米，建设规模约 69 000 平方米。

　　英隆大厦的玻璃幕墙系统结构跨度大，视野宽广，采用横向隐框、竖向显框的框架式玻璃幕墙设计。

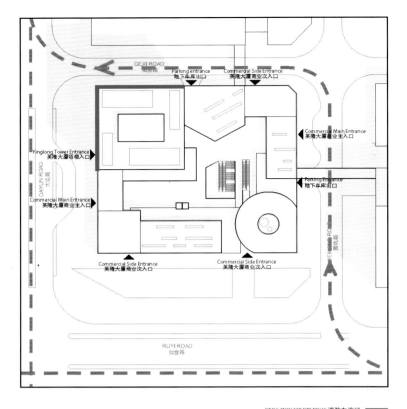

消防分析图

CIRCULATION FOR FIRE TRUCK 消防车流线
FIRE FIGHTING COVERAGE 消防登高面

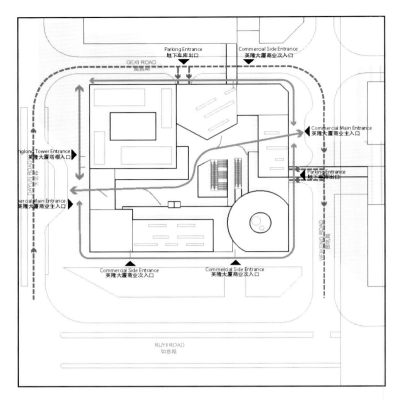

流线分析图

OFFICE CIRCULATION 办公流线
COMMERCIAL CIRCULATION 商业流线
CAR CIRCULATION 商业流线

竖向分析图

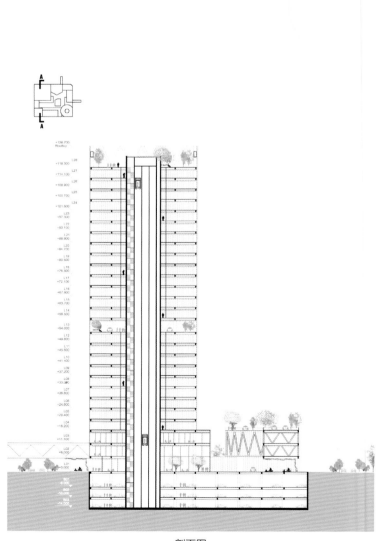

剖面图

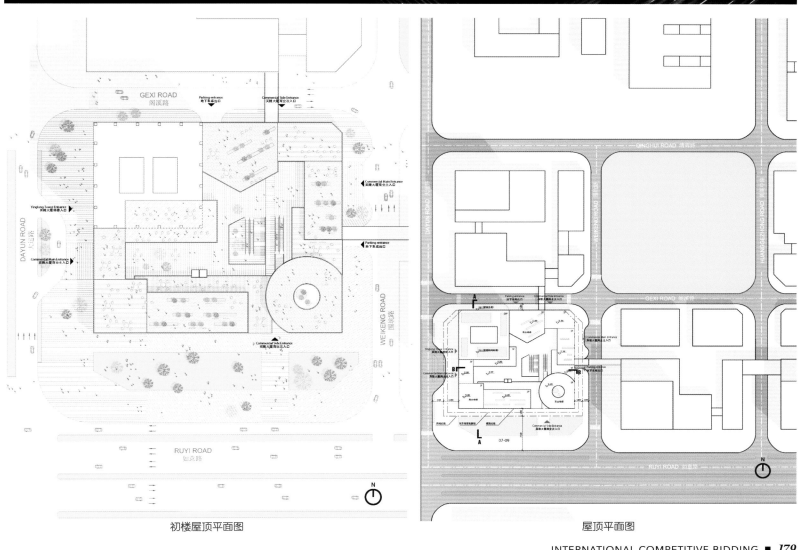

初楼屋顶平面图

屋顶平面图

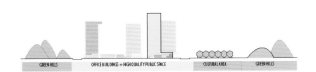

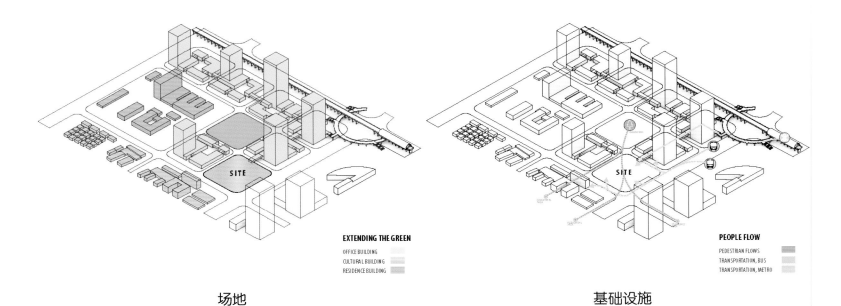

场地

项目用地本身独具特性，它坐落于龙岗大运片区中一个非常重要的绿色廊道上，该廊道连接了大运公园与龙城公园内的两座山体。在绿地与城市之间，独特的场地需要独特的设计来使自然与城市交融。

基础设施

新的办公楼和商业区坐落于大运新城北核心商务区，拥有完善的规划及市政配套建设，便捷的道路网络将市区内各项目紧密联系。商务区通往地铁与公交车站，使之成为员工与到访购物者可以轻易到达的重要目的地。临近用地的快速道路与轨道交通建设为大运新城北区的发展提供了最有力的支持。

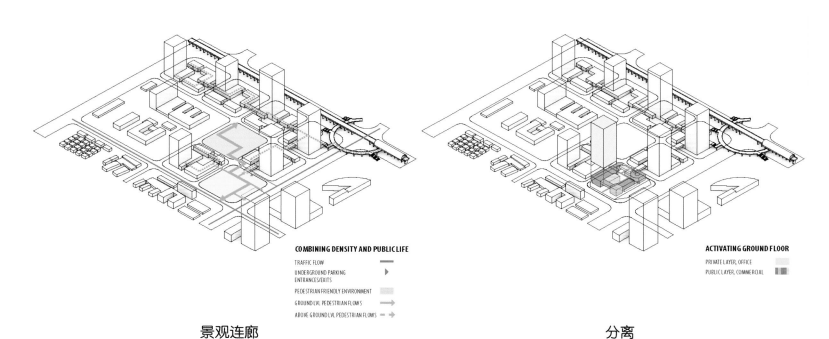

景观连廊

位于街区转角以及公园和另一个城市街区之间，最理性的城市规划策略便是打通场地，将行人引入更为便捷的道路连接方式。

分离

办公塔楼与商业部分被分隔为两个区域，使得上部的办公室空间更为私密和高效，而下部的商业空间更具公共性，由桥和街道连接的许多小体量组成。

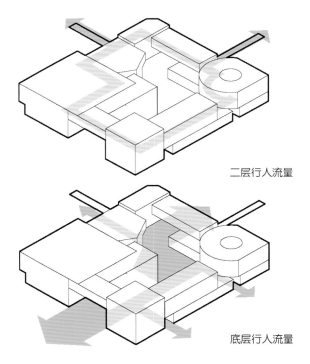

二层行人流量

底层行人流量

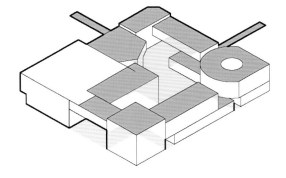

通过零售裙楼的公共连接

横跨整个场地的需要被作为一种优势。不同宽度的街道和不同尺度的广场在裙楼实体体块中被剪切出来。

3D 公共空间和人行天桥连接

同时，内部空间被雕塑般塑造。多样几何形状堆叠的建筑形式，生成了高识别性的建筑体型及室外空间，同时带来许多可以俯视中心公共广场的平台，使得商业购物的环境更多元化、更有活力。

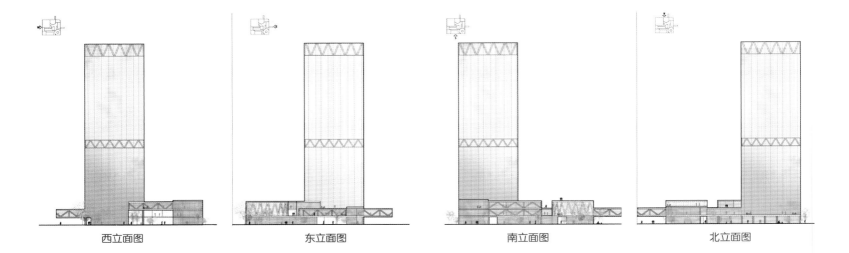

| 西立面图 | 东立面图 | 南立面图 | 北立面图 |

大运新城北核心商务区第 07-09 地块

Project Profiles 工程概况		Unit 单位	Amount 数值
Land Area 建设用地面积		Sqm 平方米	9251
Construction Area 总建筑面积		Sqm 平方米	70455
Above Ground 地上建筑面积		Sqm 平方米	46255
Under Ground 地下建筑面积		Sqm 平方米	24200
GFA 计容总建筑面积		Sqm 平方米	46255
Among 其中	Office 商业性办公	Sqm 平方米	35555
	Commerce 商业	Sqm 平方米	10700
FAR 容积率			5.0
Land Coverage 建筑覆盖率			62%
Building Height 建筑总高度		M 米	126.7
Structure Height 建筑结构高度		M 米	118.3
Parking Places(above/underground) 车位数（地上/地下）		Cars 辆	4/462
Green Coverage 绿地率			30%

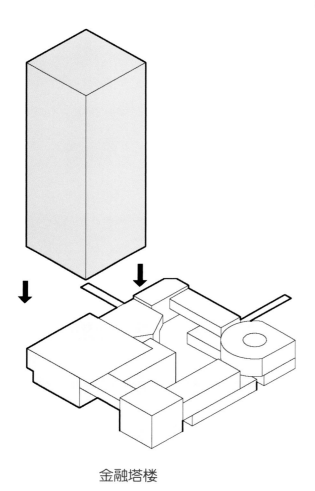

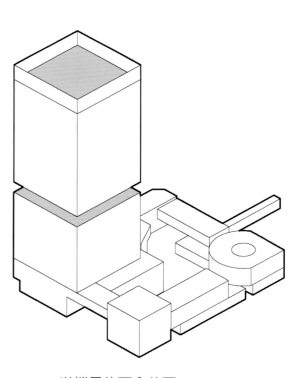

金融塔楼

塔楼里的两个花园

与下部商业裙楼区形成对比，塔楼仅为一个简单的立方体，坚定地安坐在下面较小的体块上，呈现出一种作为金融大厦的稳定安全感。高效的核心筒设计以及合理的平面布局，非常适合小型办公产品。办公单元之间组合模式灵活，以适应客户需求的多样性。

塔楼加入了避难层花园和屋顶花园，将其延伸至 118 米，加上 8 米的女儿墙，总高度为 126 米。更多绿色空间的应用，为办公建筑使用者带来舒适的休息环境，也是对日益恶化的自然环境最好的设计回应。

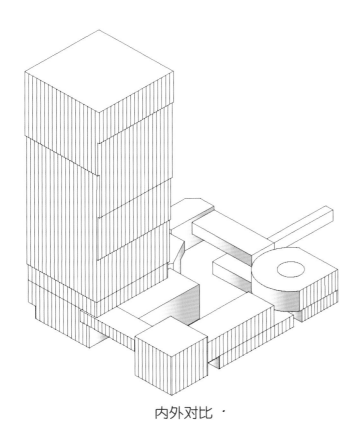

内外对比·

塔楼与外部裙楼街区根据日照分析由竖向百叶遮蔽阳光。裙楼部分仅用玻璃营造出中心庭院开敞又充满活力的氛围。

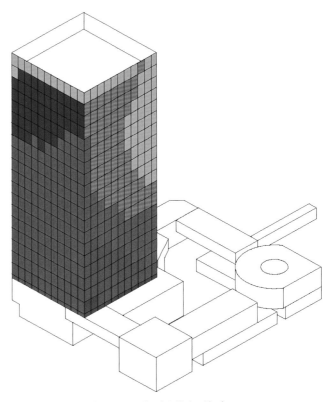

基于太阳辐射分析的立面

立面的设计是基于外墙阳光的照射量。通过仔细研究全天候外墙阳光的照射量，我们模拟出了白天外墙的阳光照射量。

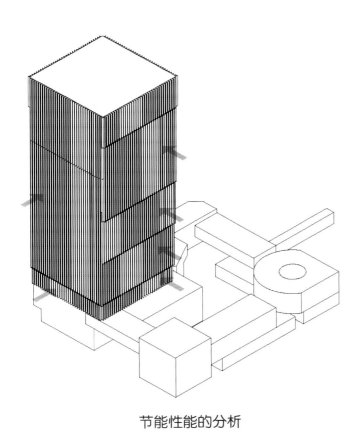

节能性能的分析

生态技术的研究转化为立面的凹凸深度，为辐射强烈的部分提供更多的阴影，同时创造出一个变化丰富的立面，拥有美丽的渐变反射。

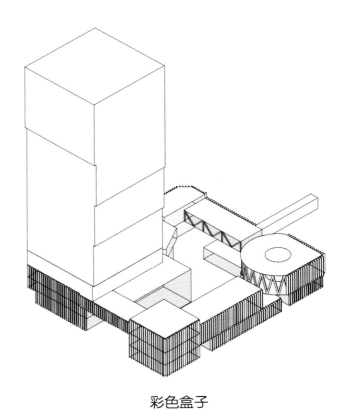

彩色盒子

首层的每个盒子用不同深浅的彩色玻璃吸引远方的访客，同时为首层提供了充满活力的购物空间。

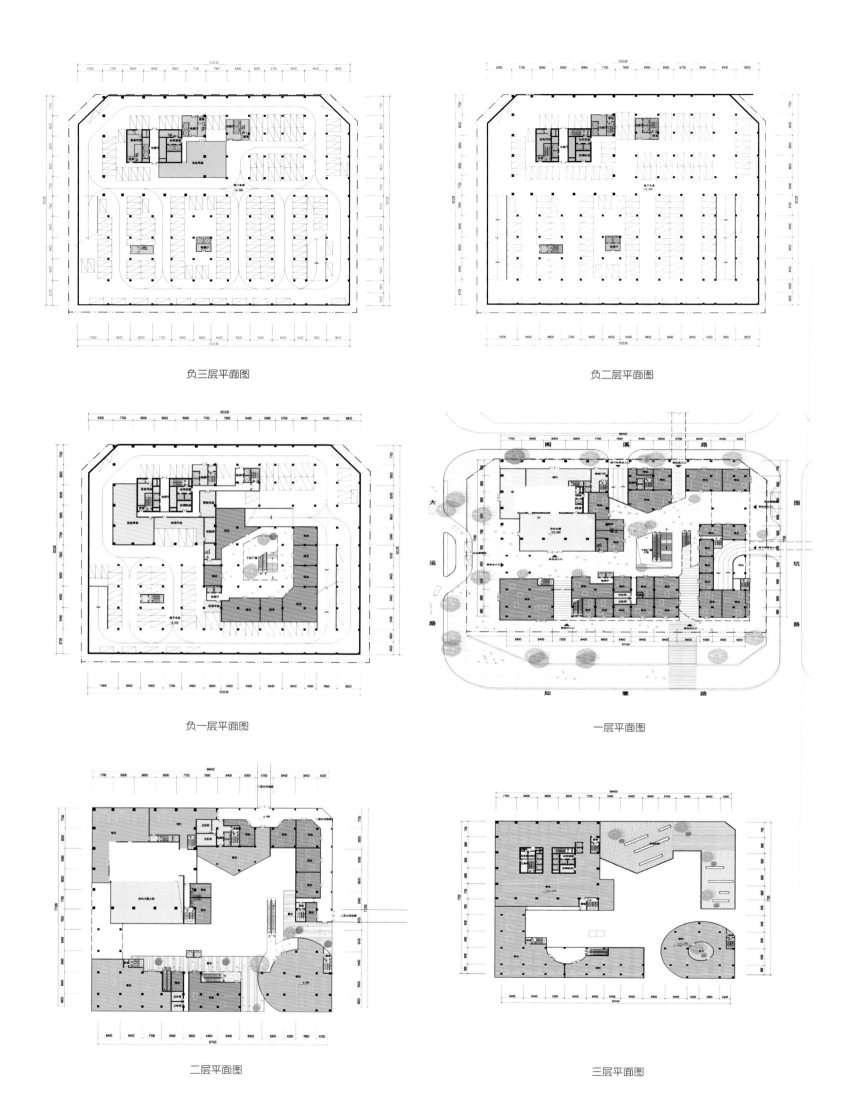

负三层平面图

负二层平面图

负一层平面图

一层平面图

二层平面图

三层平面图

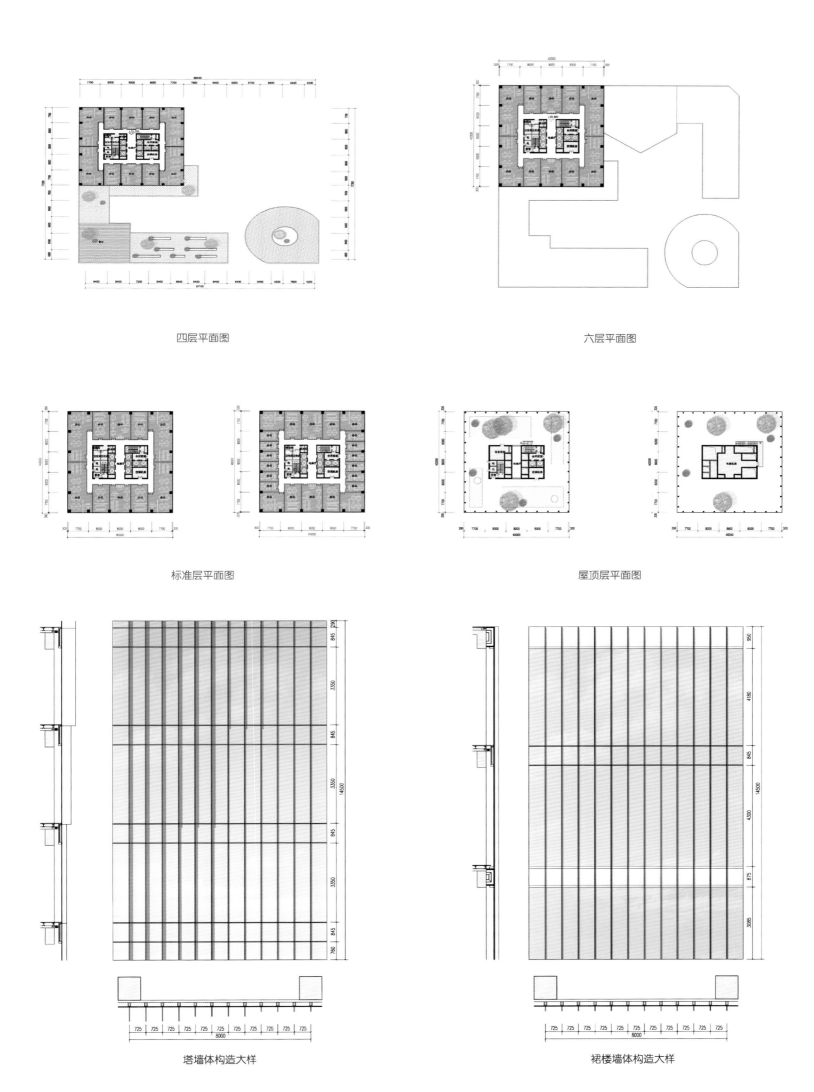

四层平面图

六层平面图

标准层平面图

屋顶层平面图

塔墙体构造大样

裙楼墙体构造大样

THE INDUSTRIAL PARK OF HAN'S LASER IN MINHANG, SHANGHAI
生物医药企业加速器

主创设计师：陈江华
创作团队：石海波、陈江华、龙小强、马亚辉、王颖、易立学、张军、顾洁琼
项目地点：中国上海
总用地面积：10 810 m²
总建筑面积：71 710 m²
容 积 率：1.59
绿 化 率：35%

该团队多年来致力于研发生产型园区、总部办公基地及物流仓储等类型的泛工业地产研究及建筑创作，获实施项目总建筑面积逾百万平方米。项目团队成员石海波、陈江华两人目前就职于深圳同济人建筑设计有限公司，但该项目是他们在深圳奥意建筑设计有限公司时的作品，特此声明。

▶

项目位于深圳市坪山新区，属于深圳国家生物产业基地重要配套设施之一。"企业加速器"建设的目的在于通过服务模式的创新，为已经经过了孵化阶段而开始小规模生产的中小企业提供其快速成长对于空间、管理、配套服务等方面的需求。与普通产业园相比，因其具有集群效应，而更能体现资源集约与共享、开放与融合等特点。项目用地较为平坦，东侧临河，西侧及周边均为类工业用地。地块所处的区域周边路网即将形成，基础市政设施正趋完善，邻近地块已经基

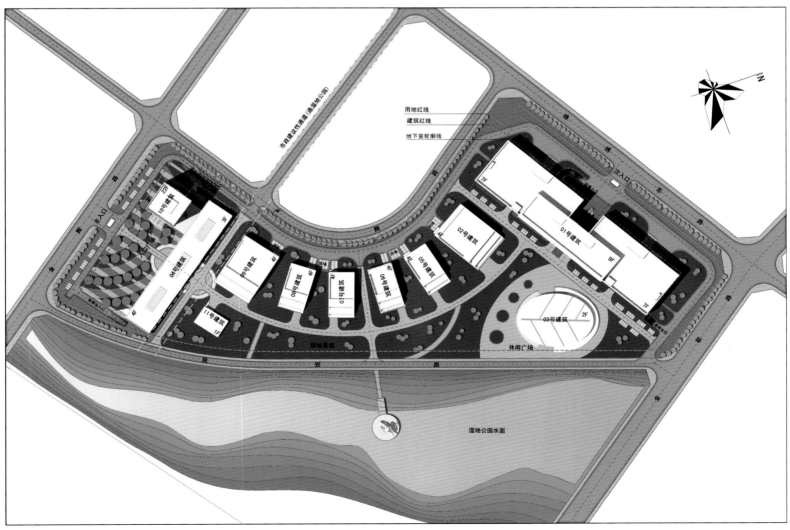

总平面图

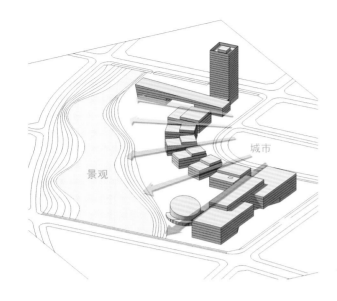

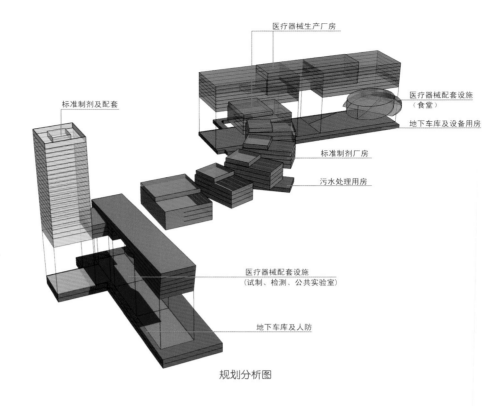

医疗器械生产厂房

标准制剂及配套

医疗器械配套设施
（食堂）

地下车库及设备用房

标准制剂厂房

污水处理用房

医疗器械配套设施
（试制、检测、公共实验室）

地下车库及人防

规划分析图

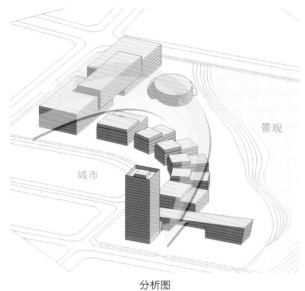

分析图

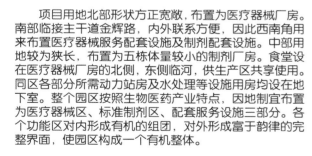

1. 人员流线

2. 货运流线

▶

　　项目用地北部形状方正宽敞，布置为医疗器械厂房。南部临接主干道金辉路，内外联系方便，因此西南角用来布置医疗器械服务配套设施及制剂配套设施。中部用地较为狭长，布置为五栋体量较小的制剂厂房。食堂设在医疗器械厂房的北侧，东侧临河，供生产区共享使用。园区各部分所需动力站房及水处理等设施用房均设在地下室。整个园区按照生物医药产业特点，因地制宜布置为医疗器械区、标准制剂区、配套服务设施三部分。各个功能区对内形成有机的组团，对外形成富于韵律的完整界面，使园区构成一个有机整体。

流线组织

　　入口：同区共设三个出入口，其中金辉路中段设主入口供人行及办公车行；在锦绣东路设次入口，由门闸系统将其一分为二，中间供人行及小车通行，两侧供货车通行。另外，在金联路设后勤出入口，供园区食堂货物进出使用。

　　流线：由金辉路进入园区的小汽车直接由 04 号建筑两端的坡道进入地下车库停放。由锦绣东路进入园区的小汽车直接由次入广场两侧的坡道下至车库。医疗器械厂区的货车进入园区后分两侧到达厂房端部的货场。制剂厂房的货车进入园区后沿西侧道路到达厂房西侧的货场，装卸货物后原路离开。食堂的货车流线直接由南南侧规划路进山。整个同区人行在东侧，车行在西侧，人车分流，安全便捷。

3. 小汽车流线

4. 后勤流线

平面图

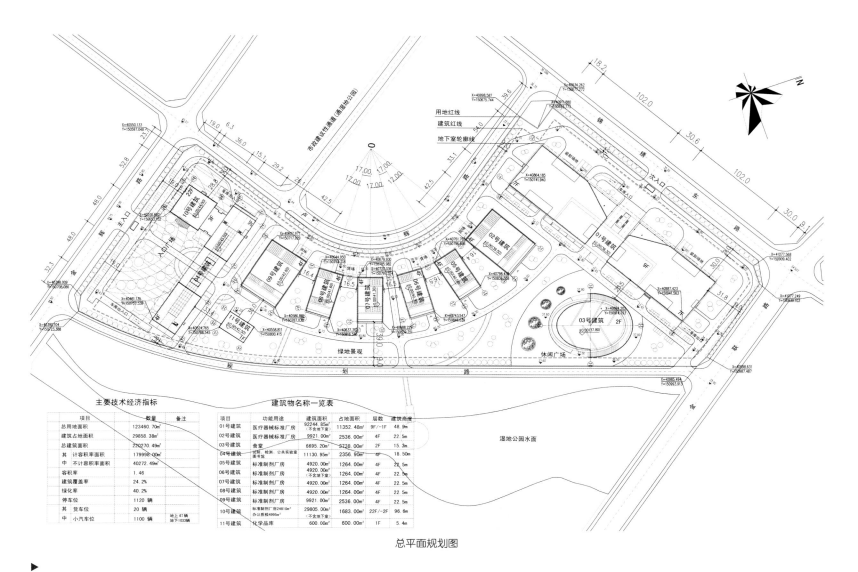

总平面规划图

主要技术经济指标		
项目	数量	备注
总用地面积	123460.70m²	
建筑占地面积	29858.38m²	
总建筑面积	220270.49m²	
其 中	计容积率面积	179998.00m²	
	不计容积率面积	40272.49m²	
容积率	1.46	
建筑覆盖率	24.2%	
绿化率	40.2%	
停车位	1120 辆	
其 中	货车位	20 辆	
	小汽车位	1100 辆	地上67辆 地下1033辆

建筑物名称一览表					
项目	功能用途	建筑面积	占地面积	层数	建筑高度
01号建筑	医疗器械标准厂房	82244.85m²	11352.48m²（不含地下室）	9F/-1F	48.9m
02号建筑	医疗器械标准厂房	9921.00m²	2536.00m²	4F	22.5m
03号建筑	食堂	5695.20m²	3738.00m²	2F	15.3m
04号建筑	试制、检测、公共实验室、图书馆	11130.95m²	2356.90m²	4F	18.50m
05号建筑	标准制剂厂房	4920.00m²	1264.00m²	4F	22.5m
06号建筑	标准制剂厂房	4920.00m²	1264.00m²	4F	22.5m
07号建筑	标准制剂厂房	4920.00m²	1264.00m²	4F	22.5m
08号建筑	标准制剂厂房	4920.00m²	1264.00m²	4F	22.5m
09号建筑	标准制剂厂房	9921.00m²	2536.00m²	4F	22.5m
10号建筑	标准制剂厂房24810m²办公配套4995m²	29805.00m²（不含地下室）	1683.00m²	22F/-2F	96.6m
11号建筑	化学品库	600.00m²	600.00m²	1F	5.4m

▶

建筑布局与景观

　　设计将04号建筑与10号建筑共同围合成入口广场，一面迎向城市道路，另一面与优美的河面形成对景，如同园区的"客厅"与城市空间交融、对话。

　　制剂厂房呈放射状布置，各栋厂房临河一侧布置了光景平台，最大化利用河岸景观，使河岸景观大道的建筑形态更加亲切宜人，使建筑与自然环境更好地渗透、融合。位于医疗器械厂房及标准制剂厂房交角东侧的食堂形态宛如一片树叶，东临河岸，南侧通过河岸的景观大道与研发中心高楼遥遥相望，各个景观节点通过点、线、面的手法，串接为一个抑扬有序的景观序列，人们在轻松愉悦中欣赏沿河岸树木与草地，到达园区的各栋建筑，体验高科技园区的人性化魅力。

一号建筑地下室平面图

一号建筑一层平面图

一号建筑二层平面图

一号建筑三层平面图

一号建筑四、六层平面图

一号建筑五、七层平面图

一号建筑八层平面图

一号建筑九层平面图

一号建筑屋顶平面图

一号建筑构架平面图

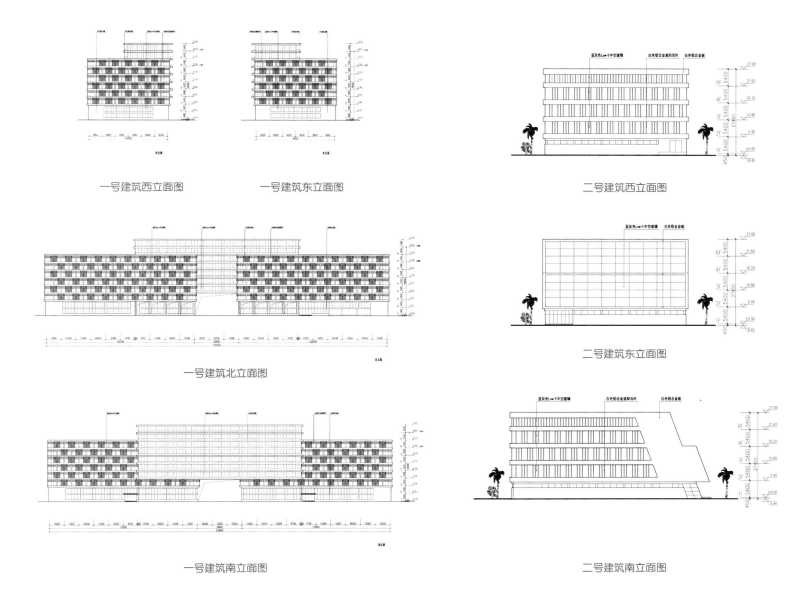

一号建筑西立面图   一号建筑东立面图   二号建筑西立面图

一号建筑北立面图   二号建筑东立面图

一号建筑南立面图   二号建筑南立面图

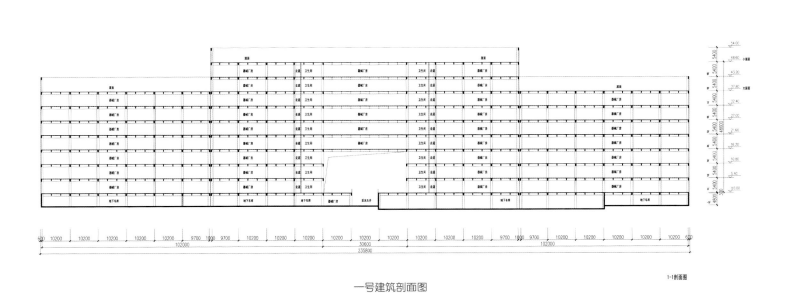

1-1剖面图

一号建筑剖面图

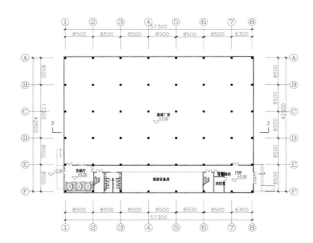

二号建筑一层平面图

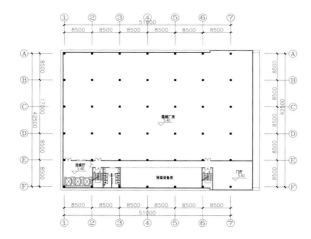

二号建筑二层平面图

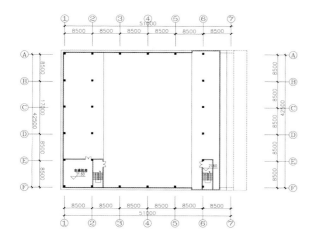

二号建筑标高 21.60 平面图

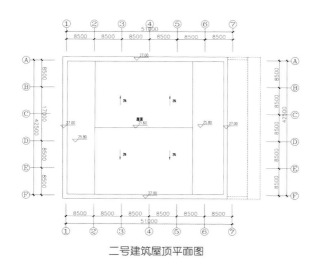

二号建筑屋顶平面图

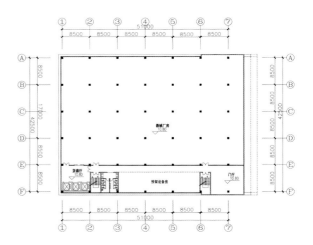

二号建筑三层平面图

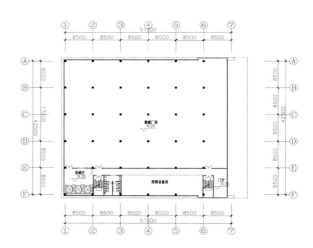

二号建筑四层平面图

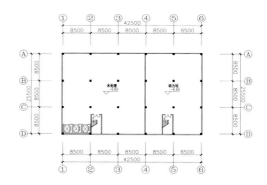

六号建筑地下设备平面图

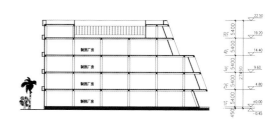

五至八号建筑剖面图

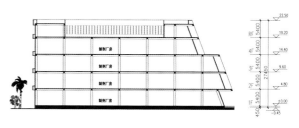

二、九号建筑剖面图

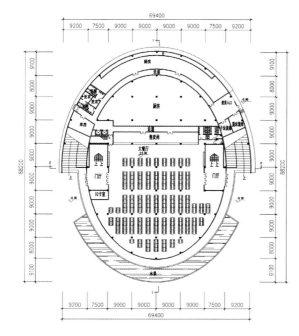

三号建筑一层平面图

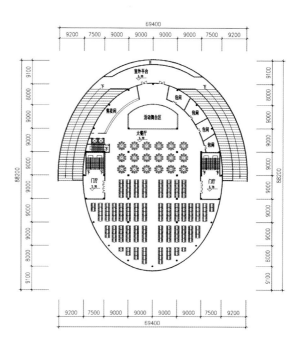

三号建筑二层平面图

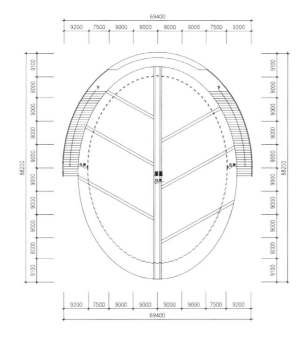

三号建筑屋顶平面图

三号建筑 2-2 剖面图

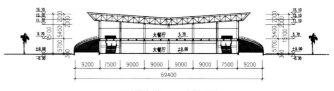

三号建筑 1-1 剖面图

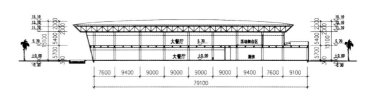

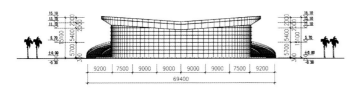

三号建筑南立面图

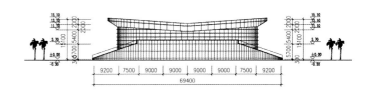

三号建筑北立面图

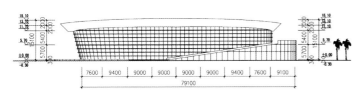

三号建筑西立面图

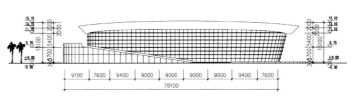

三号建筑东立面图

四号、十号建筑地下二层平面图

四号、十号建筑地下一层平面图

四号、十号建筑一层平面图

四号、十号建筑二层平面图

四号、十号建筑三层平面图

四号、十号建筑四层平面图

四号、十号建筑五层平面图

四号、十号建筑屋顶层平面图

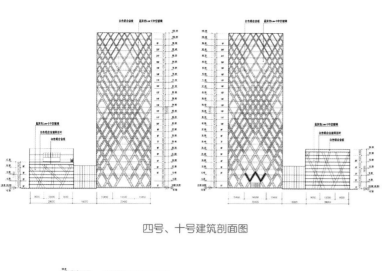

四号、十号建筑剖面图

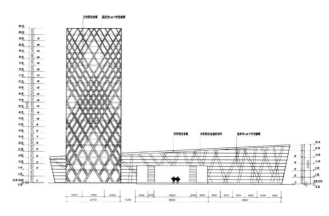

四号、十号建筑西南立面图

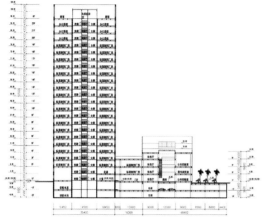

四号、十号建筑剖面图

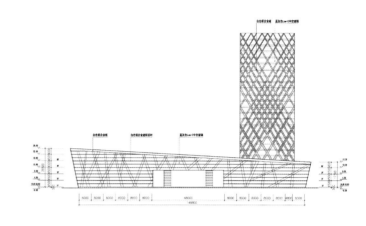

四号、十号建筑东北立面图

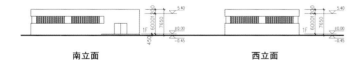

南立面   西立面

十一号建筑南、西立面图

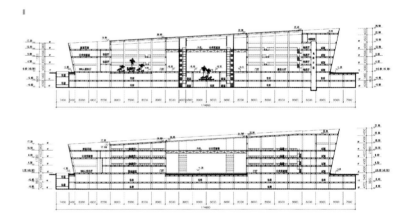

四号建筑剖面图 2

1-1剖面   2-2剖面

十一号建筑剖面图

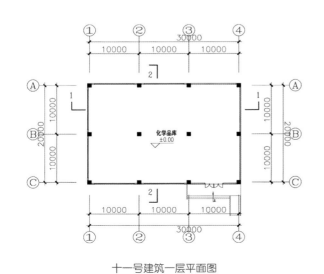

十一号建筑一层平面图

十一号建筑屋顶层平面图

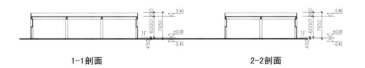

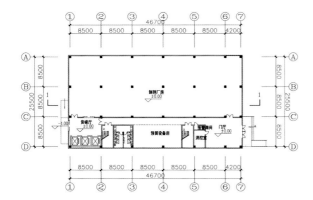

五至八号建筑一层平面图

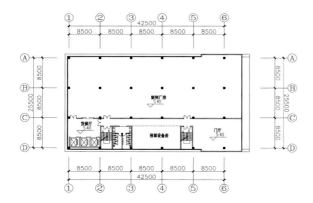

五至八号建筑二层平面图

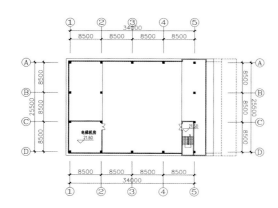

五至八号建筑标高 21.60 平面图

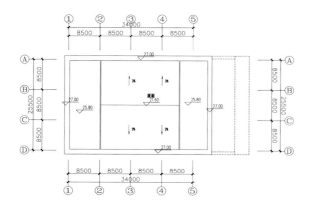

五至八号建筑屋顶平面图

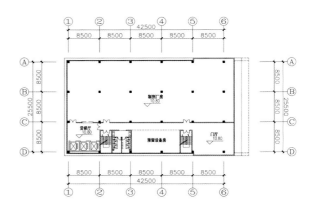

五至八号建筑三层平面图

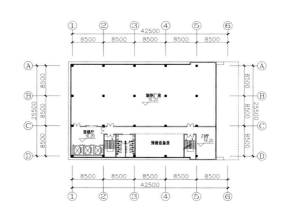

五至八号建筑四层平面图

五至八号建筑西立面图

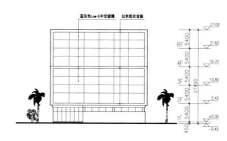

五至八号建筑东立面图

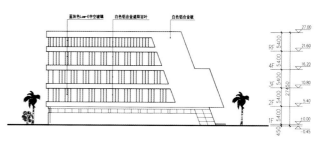

五至八号建筑南立面图

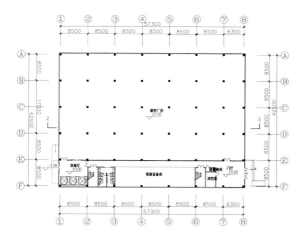

九号建筑一层平面图

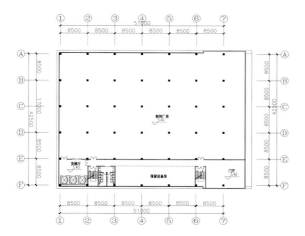

九号建筑二层平面图

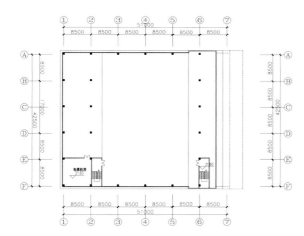

九号建筑标高 21.60 平面图

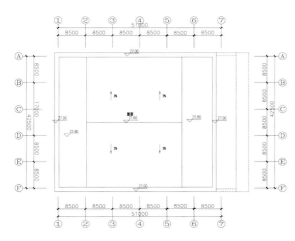

九号建筑屋顶平面图

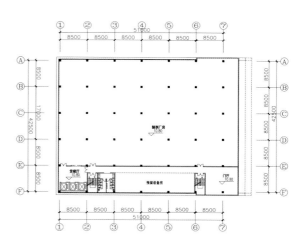

九号建筑三层平面图

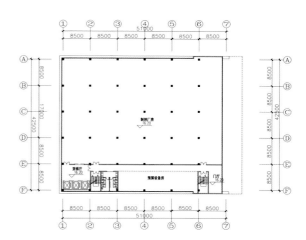

九号建筑四层平面图

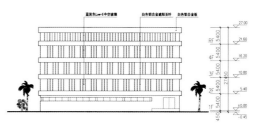

九号建筑西立面图

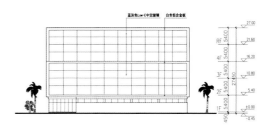

九号建筑东立面图

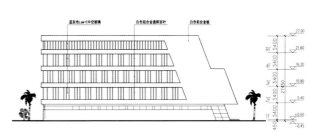

九号建筑南立面图

SHENZHEN LONGCHENG HOSPITAL
深圳龙城医院

设计机构：深圳机械院建筑设计有限公司
主创设计师：王 禾
项目地点：中国深圳
用地面积：5.3 万 m²
项目面积：26.6 万 m²

深圳龙城医院是龙岗区龙城街道辖区内以"康复"为特色的现代化综合性民营医院。由于街道辖区人口激增，该医院现有的规模及医疗条件已无法满足群众的就医需求，亟需扩建。

龙城医院的扩建定位：打造集综合医疗、新技术康复、高端服务亚健康、护理院、VIP 病房、高端体检、高端妇产为一体的拥有 800 张床位的三级甲等大专科、小综合医院（以康复为主）。龙城医院将"立足深圳、国内打造、服务国际"，开创"医院 + 商务配套 + 城市更新"的地标式建筑的操作模式。

基地位于龙岗中心城龙翔大道与晨光路交汇处，距离深惠大道爱联地铁站仅 600 米，北侧有山景，地理位置优越，交通便利。地块被一条规划道路一分为二。基地周边多为商业楼盘和待拆迁的自建楼。

作为复杂的城市更新项目，存在以下几点设计难点：

1. 具有高容积率、功能多样的特点，如何合理划分并联系各功能；

2. 由于分期建设及拆迁时序问题，如何保证期间医院的正常运作及建设的可实施性；

3. 商务配套功能远离城市主干道，如何有效激活内部商业价值。

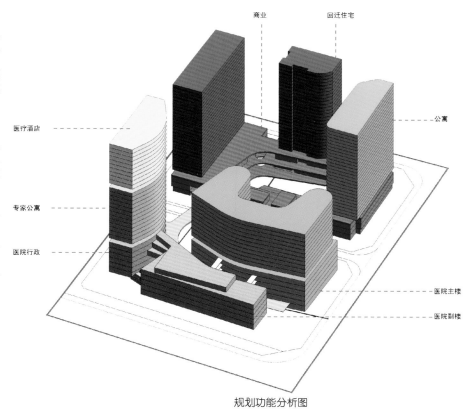

规划功能分析图

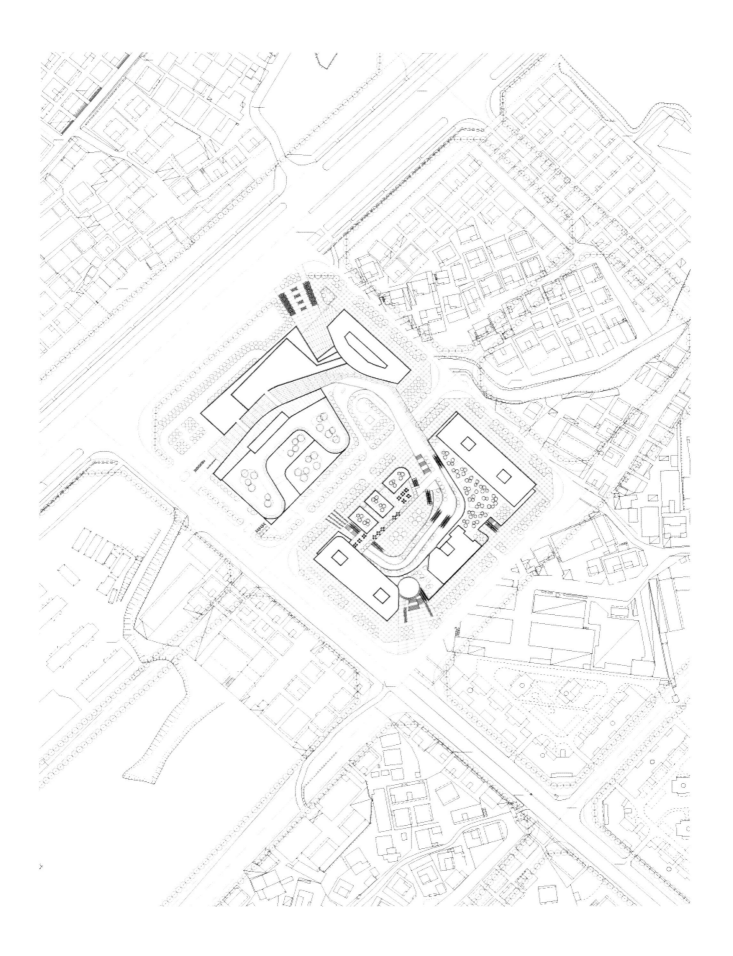

平面图

将呈现何种形象

基地周边平直的城市界面

以"最大利用土地"为原则

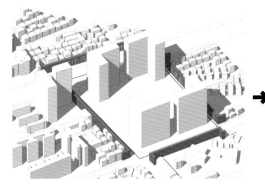

建筑沿城市界面分布于基地四周

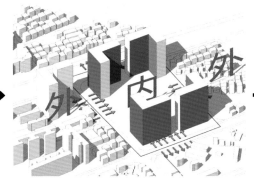

建筑负空间导向一分为二

外在都市性和内在生态性的建筑空间特质

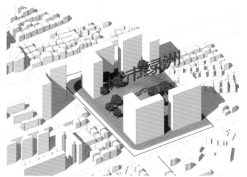

内部空间形成"隐秘的城市绿洲"

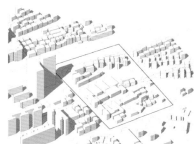

现状

记忆

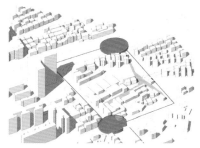

联系

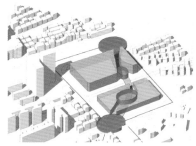

活力脊

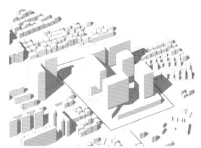

体量

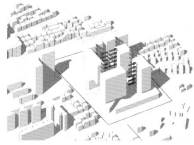

退让

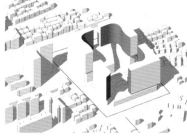

柔化

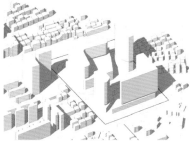

切割

202

　　龙城医院作为特殊的城市更新项目，不应该仅仅是更高的密度、更宽的车道、更少的绿地、更微薄的城市记忆。这里，承载了数十年乡土的记忆，应该是病患重获新生的诺亚方舟，应该是居民悠闲其中的城市客厅，更应该是城市中的绿洲公园。基于康复患者逗留时间长，需要有多元、专属、差异化的服务来安排自己的就医和生活，设计师提出了"康复＋公园"的一站式医疗理念，为病患提供一处调整心态、保健养生的高品质生活场所。

　　但项目的规模特性决定其必然以高密度建筑的形象呈现，而内在功能需求和城市空间却又希望其能回归自然生态。基于以上特性，我们提出了"最大化利用土地"的原则和以"建筑负空间为导向一分为二"的设计手法：即在不同的城市环境界面去塑造相对应的建筑空间特质和建筑游历体验，这种二分法的设计哲学同时也阐明了本项目建筑形象的外在都市性和建筑功能的内在生态性两种特点，将本项目打造为一个"隐秘的城市绿洲"。

　　在总体规划上，项目既充分利用土地，又尊重原居民的行为习惯，将现有的公共空间演变成自北向南穿越地块的"活力脊"。这样既打通了城市的联系，又提高了地块的价值，同时在这条"活力脊"上加入空间节点，形成城市中活动与交流的仪式场所，为村民留下宝贵的集体回忆，并成为区域内重要的城市客厅。

　　另外，为了满足用地的开发强度，保证完整的内部空间和减少建筑间的相互对视和干扰，高层体量被推至边缘，同时被塑造成流畅、自然的建筑内部空间形态。结合分期界线与城市道路，引入了若干条渗透性的动线，既分割了各功能，又进一步激活了地块活力。

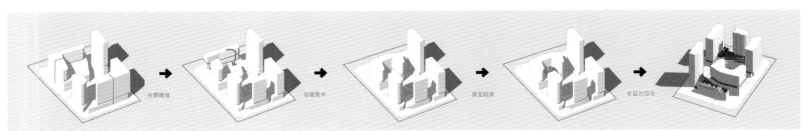

立面图

分期建设示意图

医院作为项目的主体，与项目内其他功能均产生特定的联系，按照它们之间联系紧密程度的不同，各功能均附着在"活力脊"之上，成为区分与联系各功能的主动脉。位于北地块的医院一期主楼作为项目的核心功能，需满足住院部统一开发的要求，"U"型住院楼替代了传统的板式塔楼，这样，既形成了紧凑的双护理单元平面，降低了建筑高度，又减少了病房对其他功能的干扰，并且形成了患者专属的院落空间。二期从下而上垂直划分为医院副楼、专家公寓、医疗酒店；南边地块为购物公园、商务公寓以及回迁住宅。

综合体的外部将以都市高密度建筑形象呈现，以平直的界面、现代的材料、科技感的语言包裹出完整的城市界面；而在内部，为适应深圳气候，通过建筑内部负空间的切割、退让和渗透，在不同建筑空间层次融入立体绿化，以绿色、自然、生态的建筑元素呈现出回归自然的亲和力，以树木、花草将综合体各功能凝聚起来。当你进入综合体内部，无论身处医院、商业街、酒店、公寓还是住宅，都仿佛置身在城市绿洲之中。

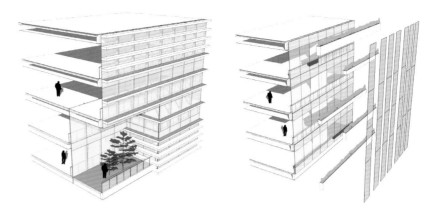

立面图 1

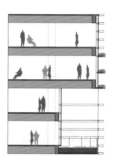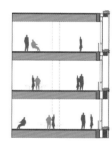

立面图 2

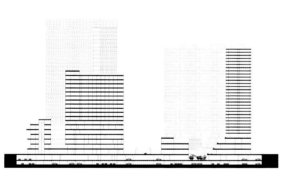

立面图 3

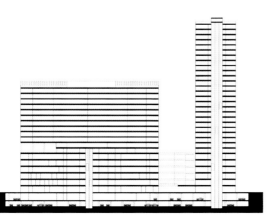

立面图 4

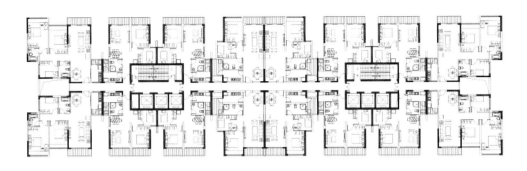

回迁房标准层平面图

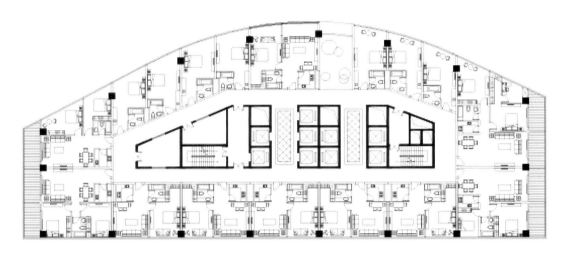

医疗酒店标准层平面图

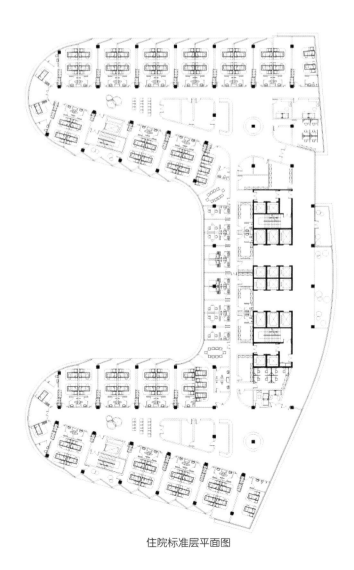

住院标准层平面图

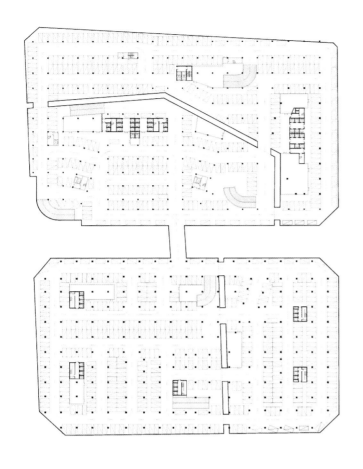

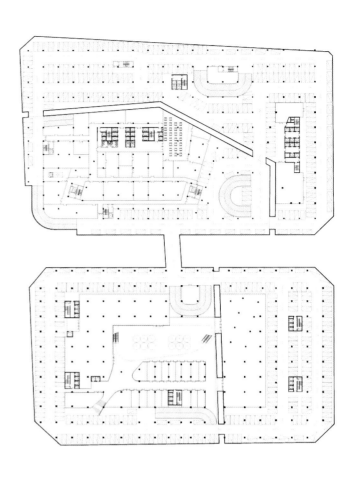

负二层平面图

负一层平面图

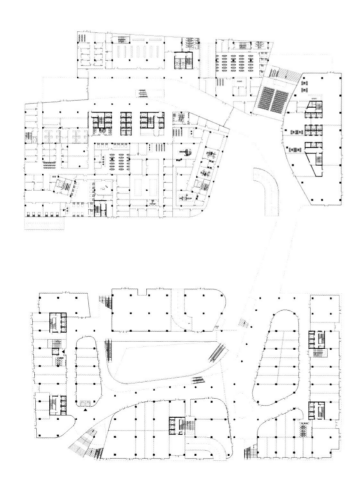

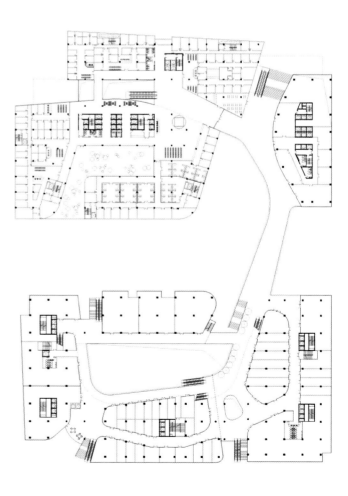

一层平面图

二层平面图

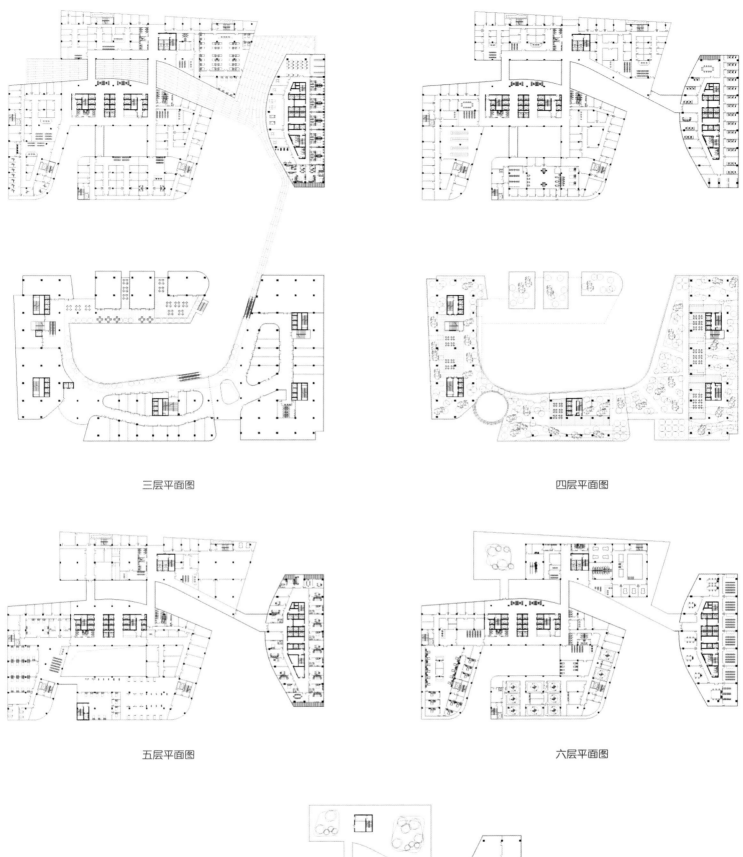

三层平面图

四层平面图

五层平面图

六层平面图

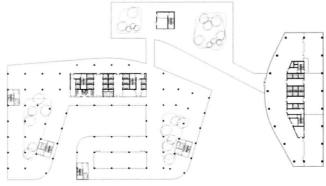

七层平面图

FUTIAN CHINESE MEDICINE HOSPITAL
福田中医院

设计机构：北京中外建建筑设计有限公司深圳分公司
项目地点：中国深圳
用地面积：17.501 m²
项目面积：116.994 m²
容 积 率：4.19
绿 化 率：32.8%

本项目用地位于深圳市福田区景田南中医院院内北侧，医院总用地面积约 17 000 平方米。本设计为福田区中医院的二期工程，是 17 层、近 400 个床位的医院住院部。项目整体设计充分结合了现有建筑走向，最大限度控制北环高速交通对建筑的影响。合理的功能设计，将为医院提供舒适的使用环境。

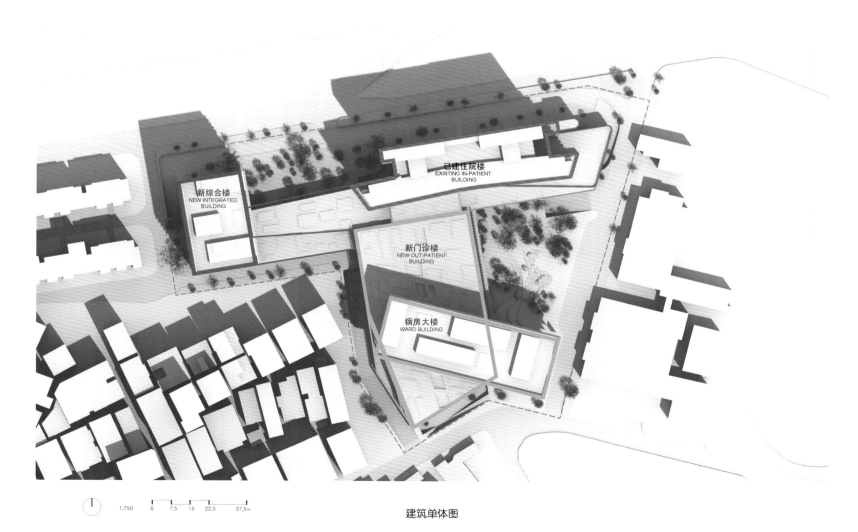

建筑单体图

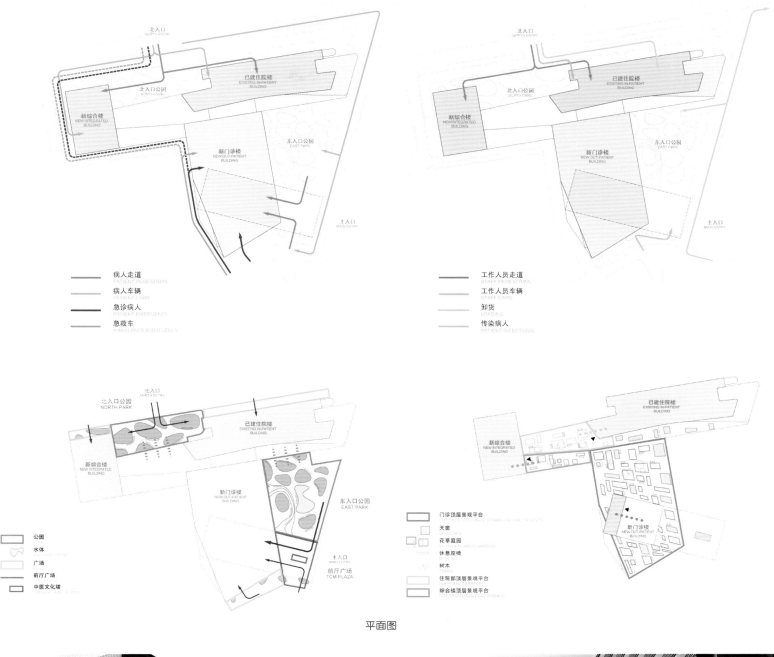

病人走道
PATIENT PEDESTRIAN

病人车辆
PATIENT CARS

急诊病人
PATIENT EMERGENCY

急救车
AMBULANCE EMERGENCY

工作人员走道
STAFF PEDESTRIAN

工作人员车辆
STAFF CARS

卸货
LOADING

传染病人
PATIENT INFECTIOUS

公园

水体

广场

前厅广场

中医文化塔

门诊顶层景观平台

天窗

花草庭园

休息座椅

树木

住院部顶层景观平台

综合楼顶层景观平台

平面图

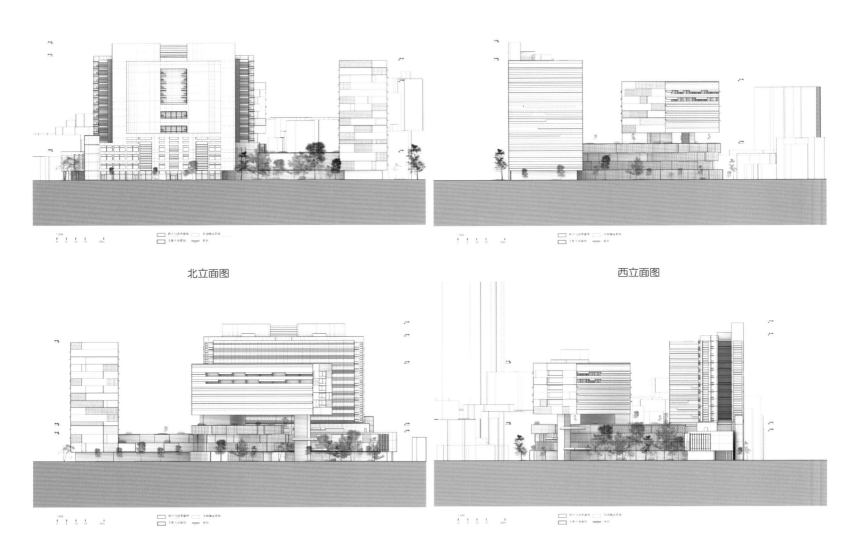

北立面图

西立面图

南立面图

东立面图

剖面图1　　　　剖面图2

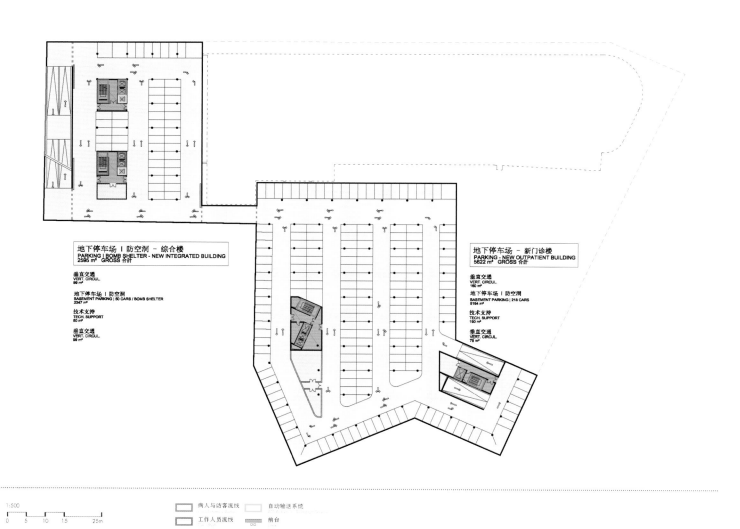

地下停车场 I 防空洞 – 综合楼
PARKING | BOMB SHELTER - NEW INTEGRATED BUILDING
2595 m² GROSS 合計

垂直交通
VERT. CIRCUL.
99 m²

地下停车场 I 防空洞
BASEMENT PARKING | 50 CARS / BOMB SHELTER
2347 m²

技术支持
TECH. SUPPORT
50 m²

垂直交通
VERT. CIRCUL.
99 m²

地下停车场 – 新门诊楼
PARKING - NEW OUTPATIENT BUILDING
5622 m² GROSS 合計

垂直交通
VERT. CIRCUL.
160 m²

地下停车场 I 防空洞
BASEMENT PARKING | 218 CARS
5194 m²

技术支持
TECH. SUPPORT
190 m²

垂直交通
VERT. CIRCUL.
78 m²

1:500
0 5 10 15 25m

病人与访客流线　　自动输送系统
工作人员流线　　前台

行政管理　　病房　　住宿　　后勤　　运送及仓库　　水平交通
诊断治疗　　科学及教育　　服务　　技术支持　　垂直交通

三、四层平面图

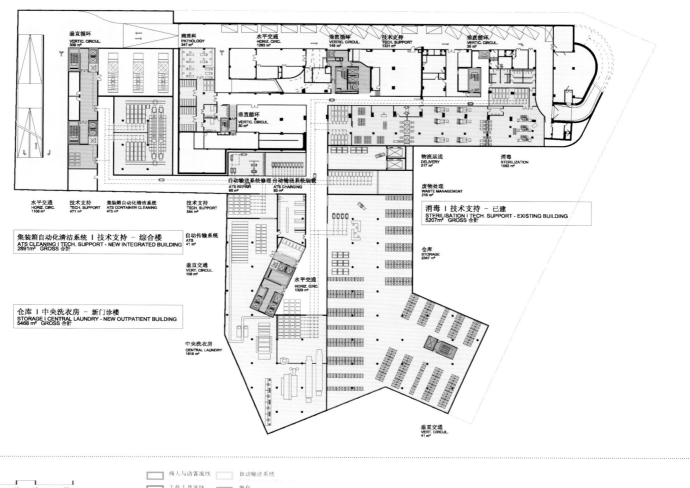

消毒 | 技术支持 - 已建
STERILISATION | TECH. SUPPORT - EXISTING BUILDING
5207m² GROSS 合计

集装箱自动化清洁系统 | 技术支持 - 综合楼
ATS CLEANING | TECH. SUPPORT - NEW INTEGRATED BUILDING
2691m² GROSS 合计

仓库 | 中央洗衣房 - 新门诊楼
STORAGE | CENTRAL LAUNDRY - NEW OUTPATIENT BUILDING
5468 m² GROSS 合计

病人与访客流线　自动输送系统
工作人员流线　　　前台

行政管理　病房　住宿　后勤　运送及仓库　水平交通
诊断治疗　科学及教育　服务　技术支持　垂直交通

二层平面图

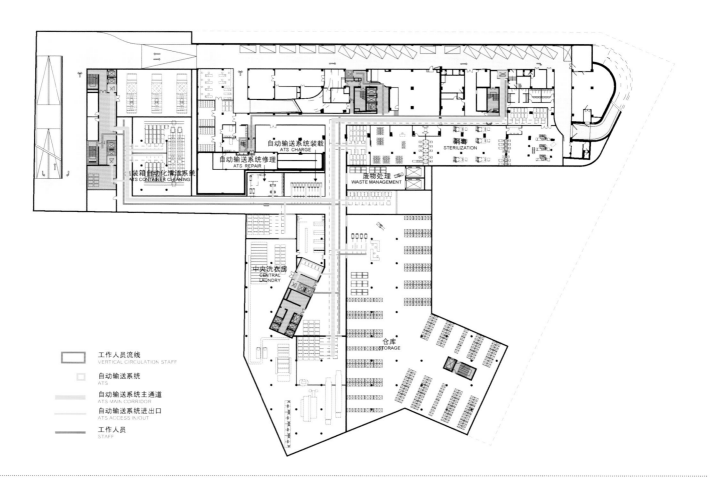

工作人员流线
VERTICAL CIRCULATION STAFF

自动输送系统
ATS

自动输送系统主通道
ATS MAIN CORRIDOR

自动输送系统进出口
ATS ACCESS IN/OUT

工作人员
STAFF

二层流程分析图

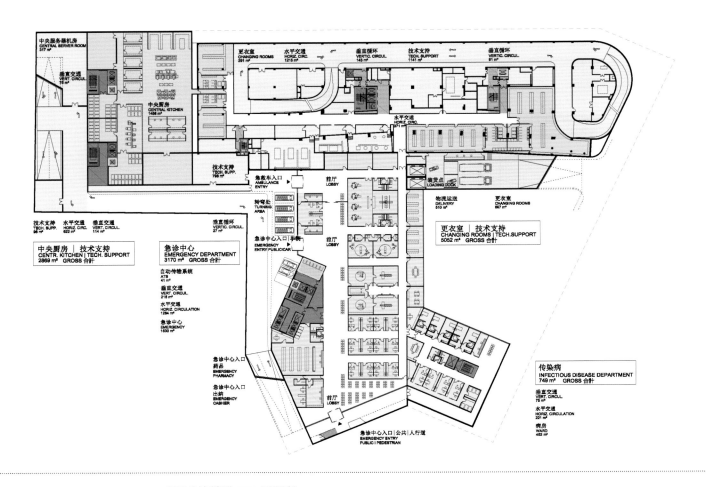

中央服务器机房
CENTRAL SERVER ROOM
317 m²

垂直交通
VERT. CIRCUL.
79 m²

更衣室
CHANGING ROOMS
291 m²

水平交通
HORIZ. CIRC.
1215 m²

垂直循环
VERTIC. CIRCUL.
143 m²

技术支持
TECH. SUPPORT
1141 m²

垂直循环
VERTIC. CIRCUL.
61 m²

中央厨房
CENTRAL KITCHEN
1498 m²

水平交通
HORIZ. CIRC.
971 m²

技术支持
TECH. SUPP.
789 m²

急救车入口
AMBULANCE ENTRY

前厅
LOBBY

装货点
LOADING DOCK

技术支持
TECH. SUPP.
98 m²

水平交通
HORIZ. CIRC.
622 m²

垂直交通
VERT. CIRCUL.
114 m²

垂直循环
VERTIC. CIRCUL.
27 m²

转弯处
TURNING AREA

急诊中心入口|车辆
EMERGENCY ENTRY PUBLIC/CAR

前厅
LOBBY

物流运送
DELIVERY
510 m²

更衣室
CHANGING ROOMS
967 m²

中央厨房 | 技术支持
CENTR. KITCHEN | TECH. SUPPORT
2869 m² GROSS 合计

急诊中心
EMERGENCY DEPARTMENT
3170 m² GROSS 合计

自动传输系统
ATS
41 m²

垂直交通
VERT. CIRCUL.
218 m²

水平交通
HORIZ. CIRCULATION
1284 m²

急诊中心
EMERGENCY
1630 m²

更衣室 | 技术支持
CHANGING ROOMS | TECH.SUPPORT
5052 m² GROSS 合计

急诊中心入口
药品
EMERGENCY
PHARMACY

急诊中心入口
出纳
EMERGENCY
CASHIER

前厅
LOBBY

传染病
INFECTIOUS DISEASE DEPARTMENT
749 m² GROSS 合计

垂直交通
VERT. CIRCUL.
78 m²

水平交通
HORIZ. CIRCULATION
221 m²

病房
WARD
453 m²

急诊中心入口|公共|人行道
EMERGENCY ENTRY
PUBLIC | PEDESTRIAN

1:500
0 5 10 15 25m

病人与访客流线
工作人员流线
自动输送系统
前台

行政管理　病房　　住宿　　后勤　　运送及仓库　水平交通
诊断治疗　科学及教育　服务　技术支持　垂直交通

一层平面图1

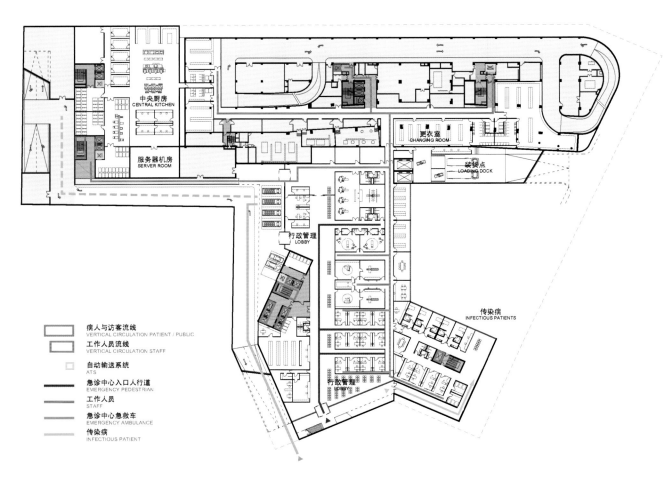

服务器机房
SERVER ROOM

中央厨房
CENTRAL KITCHEN

更衣室
CHANGING ROOM

装货点
LOADING DOCK

行政管理
LOBBY

传染病
INFECTIOUS PATIENTS

行政管理
LOBBY

病人与访客流线
VERTICAL CIRCULATION PATIENT / PUBLIC

工作人员流线
VERTICAL CIRCULATION STAFF

自动输送系统
ATS

急诊中心入口人行道
EMERGENCY PEDESTRIAN

工作人员
STAFF

急诊中心急救车
EMERGENCY AMBULANCE

传染病
INFECTIOUS PATIENT

一层流程分析图1

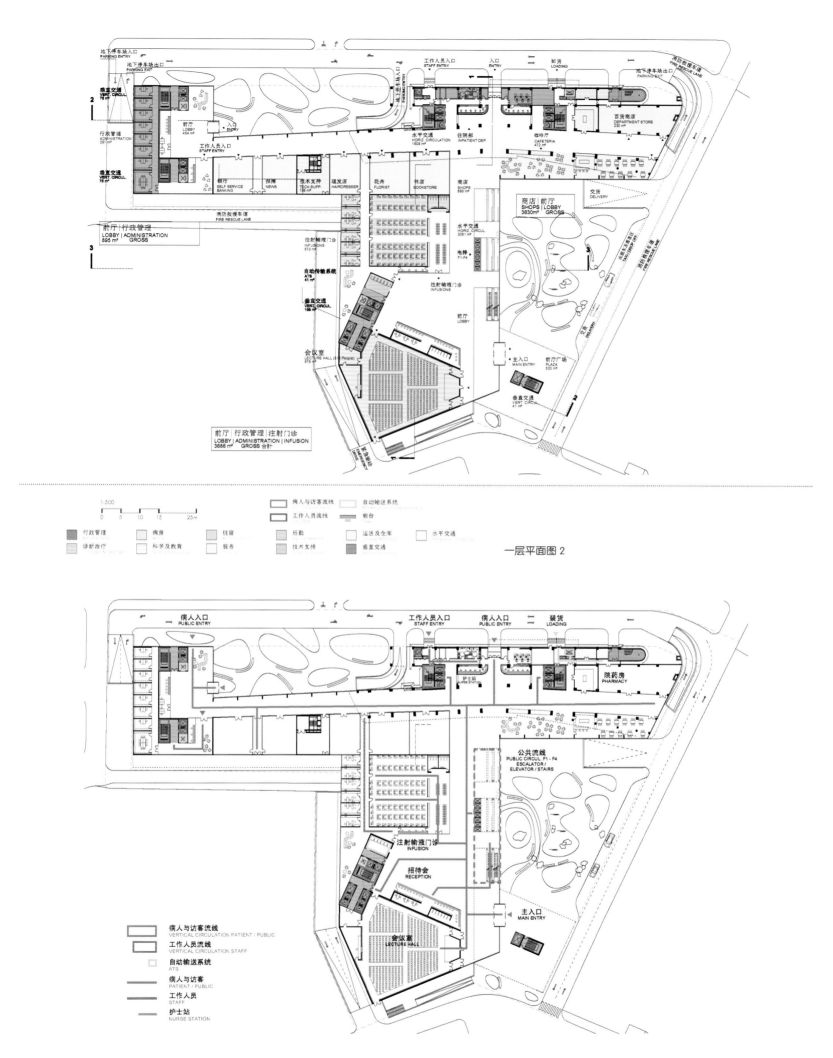

一层平面图 2

一层流程分析图 2

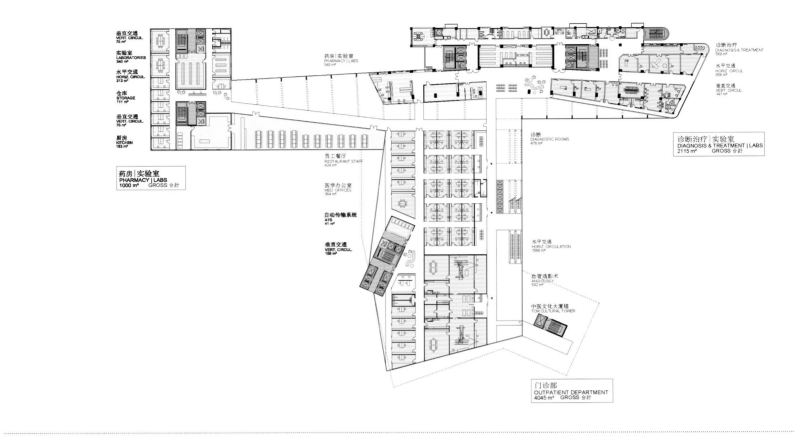

垂直交通
VERT. CIRCUL.
75 m²

实验室
LABORATORIES
340 m²

水平交通
HORIZ. CIRCUL.
212 m²

仓库
STORAGE
111 m²

垂直交通
VERT. CIRCUL.
75 m²

厨房
KITCHEN
183 m²

药房｜实验室
PHARMACY | LABS
1000 m² GROSS 合計

药房｜实验室
PHARMACY | LABS
543 m²

员工餐厅
RESTAURANT STAFF
424 m²

医学办公室
MED. OFFICES
364 m²

自动传输系统
ATS
41 m²

垂直交通
VERT. CIRCUL.
158 m²

诊断
DIAGNOSTIC ROOMS
476 m²

水平交通
HORIZ. CIRCULATION
1566 m²

血管造影术
ANGIOLOGY
592 m²

中医文化大厦塔
TCM CULTURAL TOWER

诊断治疗
DIAGNOSIS & TREATMENT
569 m²

水平交通
HORIZ. CIRCUL.
856 m²

垂直交通
VERT. CIRCUL.
147 m²

诊断治疗｜实验室
DIAGNOSIS & TREATMENT | LABS
2115 m² GROSS 合計

门诊部
OUTPATIENT DEPARTMENT
4045 m² GROSS 合計

1:500
0 5 10 15 25m

行政管理　　病房　　住宿　　后勤　　运送及仓库　　水平交通
诊断治疗　　科学及教育　　服务　　技术支持　　垂直交通

病人与访客流线　　自动输送系统
工作人员流线　　前台

二层平面图

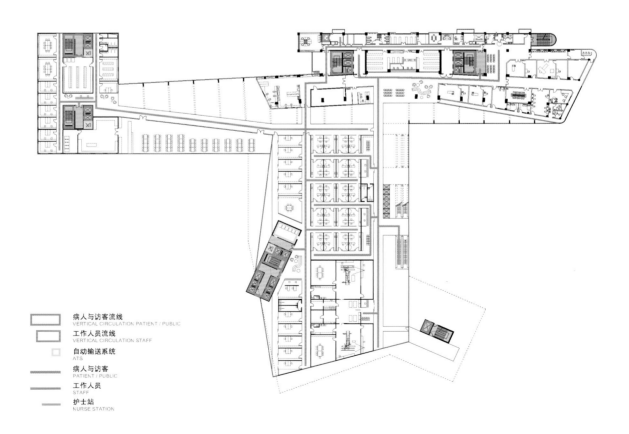

病人与访客流线
VERTICAL CIRCULATION PATIENT / PUBLIC

工作人员流线
VERTICAL CIRCULATION STAFF

自动输送系统
ATS

病人与访客
PATIENT / PUBLIC

工作人员
STAFF

护士站
NURSE STATION

二 – 四层流程分析图

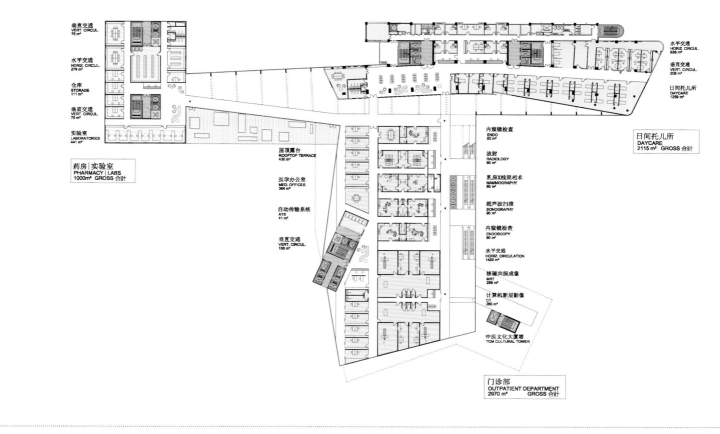

垂直交通
VERT. CIRCUL.
75 m²

水平交通
HORIZ. CIRCUL.
279 m²

仓库
STORAGE
111 m²

垂直交通
VERT. CIRCUL.
75 m²

实验室
LABORATORIES
441 m²

药房│实验室
PHARMACY│LABS
1000m² GROSS 合计

屋顶露台
ROOFTOP TERRACE
430 m²

医学办公室
MED. OFFICES
364 m²

自动传输系统
ATS
41 m²

垂直交通
VERT. CIRCUL.
158 m²

内窥镜检查
ENDO
90 m²

放射
RADIOLOGY
90 m²

乳房X线照相术
MAMMOGRAPHY
90 m²

超声波扫描
SONOGRAPHY
90 m²

内窥镜检查
ENDOSCOPY
90 m²

水平交通
HORIZ. CIRCULATION
1482 m²

核磁共振成像
MRT
289 m²

计算机断层影像
CT
286 m²

中医文化大厦塔
TCM CULTURAL TOWER

门诊部
OUTPATIENT DEPARTMENT
2970 m² GROSS 合计

水平交通
HORIZ. CIRCUL.
638 m²

垂直交通
VERT. CIRCUL.
208 m²

日间托儿所
DAYCARE
1259 m²

日间托儿所
DAYCARE
2115 m² GROSS 合计

1:500
0 5 10 15   25m

病人与访客流线　　　自动输送系统

工作人员流线　　　　刷台

行政管理　　病房　　　住宿　　　后勤　　　运送及仓库　　水平交通

诊断治疗　　科学及教育　服务　　　技术支持　　垂直交通

三层平面图

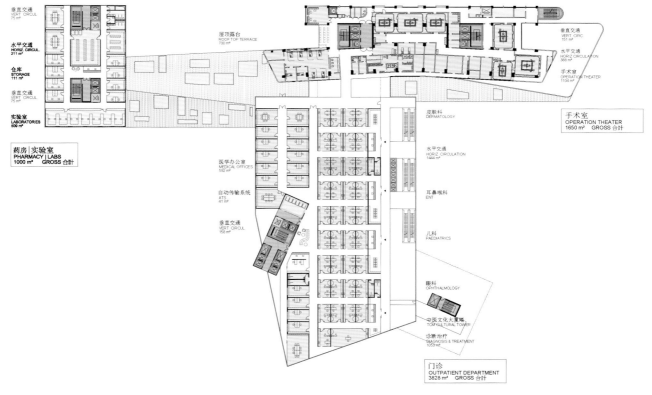

垂直交通
VERT. CIRCUL.
75 m²

水平交通
HORIZ. CIRCUL.
211 m²

仓库
STORAGE
111 m²

垂直交通
VERT. CIRCUL.
75 m²

实验室
LABORATORIES
506 m²

药房│实验室
PHARMACY│LABS
1000 m² GROSS 合计

屋顶露台
ROOFTOP TERRACE
700 m²

医学办公室
MEDICAL OFFICES
592 m²

自动传输系统
ATS
41 m²

垂直交通
VERT. CIRCUL.
158 m²

皮肤科
DERMATOLOGY

水平交通
HORIZ. CIRCULATION
1444 m²

耳鼻喉科
ENT

儿科
PAEDIATRICS

眼科
OPHTHALMOLOGY

中医文化大厦塔
TCM CULTURAL TOWER

诊断治疗
DIAGNOSIS & TREATMENT
1653 m²

门诊
OUTPATIENT DEPARTMENT
3828 m² GROSS 合计

垂直交通
VERT. CIRC
151 m²

水平交通
HORIZ. CIRCULATION
388 m²

手术室
OPERATION THEATER
1104 m²

手术室
OPERATION THEATER
1650 m² GROSS 合计

1:500
0 5 10 15   25m

病人与访客流线　　　自动输送系统

工作人员流线　　　　刷台

行政管理　　病房　　　住宿　　　后勤　　　运送及仓库　　水平交通

诊断治疗　　科学及教育　服务　　　技术支持　　垂直交通

四层平面图

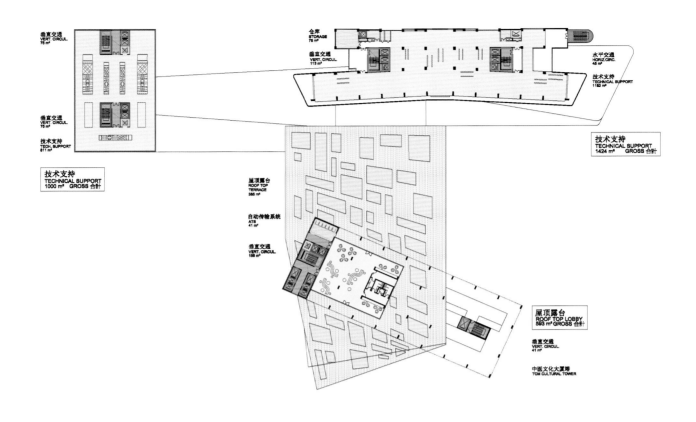

五层平面图

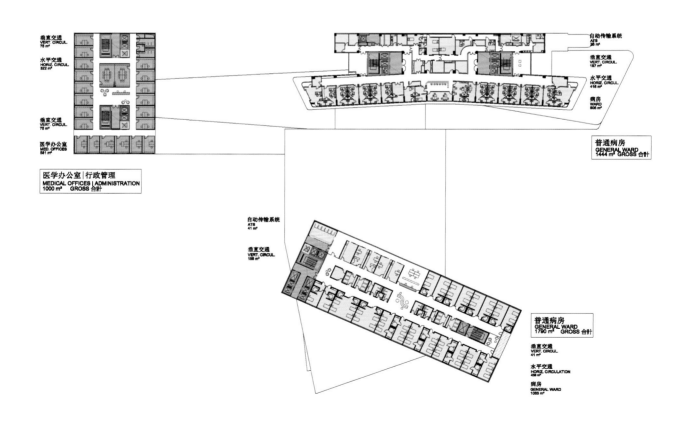

六 – 九层平面图

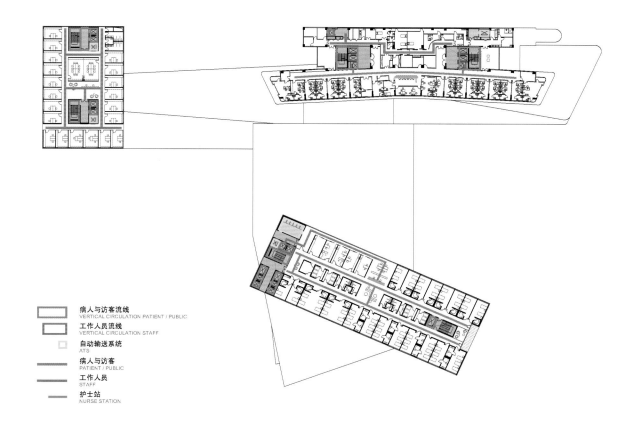

病人与访客流线
VERTICAL CIRCULATION PATIENT / PUBLIC

工作人员流线
VERTICAL CIRCULATION STAFF

自动输送系统
ATS

病人与访客
PATIENT / PUBLIC

工作人员
STAFF

护士站
NURSE STATION

六 – 九层流程分析图

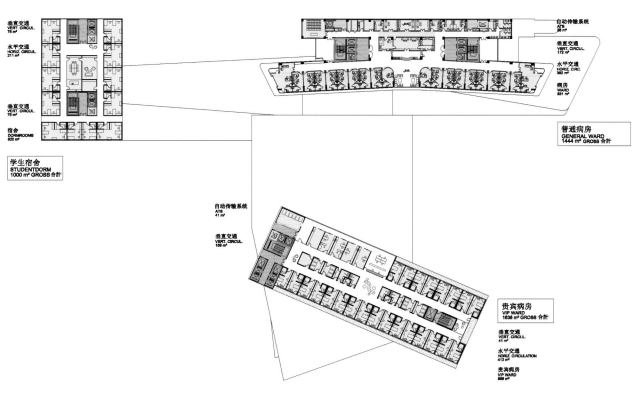

垂直交通
VERT. CIRCUL.
78 m²

水平交通
HORIZ. CIRCUL.
211 m²

垂直交通
VERT. CIRCUL.
78 m²

宿舍
DORMROOMS
620 m²

学生宿舍
STUDENTDORM
1000 m² GROSS 合计

自动传输系统
ATS
41 m²

垂直交通
VERT. CIRCUL.
158 m²

自动传输系统
ATS
28 m²

垂直交通
VERT. CIRCUL.
172 m²

水平交通
HORIZ. CIRC.
392 m²

病房
WARD
831 m²

普通病房
GENERAL WARD
1444 m² GROSS 合计

贵宾病房
VIP WARD
1638 m² GROSS 合计

垂直交通
VERT. CIRCUL.
41 m²

水平交通
HORIZ. CIRCULATION
412 m²

贵宾病房
VIP WARD
889 m²

1:500
0   5   10   15   25m

病人与访客流线
工作人员流线

自动输送系统
前台

行政管理
诊断治疗
病房
科学及教育
住宿
服务
后勤
技术支持
运送及仓库
垂直交通
水平交通

十、十一层平面图

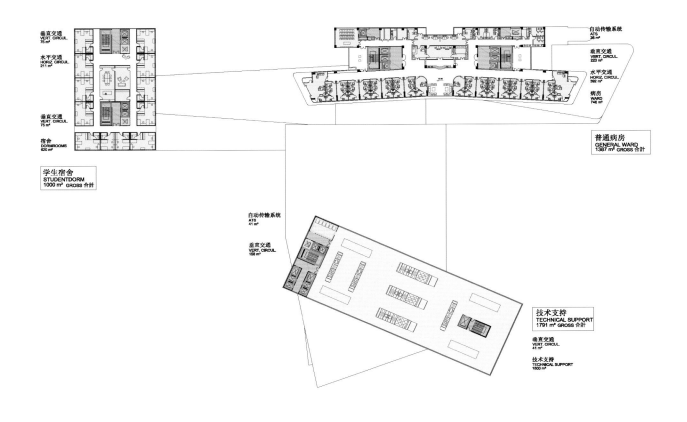

垂直交通
VERT. CIRCUL.
75 ㎡

水平交通
HORIZ. CIRCUL.
211 ㎡

垂直交通
VERT. CIRCUL.
75 ㎡

宿舍
DORMROOMS
620 ㎡

学生宿舍
STUDENTDORM
1000 ㎡ GROSS 合计

自动传输系统
ATS
26 ㎡

垂直交通
VERT. CIRCUL.
223 ㎡

水平交通
HORIZ. CIRCUL.
392 ㎡

病房
WARD
746 ㎡

普通病房
GENERAL WARD
1387 ㎡ GROSS 合计

自动传输系统
ATS
41 ㎡

垂直交通
VERT. CIRCUL.
158 ㎡

技术支持
TECHNICAL SUPPORT
1791 ㎡ GROSS 合计

垂直交通
VERT. CIRCUL.
41 ㎡

技术支持
TECHNICAL SUPPORT
1500 ㎡

1:500
0 5 10 15   25m

病人与访客流线   自动输送系统
工作人员流线   前台

行政管理   病房   住宿   后勤   运送及仓库   水平交通
诊断治疗   科学及教育 服务   技术支持   垂直交通

十二层平面图

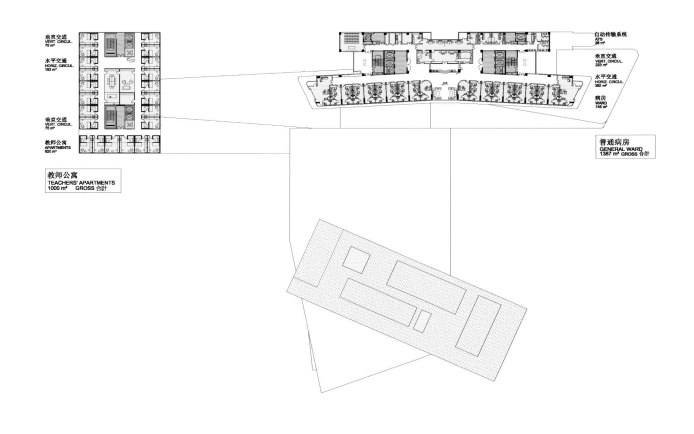

垂直交通
VERT. CIRCUL.
75 ㎡

水平交通
HORIZ. CIRCUL.
193 ㎡

垂直交通
VERT. CIRCUL.
75 ㎡

教师公寓
APARTMENTS
620 ㎡

教师公寓
TEACHERS' APARTMENTS
1000 ㎡ GROSS 合计

自动传输系统
ATS
26 ㎡

垂直交通
VERT. CIRCUL.
223 ㎡

水平交通
HORIZ. CIRCUL.
392 ㎡

病房
WARD
746 ㎡

普通病房
GENERAL WARD
1387 ㎡ GROSS 合计

1:500
0 5 10 15   25m

病人与访客流线   自动输送系统
工作人员流线   前台

十三、十四层平面图

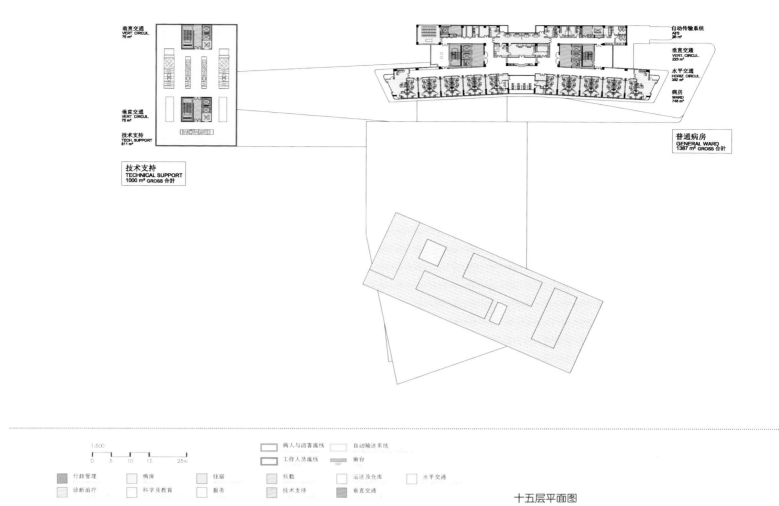

垂直交通
VERT. CIRCUL.
75 m²

垂直交通
VERT. CIRCUL.
75 m²

技术支持
TECH. SUPPORT
811 m²

技术支持
TECHNICAL SUPPORT
1000 m² GROSS 合計

自动传输系统
AFS
26 m²

垂直交通
VERT. CIRCUL.
223 m²

水平交通
HORIZ. CIRCUL.
392 m²

病房
WARD
746 m²

普通病房
GENERAL WARD
1387 m² GROSS 合計

1:500
0 5 10 15   25m

病人与访客流线
工作人员流线

自动输送系统
刷台

行政管理   病房   住宿   后勤   运送及仓库   水平交通
诊断治疗   科学及教育   服务   技术支持   垂直交通

十五层平面图

THE PANYU CHINESE MEDICINE HOSPITAL

广州市番禺中医院新院区改扩建工程

设计机构：深圳市建筑设计研究总院
设计团队：刘 宁、孙宏宾、胡思强
项目地点：中国广州
用地面积：33 268.8 m²
项目面积：111 408.90 m²

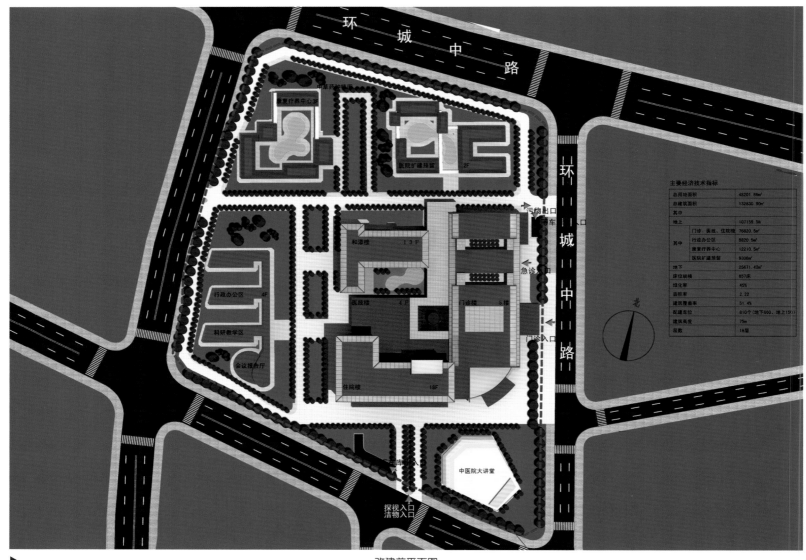

改建前平面图

番禺区中医院坐落于广州市番禺区市中心位置，位于环城中路和平康路交汇处，基地面积 33 268.8 平方米，总建筑面积 111 408.90 平方米。其中原有建筑面积 20 666 平方米，新建及改造建筑面积 90 742.90 平方米（改造面积 19 966.00 平方米，新建地上面积为 58 105.50 平方米，新建地下面积 12 671.40 平方米）。番禺区中医院创建于 1958 年 4 月，建院 45 年，医院规模不断发展壮大。医院现有正规床位 300 张，门诊 3 间，急诊科 24 小时提供急救服务，3 辆救护车随时整装待发，日均门诊 1 600 人次以上。

我们将通过本次设计，努力将新院区打造成集医疗、教学、科研、预防保健及康复为一体的与城市建设配套的国际现代化综合医院。

本项目为旧址上新扩建项目，因此设计前对基地现场的分析尤为重要，我们为此进行了大量的调研和分析，分析结果概括为以下几方面：

交通分析：本项目的交通优势十分明显。用地东北临环城中路，南接平康路，西面为医院原有建筑，为以后医院的运行使用提供了优越的交通条件。

地块分析：保留何添楼（建筑面积为 16 008 平方米）、瑞兴楼（建筑面积为 2 707 平方米），根据建设需要可拆除念慈楼、碧秋楼、放疗中心、污水处理站、门诊楼、锅炉房、洗衣房。为民楼作为周转房，近期工程完成后拆除。因此，怎样和原建筑物相结合并且更好利用成为设计的难点和重点。

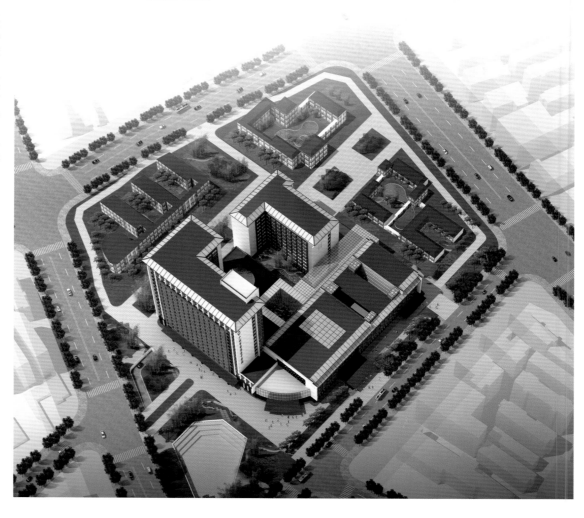

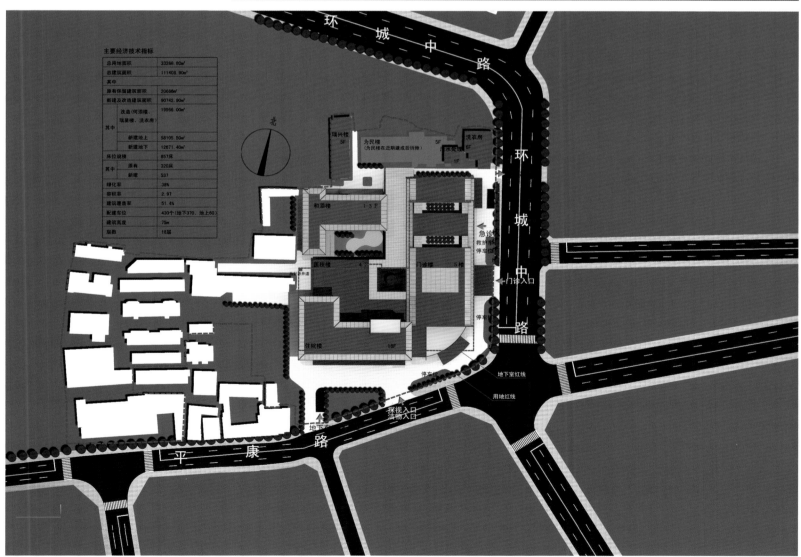

主要经济技术指标

总用地面积	33268.80m²	
总建筑面积	111408.90m²	
其中		
原有保留建筑面积	20666m²	
新建及改造建筑面积	90742.90m²	
其中	改造(何添楼、瑞星楼、洗衣房)	19956.00m²
	新建地上	58105.50m²
	新建地下	12671.40m²
床位规模	857床	
其中	原有	320床
	新建	537
绿化率	38%	
容积率	2.97	
建筑覆盖率	51.4%	
配建车位	430个(地下370、地上60)	
建筑高度	75m	
层数	18层	

改建后平面图

▶

　　本次规划设计的出发点是充分尊重城市规划、尊重城市肌理，严格按照规划部门提出的规划要求进行整体规划设计。

　　·总平面布局应充分利用地形地貌，坚持科学合理、节约用地原则，在不影响使用功能的前提下，提高建筑组合的集中度。

　　·体现"以人为本、整体协调、布局合理"的原则，处理好各功能分区，考虑患者就医方便及医护人员办公、工作、学习、生活便捷舒适，为患者和医护人员提供良好的就医、治疗和工作、学习、生活环境。

　　·场地规划必须考虑建筑、交通流线、停车、入口设计等各个方面的一致性，并考虑消防、人防、防洪防涝、节能减排等有关规范，总体合理布局。

　　·因规划路网调整，在合理布置近期院内业务用房，并在路网调整后预留出的地块中，合理布置远期发展用房。设计应充分体现岭南园林风格，将其营造为市中心的一道绿色风景线。

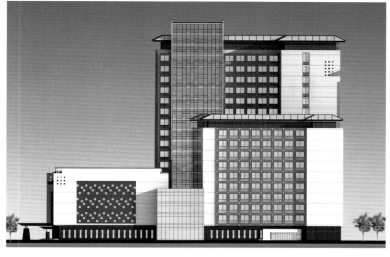

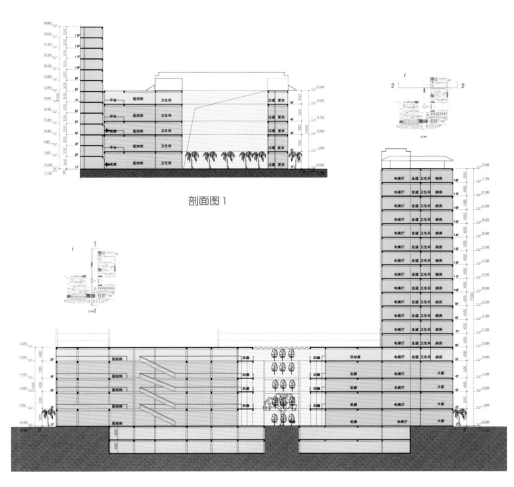

剖面图 1

剖面图 2

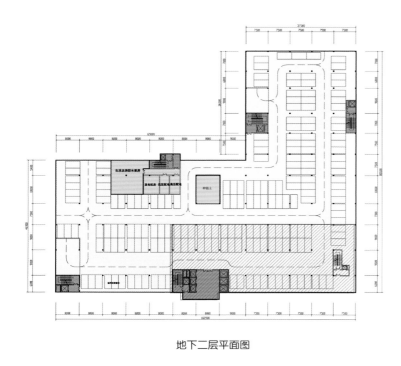

地下二层平面图

地下一层平面图

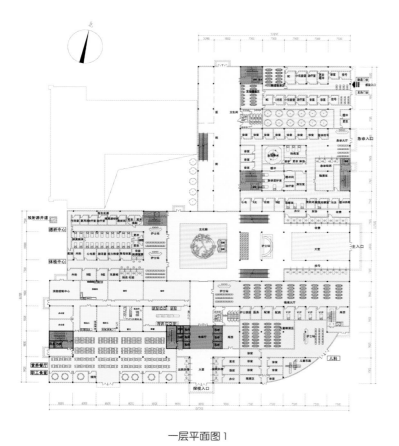

一层平面图1

一层平面图2

▶

功能分析

　1. 主体医疗功能区：

　地下一、二层为停车功能以及医院的设备用房，拥有 370 个停车位；地上部分由医院街将医疗区的各个功能明晰地串联起来。

　一层功能有急诊、门诊入口大厅、肠道门诊、发热门诊、儿科、输液大厅、透析中心、体检中心、营养餐厅、职工食堂、出住院办理大厅。

　二层功能有外科门诊、肛肠科门诊、中医传统疗法治疗中心、超声影音、功能检查、影像中心。

　三层功能有内科门诊、皮肤科门诊、中医门诊、中心药库、病理科、内镜中心、检验科、中心供应。

　四层功能有 ICU、眼科门诊、耳鼻喉科门诊、口腔门诊、肿瘤科、手术中心、血库。

　五层功能有病区护理单元、行政办公、手术净化设备房、档案库房、总务库房。

　住院部的设计采用"医患分流"的设计原则，在 6~17 层设置 12 个病区的护理单元，每个护理单元 40 张床位，以两床和三床的房间为主。在 18 层设置 VIP 单人病房，以满足有特殊需求的患者。

二层平面图 1

二层平面图 2

三层平面图 1

三层平面图 2

四层平面图1

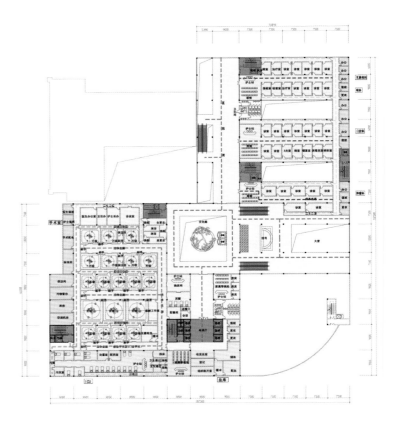

四层平面图2

五层平面图1

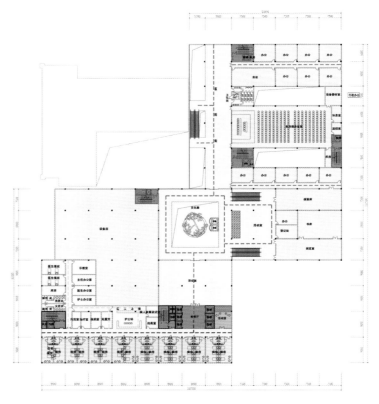

五层平面图2

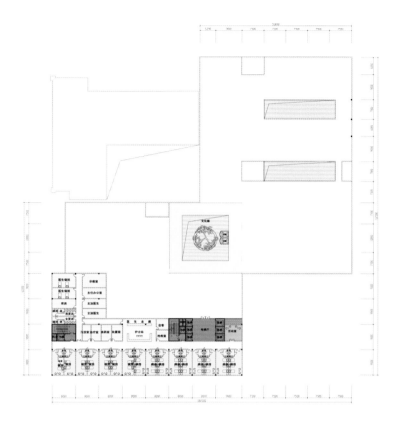

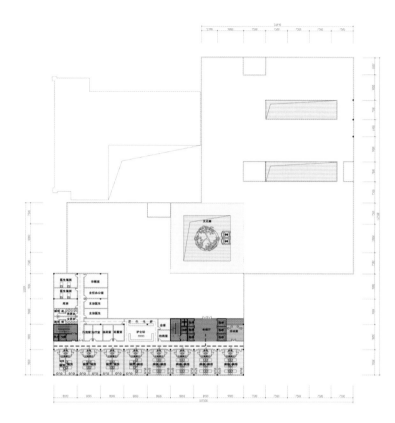

六层平面图 1

六层平面图 2

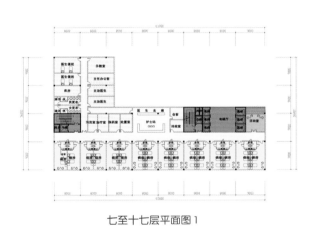

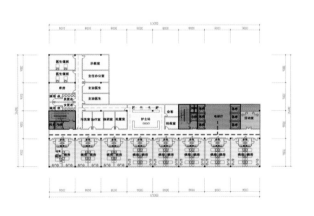

七至十七层平面图 1

七至十七层平面图 2

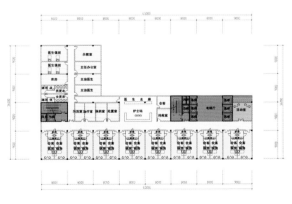

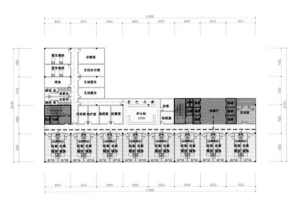

十八层平面图 1

十八层平面图 2

SHENZHEN SUN YAT-SEN CARDIOVASCULAR HOSPITAL

深圳市孙逸仙心血管医院

设计机构：孟建民建筑研究所建筑创作中心
项目地点：中国深圳
用地面积：22 458.16 m²
项目面积：88 540 m²
容 积 率：2.52
绿 化 率：35.2%

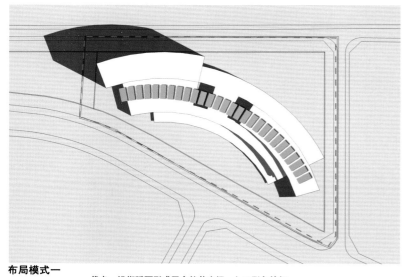

布局模式一　　优点：沿街弧面形成围合的前广场，入口形象较好。
　　　　　　　　　缺点：总体布局过于拘泥，东北角地块形成消极空间。

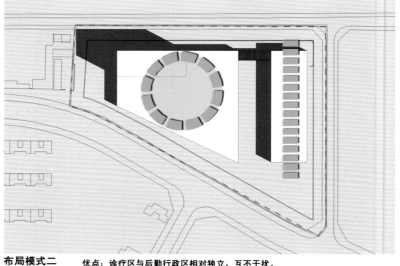

布局模式二　　优点：诊疗区与后勤行政区相对独立，互不干扰。
　　　　　　　　　缺点：入口形象不鲜明，后勤行政朝向欠佳。

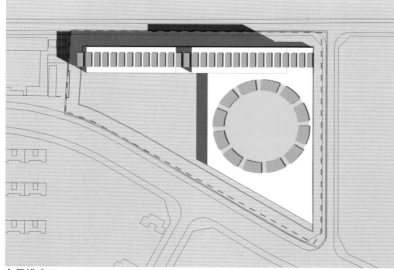

布局模式三　　优点：功能分区合理，有较大广场。
　　　　　　　　　缺点：布局过于传统，入口形象感欠佳。

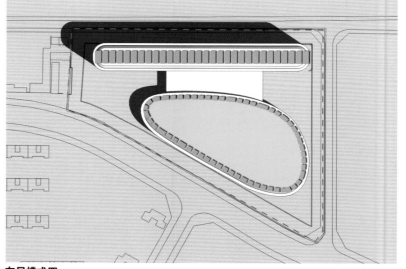

布局模式四　　优点：对基地有较好的考虑与解答，布局合理。入口形象好，形式新颖。

▶ 迁址新建的深圳市孙逸仙心血管医院选址于南山区朗山路与科苑北路交叉口的东北侧地段，总用地面积：22 458.16平方米，规划总建筑面积：88 470 平方米（其中地上项目面积：56 470 平方米，地下项目面积：32 000 平方米），建成后的病床规模为 500 张，门急诊日接诊能力最高可达 1 500 人次。

通过对基地现状和功能设置要求的综合分析，我们从以下几方面切入进行设计：

通过对设计要求的分析，本案以以下几点为切入点进行设计：

1. 契合基地，与城市环境相协调；
2. 便捷高效，合理组织平面功能；
3. 生态环保，建设绿色现代化医院；
4. 形象鲜明，展示全新的医院形象；

项目用地比较紧张，为节约用地以及为医院未来的发展提供扩建改造的条件，本案采用了集中布局的方式，从水平与垂直两个方向上合理组织医院的各部分功能，使其分区明确而又联系便捷。

沿朗山路设置就诊主出入口，在东侧市政道路上设置住院探视出入口，办公及外来办事人员由院区西南侧的出入口进入，医疗与生活垃圾由设置于基地北侧的污物出口运出院外；内部功能组织采用医患分流的设计方式，尽量减少医护人员与患者接触的时间与空间，防止交叉感染。

在医院的整体构思方面，本案充分考虑周边的城市环境与建筑形态，结合孙中山先生的生平事迹及其精神内涵，采用"外圆内方"的建筑形式；整体建筑以圆润柔和的形态融入环境，与周边建筑形成友好对话，一如中山先生的谦逊与平和；建筑内部则如中山先生对理想的坚定执着，在圆转流畅的公共空间之外，保证功能用房的完整正方，确保功能用房的使用性。

医院主入口为四层通高的灰空间，其下设置中山先生塑像，结合水景，形成具有强烈纪念意义和标识性的入口空间。

主体建筑中部每隔两层设置空中景观平台，作为住院病人的休闲活动场所，同时又可将用地北侧的公园美景尽收眼底，不亦快哉！

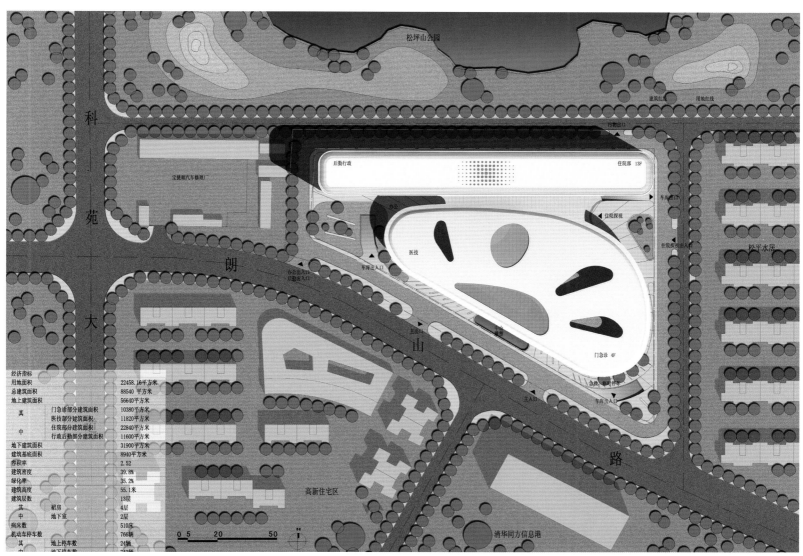

经济指标			
用地面积			22458.16平方米
总建筑面积			88540 平方米
地上建筑面积			56640平方米
其中	门急诊部分建筑面积		10380平方米
	医技部分建筑面积		11820平方米
	住院部分建筑面积		22840平方米
	行政后勤部分建筑面积		11600平方米
地下建筑面积			31900平方米
建筑基底面积			8940平方米
容积率			2.52
建筑密度			39.8%
绿化率			35.2%
建筑高度			55.1米
建筑层数			13层
其	裙房		4层
中	地下室		2层
病床数			510床
机动车停车数			766辆
其	地上停车数		24辆
中	地下停车数		742辆

0 5   20   50

总规划图

根据医院内在的工艺流程，本方案对其平面功能进行了合理的设置：

一层平面主要布置：接诊大厅、门急诊药房、急诊部、临床影像诊断与治疗中心、住院及探视大厅、供应室、中山纪念堂、商业服务设施、营养厨房等；

二层平面主要布置：心脏内科门诊、心脏外科门诊、门诊综合治疗室、检验科、导管室、CCU、食堂以及相应的医疗辅助用房；

三层平面主要布置：综合门诊、预防保健科、腔镜室、药剂科、血库、病理科、学术报告厅、行政会议中心以及相应的医疗辅助用房；

四层平面主要布置：心功能检查、超声科、体检科、手术中心以及图书室、综合档案馆；

五层平面主要布置：行政办公用房和ICU；

六至八层西侧标准层部分分别为：实验室、实习生宿舍和专家公寓；

六至十三层东侧及九至十三层西侧标准层部分为病房护理单元，护理单元分区明确、流线清晰；

地下一层主要布置太平间、污水处理站、总务库房和车库；

地下二层主要布置设备用房和车库；

本案裙楼部分以一条明晰而丰富的公共空间连接医院各个功能科室，交通体系清晰明确，便于就诊患者到达各个部分。

造型设计结合圆润柔和的建筑形态，强调水平线条的延展性，犹如历史长卷慢慢展开，轻吟浅唱，娓娓道来，给人以宁静祥和之感，同时也体现了医疗建筑简洁、大气、纯净的特点。

结合深圳当地传统建筑的特点，在建筑立面设置竖向百叶，既呼应了当地炎热的气候特征，又强化了建筑立面的光影效果。建筑色彩以素色为基调，间或点缀中国传统的木色，典雅而又灵动，于现代中透露出一丝传统。

SHENZHEN PEOPLE'S HOSPITAL INTERNAL MEDICINE RESIDENCY BUILDING

深圳市人民医院内科住院大楼

设计机构：深圳机械院建筑设计有限公司
设计团队：王 禾
项目地点：中国深圳
项目面积：104 060 m²

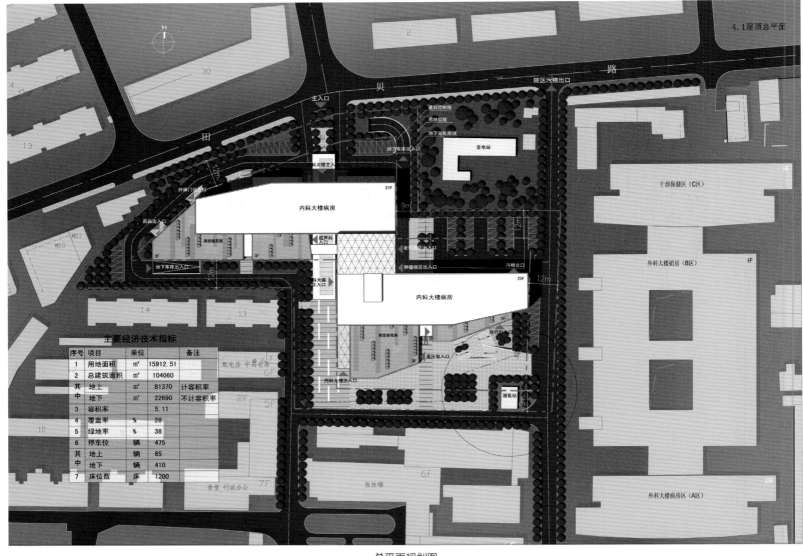

主要经济技术指标

序号	项目		单位	备注
1	用地面积		m²	15912.51
2	总建筑面积		m²	104060
其中	地上		m²	81370	计容积率
	地下		m²	22690	不计容积率
3	容积率			5.11
4	覆盖率		%	28
5	绿地率		%	38
6	停车位		辆	475
其中	地上		辆	65
	地下		辆	410
7	床位数		床	1200

总平面规划图

▶

深圳市人民医院位于罗湖区东门北路，为市属大型综合性医院，承担着全市 10% 的医疗任务，但由于历史现状，医院扩大规模和调整布局受到限制，现状空间拥堵，交通混乱。内科住院大楼是院区实施总体改造规划的二期工程的一部分，它重塑院区的空间形式，梳理出有序的院区交通。

内科大楼的用地区域有着十分复杂与矛盾的城市关系，它是城市空间中重要的边界，也是院区区域内关键的节点与路径。用地区域的北侧是传统的住宅生活区，城市的日常生活在这里发生。亲切的小街道、低矮的小体量建筑、高耸的行道树，一切是那么的惬意、宜人。城市肌理的图底关系不应在这边界形成巨大的反差，一个巨构在这里将是对街区邻里的毁灭性破坏。然而，该区域作为院区与城市的边界，又必须具有相对完整的空间形态，明确地定义出院区的空间，赋予院区一定的公众识别性。

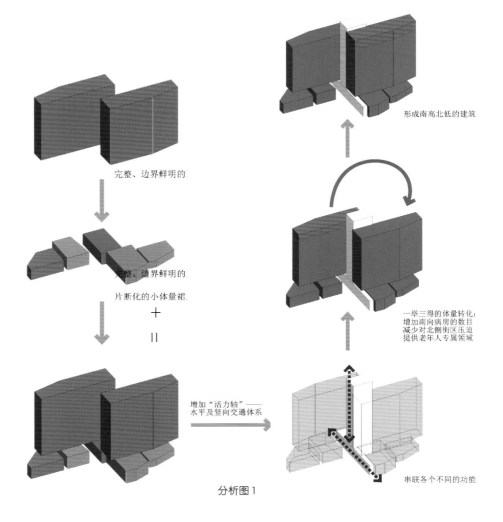

分析图1

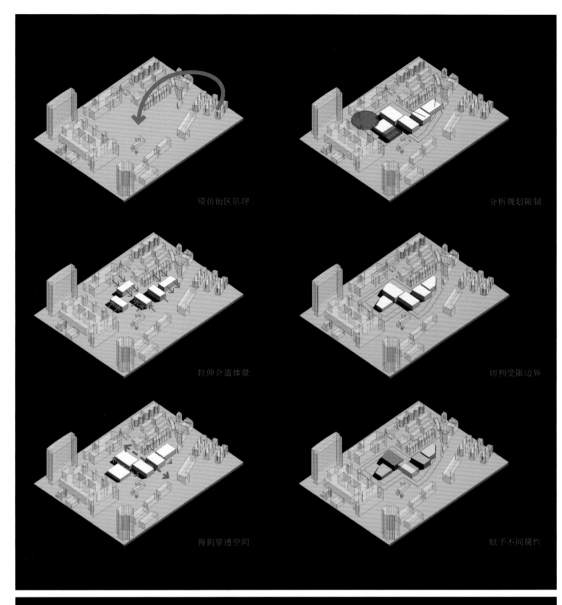

模仿街区肌理

分析规划限制

拉伸合适体量

切割受限边界

得到穿透空间

赋予不同属性

同时，医院建筑作为特殊的公共建筑，一方面会聚集大量的公共人流；另一方面却又要分隔不同的使用者，使其成为城市区域中特殊的节点。内科大楼位于院区西环路的尽端，承担着联系院区南北交通、打通院区使用功能的作用，为院区提供所必需的穿越式路径，以实现使用中的公共开放性和渗透性。然而使用现状却对设计有着极大的制约。首先，建设用地内的直线加速器用房在施工期间不能拆除，并需保证正常运行；同时，用地南面有 2 个 10 吨的永久性液氧储罐，塔楼需与液氧罐保证有 35 米的防火间距。

针对用地与建筑所呈现的复杂性和矛盾性，我们提出了"以公共空间为导向的二分法"（Dualism）设计概念，将建筑所影响的空间划分为两个尺度——城市尺度（Cityscape）和街区尺度（Streetscape），分别对应建筑的裙房和塔楼体量。这种二分法建筑处理在不同的城市区域空间尺度下，塑造了相对应的建筑空间特质，调和了新大楼和现有使用需求的矛盾，也阐明了内科大楼外向与内向兼具的功能特点。

裙房与使用者对空间的感知密切相关，它影响着街区尺度的大小。我们以若干小体量立方体的有机组合构成裙房空间，延续了小尺度街区的城市肌理。这些相对独立却又紧密联系的立方体之间生成了若干条小尺度的街巷，打开了院区公共空间与城市街区的联系，将院区从北至南在空间使用与心理导向上贯穿起来。这些相似却又各不相同的立方体展现着统一却又独立的个性，每一个都是可辨知、可识别的，将它们所容纳的每一个独立医院功能从纷繁复杂的医院功能流线中分离出来，以最直接的建筑语言传递了病患和使用者所需了解的建筑使用指引。这若干条南北贯通的街巷，依据公共性的不同，形成了尺度不一的医院街，有的成为建筑的主公共空间，有的成为功能性联系，有的转化为建筑的出入口。

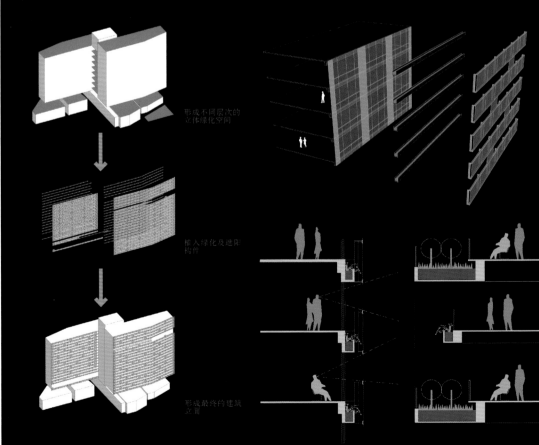

形成不同层次的立体绿化空间

植入绿化及遮阳构件

形成最终的建筑立面

分析图 2

▶

　　塔楼与城市的天际线和院区边界的定义息息相关，它以完整、边界鲜明的"Z"形出现，与片断化的小体量裙房形成强烈的对比，明确地定义出院区的边界和完整的医院天际线，同时也切合了标准化单元与内向化使用的功能诉求。

　　为了减少主体建筑对田贝一路及北侧街区的空间压迫和日照影响，设计尽可能多地提供南向病房。建筑采用了南高北低的体量，同时结合病区功能，在高出部分布置老人病区及VIP病房，将北侧塔楼的屋顶作为空中花园，提供给该病区的病人以作休养活动之用。

　　大楼的公共活动在水平、垂直两个"活力轴"上展开，主要的公共空间均镶嵌在这两个主轴之上，在这里，病人、医生、家属都能找到属于自己的扩展空间，打破了传统医院封闭、拥堵的内部环境。这两个"活力轴"也将内科大楼的裙房与塔楼、内科大楼以及周边建筑紧密地联系起来，使二分法的建筑体型形成相互依存的辩证统一关系。

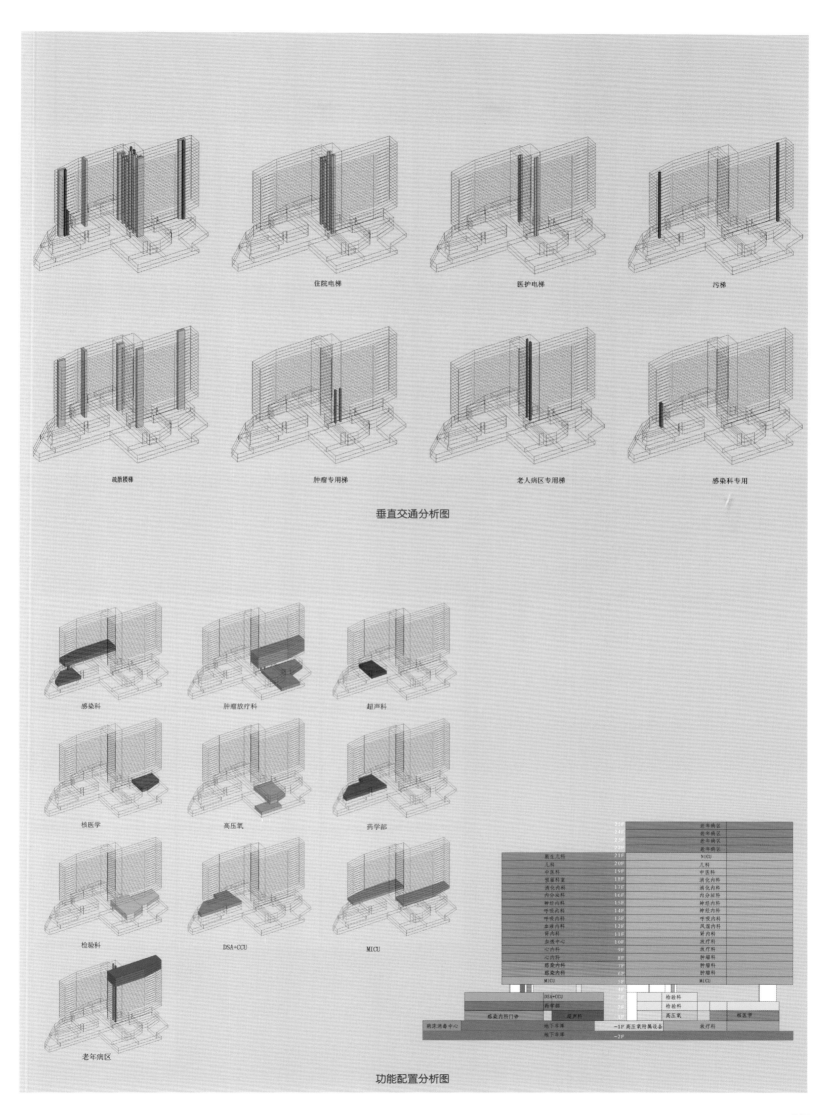

住院电梯　　　医护电梯　　　污梯

疏散楼梯　　　肿瘤专用梯　　　老人病区专用梯　　　感染科专用

垂直交通分析图

感染科　　　肿瘤放疗科　　　超声科

核医学　　　高压氧　　　药学部

检验科　　　DSA+CCU　　　MICU

老年病区

功能配置分析图

东立面图

南立面图

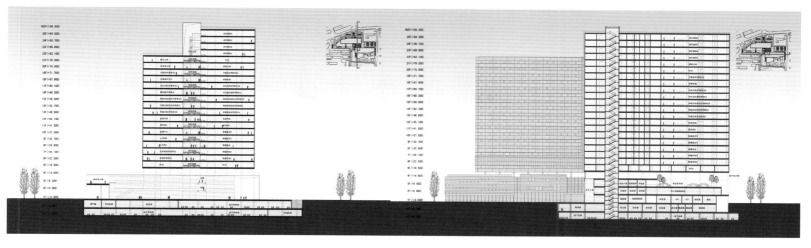

剖面图 1   剖面图 2

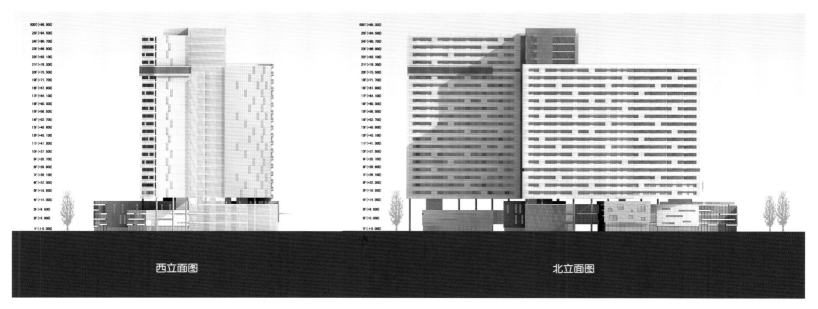

西立面图   北立面图

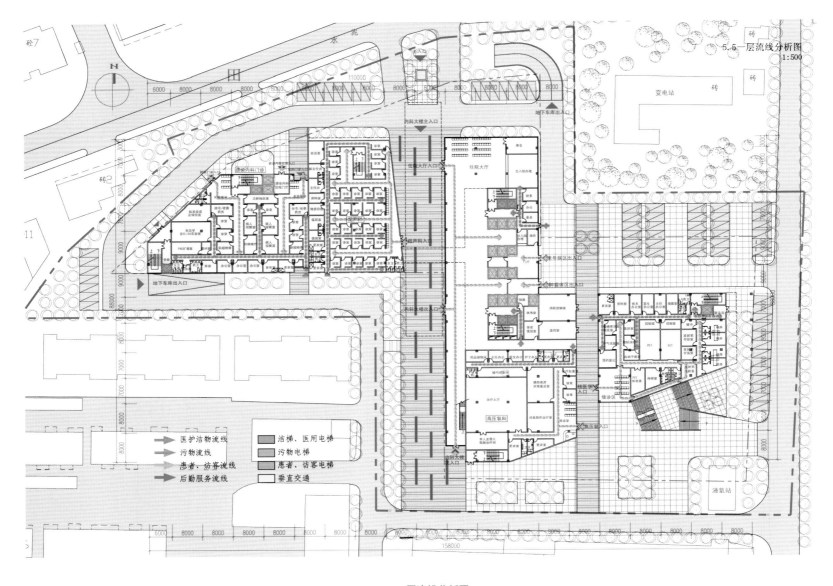

一层流线分析图

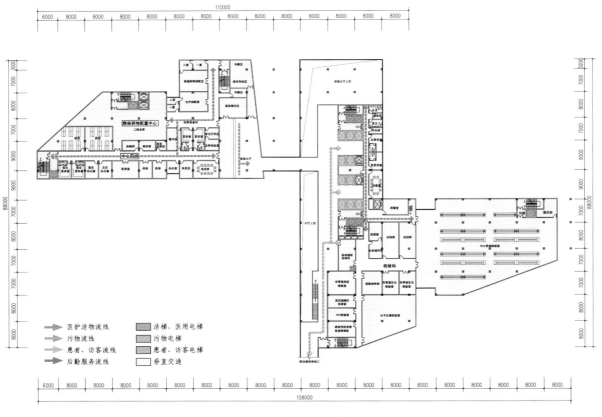

二层流线分析图

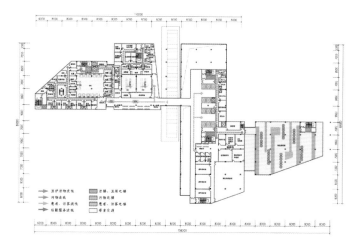

三层流线分析图

五层流线分析图

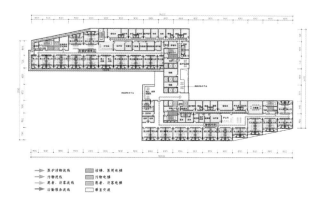

六层流线分析图

七层流线分析图

十一层流线分析图

十四层流线分析图

PINGHU PEOPLE'S HOSPITAL
平湖人民医院

设计机构：深圳市建筑设计研究总院
设计团队：刘 宁、孙宏宾、刘文旭
项目地点：中国深圳
用地面积：42 139.39 m²
项目面积：80 768.24m²
容 积 率：1.36

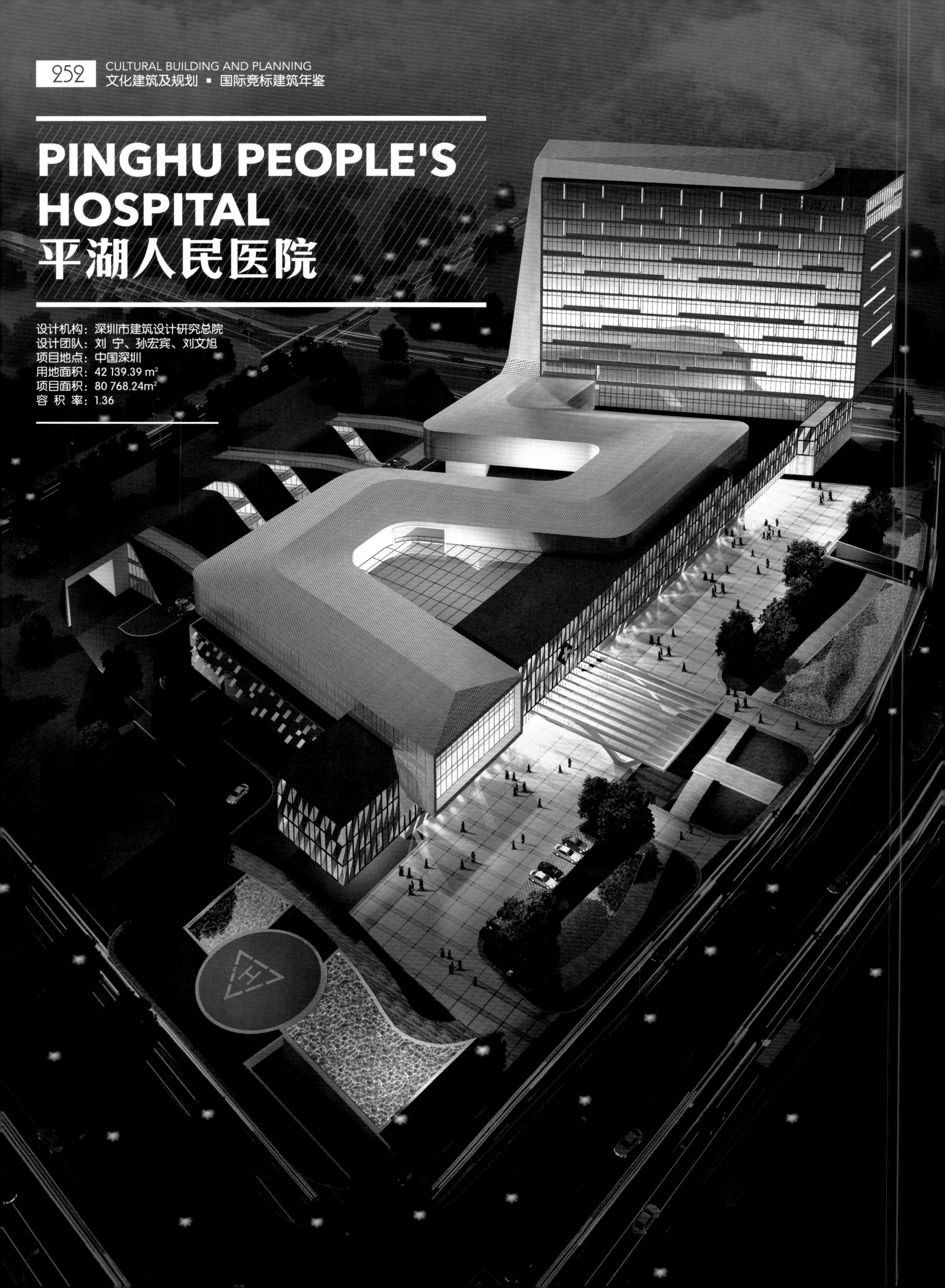

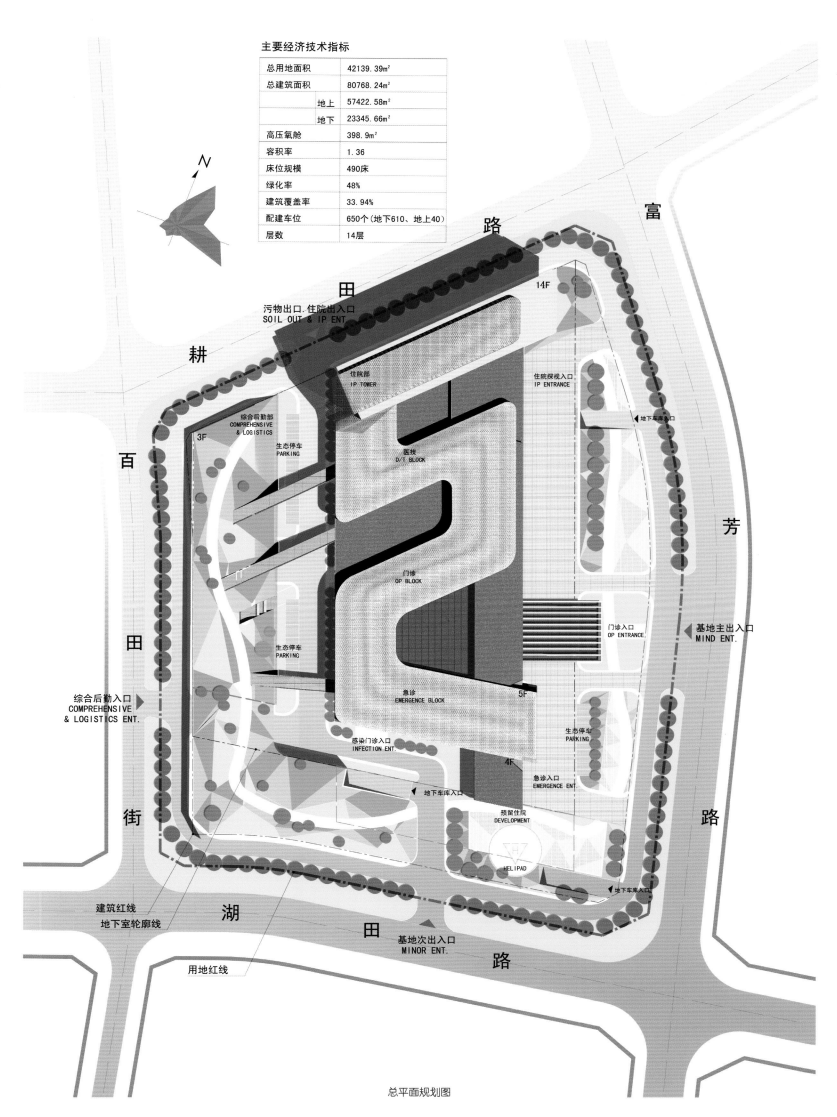

主要经济技术指标

总用地面积		42139.39m²
总建筑面积		80768.24m²
	地上	57422.58m²
	地下	23345.66m²
高压氧舱		398.9m²
容积率		1.36
床位规模		490床
绿化率		48%
建筑覆盖率		33.94%
配建车位		650个（地下610、地上40）
层数		14层

N

富

田 路

污物出口.住院出入口
SOIL OUT & IP ENT

耕

14F

住院部
IP TOWER

住院探视入口
IP ENTRANCE

百

综合后勤部
COMPREHENSIVE
& LOGISTICS

3F

地下车库入口

生态停车
PARKING

医技
D/T BLOCK

芳

田

门诊
OP BLOCK

生态停车
PARKING

门诊入口
OP ENTRANCE

基地主出入口
MIND ENT.

综合后勤入口
COMPREHENSIVE
& LOGISTICS ENT.

急诊
EMERGENCE BLOCK

5F

路

生态停车
PARKING

街

感染门诊入口
INFECTION ENT.

4F

地下车库入口

急诊入口
EMERGENCE ENT.

预留住院
DEVELOPMENT

HELIPAD

地下车库入口

建筑红线
地下室轮廓线

湖

用地红线

田

基地次出入口
MINOR ENT.

路

总平面规划图

　　平湖人民医院将在鹅公岭社区重建，其位于湖田路北侧，富芳路西侧，平安大道东侧，与华南城相距不超过 500 米。该项目将按照三级医院规模设计，占地面积 42 139 平方米，建筑总面积 80 768 平方米，编制 490 张床位。

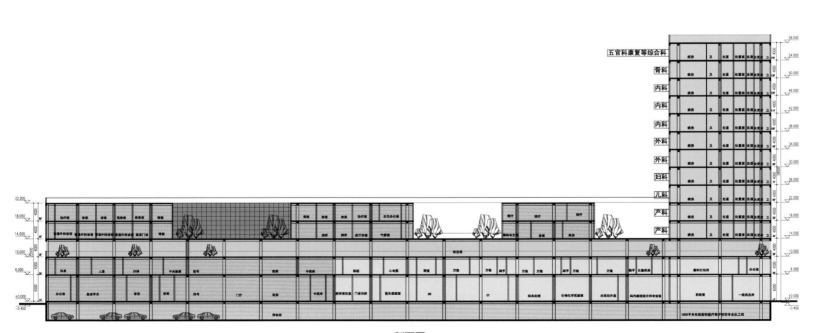

剖面图

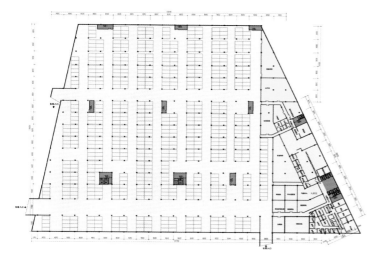

负一层平面图

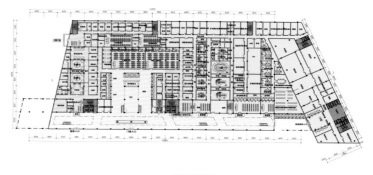

一层平面图

二层平面图

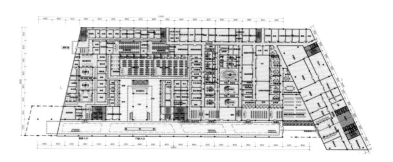

一层平面流线图

二层平面流线图

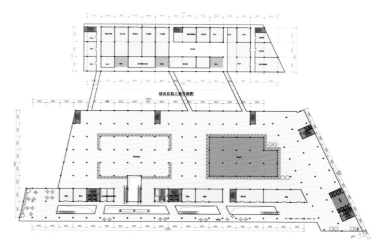

三层平面图

四层平面图

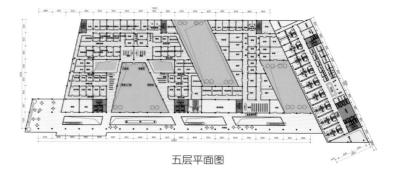

五层平面图

四层平面流线图

五层平面流线图

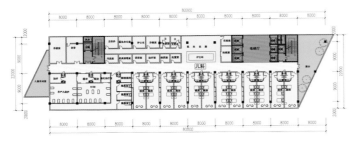

六层平面图

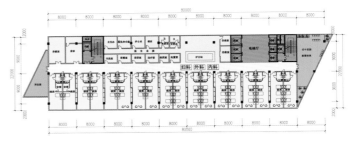

七至十二层平面图

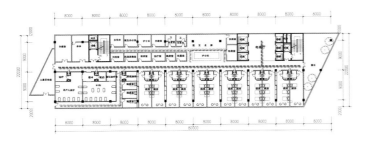

六层平面流线图

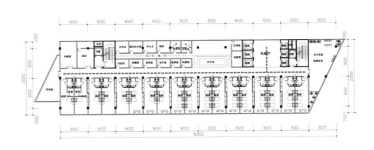

七至十二层平面流线图

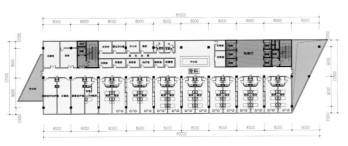

十三层平面流线图

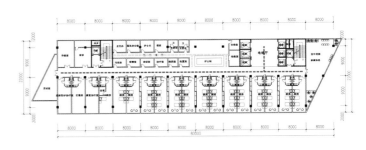

十三层平面流线图

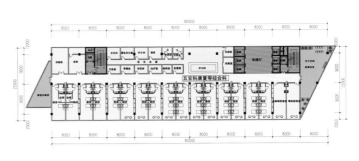

十四层平面图

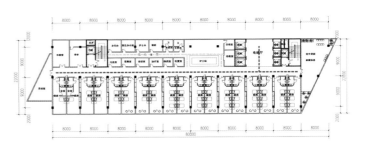

十四层平面流线图

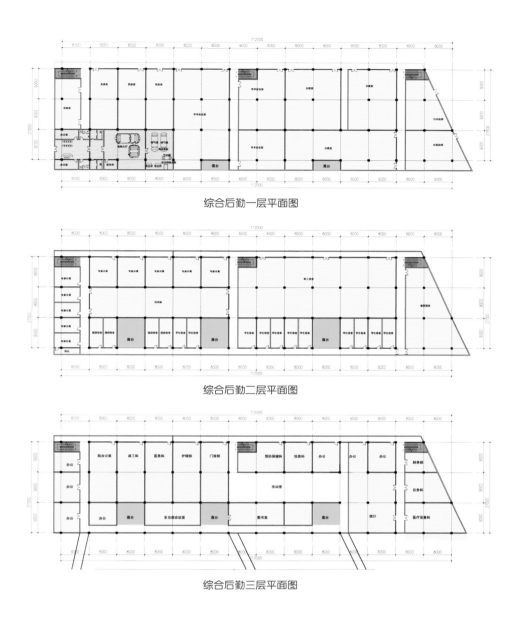

综合后勤一层平面图

综合后勤二层平面图

综合后勤三层平面图

SHENZHEN JIANNING HOSPITAL
深圳市健宁医院

设计机构：深圳市华西院建筑设计有限公司
项目地点：中国深圳
用地面积：96 413.51 m²
项目面积：133 759.27 m²

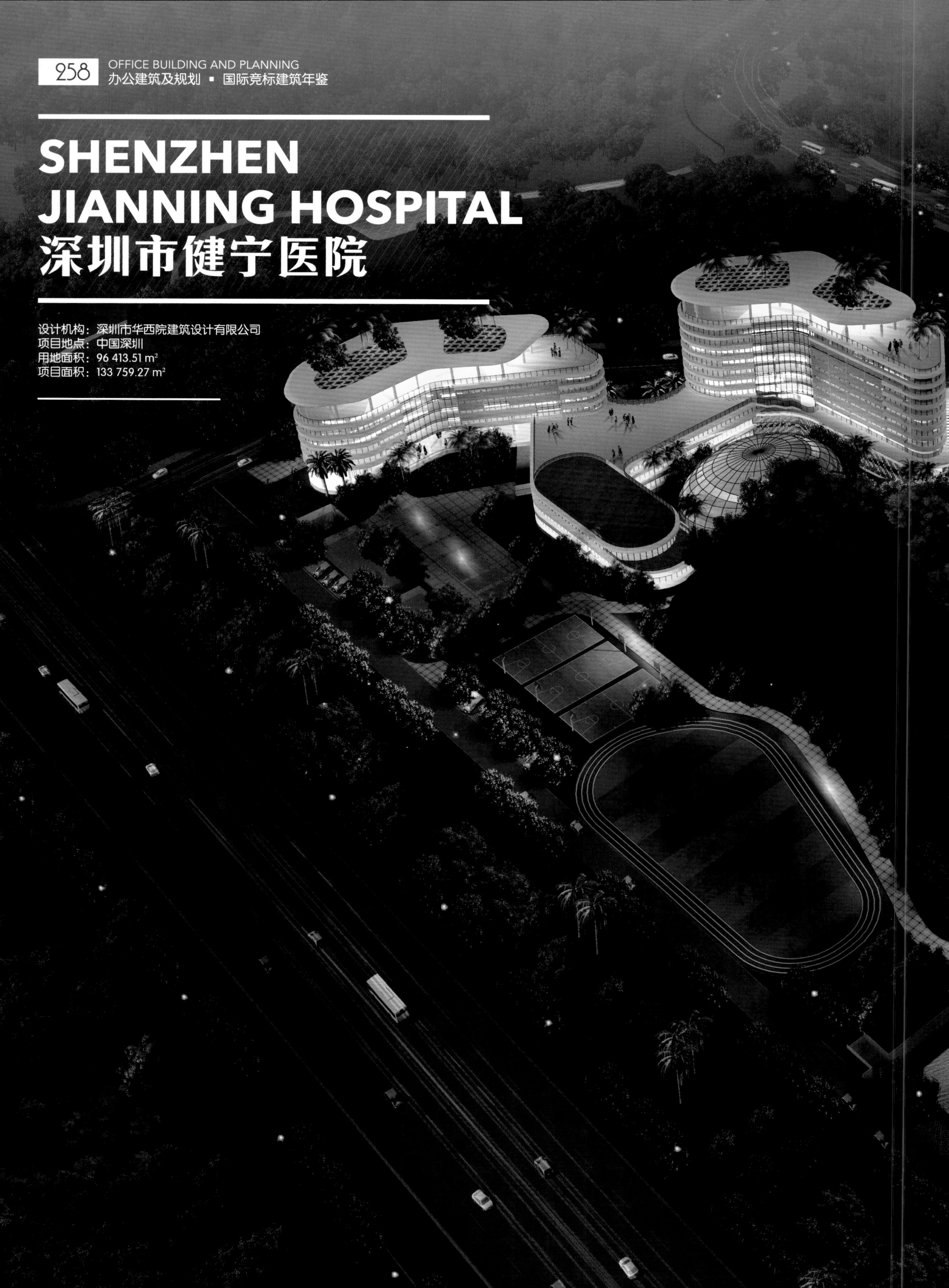

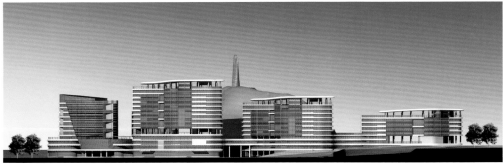

深圳市健宁医院位于龙岗区坪山街道汤坑社区，规划中碧岭路的南侧和规划中南坪快速路北侧，即横坑水席的东北角，地块面积 96 413.51 平方米。

本项目总建筑面积约 13 375 927 平方米，设计床位数 800 床。本项目将建设成为以精神医学为中心，兼顾普通门诊的大专科、小综合的三级甲等医院。针对精神卫生学科快速发展的趋势，本项目还充分考虑了医院的科研、教学功能，力争使之成为集医疗、教学、科研为一体的国际一流的精神医疗项目。

功能布局

在设计前期，通过对多种总图布局在应对风向、朝向、地形、洁污流线等方面优劣的比较，得出了现有的方案。

本项目包含门急诊综合楼、住院楼、康复楼、行政后勤科教综合楼、配套宿舍及周间医院楼等单体建筑。布局上充分考虑了各自的独立功能和相互间的功能关系，使其有机地联系成一个高效的整体。各建筑单体均为南北向布置，针对东南向主导风向，留出开阔场地，为院区引入自然通风。

室外空间与竖向设计

外围绿化有效隔绝了城市道路的不利影响并满足了封闭管理的安全要求。

对原有山体进行局部改造，形成自然生态的中央景观区，同时为住院、康复提供了形式丰富的室外活动场所。

根据地势高差，设计将场地设计成台地，使其形成不同的院落空间，达到依山就势的立体景观效果。

总平面图

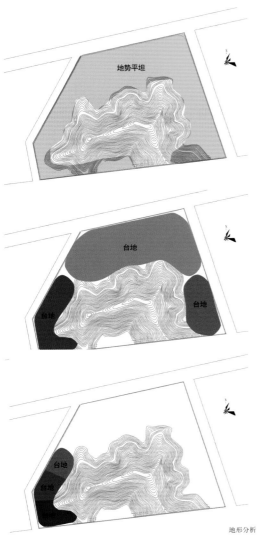

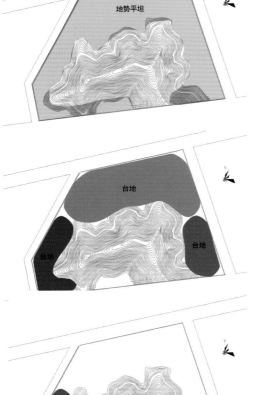

地形平坦

台地

台地

台地

台地

地形分析

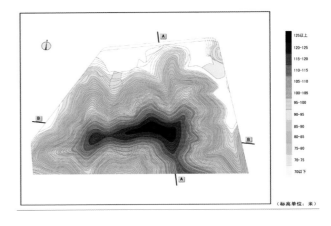

125以上
120-125
115-120
110-115
105-110
100-105
95-100
90-95
85-90
80-85
75-80
70-75
70以下

（标高单位：米）

原始山体　　　　　　原始山体

挖方量　　　　　　　挖方量

建成后　　　　　　　建成后

土方量剖

主要人流方向

主要人流方向

展示面

住院楼

住院楼

主风向

结论：

1. 住院部位于下风向，南北向，病房尽量设置于南向

2. 建筑主体展示面位于东北侧面对主要人流方向

3. 建筑环山而建

4. 建筑群应适当开口将山体引入外部界面

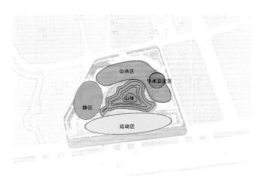

公共区

学术交流区

山体

静区

运动区

总体布局分区明晰：

总体布局呈环抱状，动静分区明晰，给人温暖宁静的感觉，舒适安全，自我归宿感强，同时环抱状的建筑形态，最大限度地保留原始生态，将山体作为整体建筑的一个生态公园，作为室外散心休闲之场所，满足精神病患者的室外活动空间的需求。

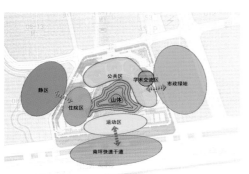

公共区

学术交流区

山体

市政绿地

静区

住院区

运动区

南坪快速干道

本案与用地周边条件的相互关系：

将住院部放置于用地西侧，与本案用地西侧的袁隆平农业基地共同形成一个利于病患修养康复的安静区域。同时在用地南侧临南坪快速干道区域，设置室外康复活动场地，将外界噪音有效隔离，形成本案总体规划的动区。用地东侧及北侧结合周边道路及周边用地性质，形成公共区域，设置门急诊综合楼。与本案用地东侧的市政绿地形成公共性对话及互动。

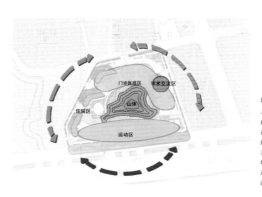

残联康复用地界面
袁隆平农场界面
南坪快速界面

门诊医技区

学术交流区

山体

住院区

运动区

城市界面的展示与互动：

本案西侧住院楼群体以重复的单体造型韵律呈现的线性界面展示建筑群形象，东北侧的门急诊大楼以连续舒展的界面展示造型形态，而用地南侧的科研会议中心以单体的方式展示其个性。总体布局轻盈，各空间交插，内外环境的相互渗透，创造宜人室内外空间环境。通过点、面、线的建筑形态，展示本案在城市界面以上以及城市天际线的丰富变化。

门诊入口

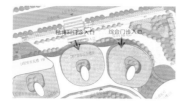

门诊入口

精神科门诊入口与综合科常规门诊入口分开设置，避免相互间的干扰。

急诊入口

急诊入口：

急诊入口与发热急诊入口分设，利于急症病患人流的管理。

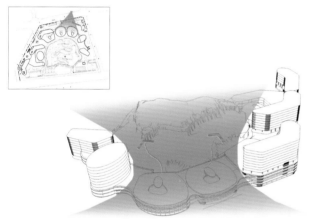

视线的穿透：在门诊楼处形成整个建筑的视线通廊，人们可通过这一通廊一览中心山体景观，形成景观渗透。

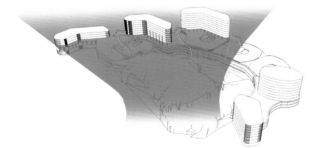

视线的开敞：标准的建筑单元通过整体布局的摆放以及各自旋转角度，使视线更加开阔，中心景观更加凸显。

心理咨询入口

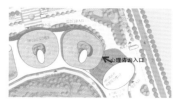

心理咨询入口：

考虑到病患者的私隐需求，将心理咨询入口设置于相对隐蔽的部位。

周间病房入口

周间病房入口：

用于康复日的的周间病房，设置独立出入口。

视线

从主要人流所来方向，人们的视线集中区域，建筑呈现一个完整的长向展开面。

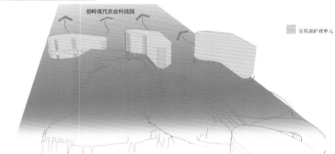

住院部的外部视线主要集中于西侧的碧岭现代农业科技园，开阔的视野和大片的绿色充分满足住院单元的视线需求。

功能

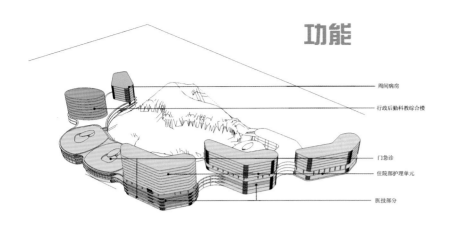

周间病房
行政后勤科教综合楼
门急诊
住院部护理单元
医技部分

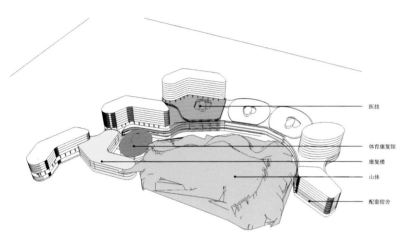

医技
体育康复馆
康复楼
山体
配套宿舍

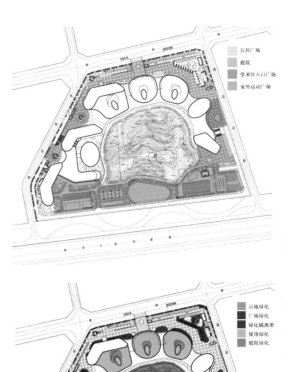

公共广场
庭院
学术区入口广场
室外运动广场

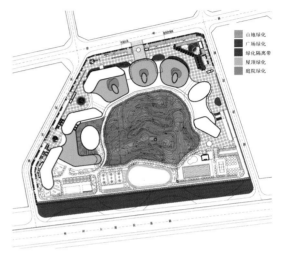

山地绿化
广场绿化
绿化隔离带
屋顶绿化
庭院绿化

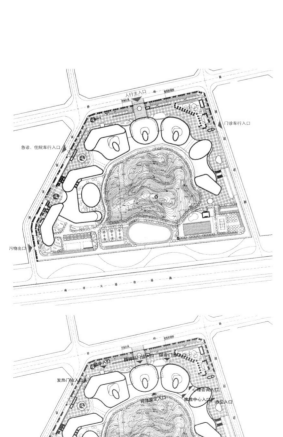

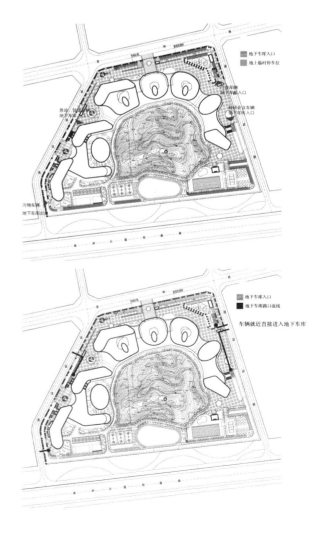

地下车库入口
地上临时停车位

地下车库入口
地下车库路口流线
车辆就近直接进入地下车库

平面图1

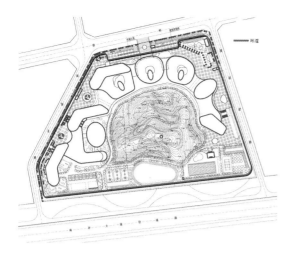

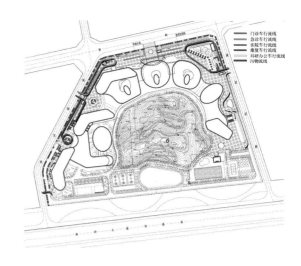

流线

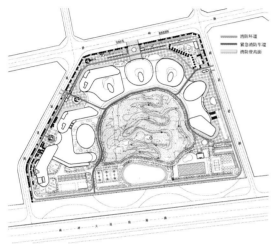

平面图 2

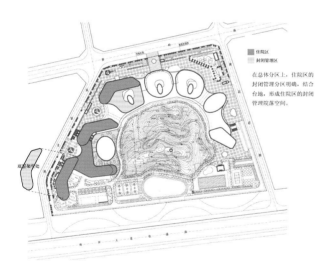

在总体分区上，住院区的封闭管理分区明确，结合台地，形成住院区的封闭管理院落空间。

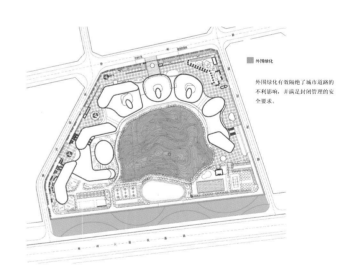

外围绿化有效隔绝了城市道路的不利影响，并满足封闭管理的安全要求。

区域

平面图 3

联系通廊

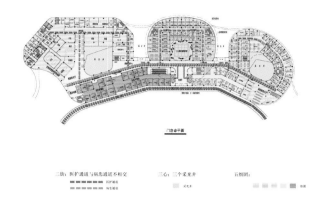

门急诊平面

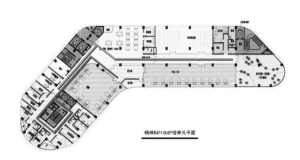

护理单元

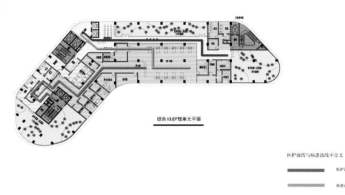

护理单元

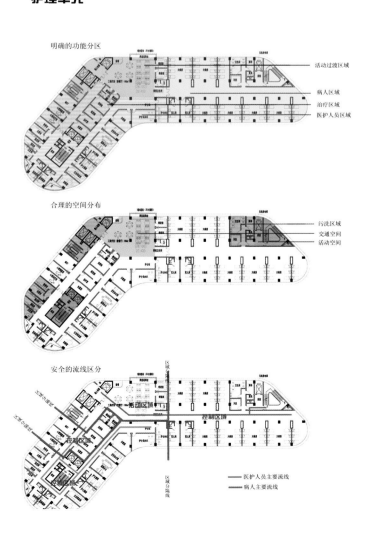

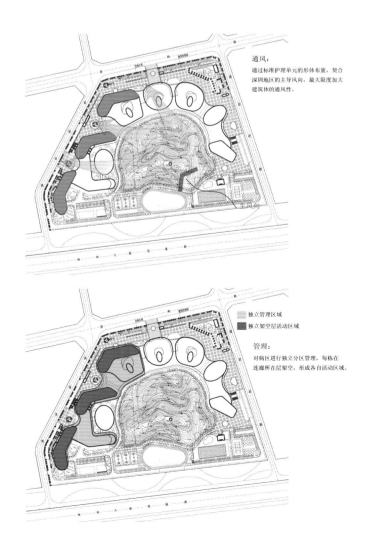

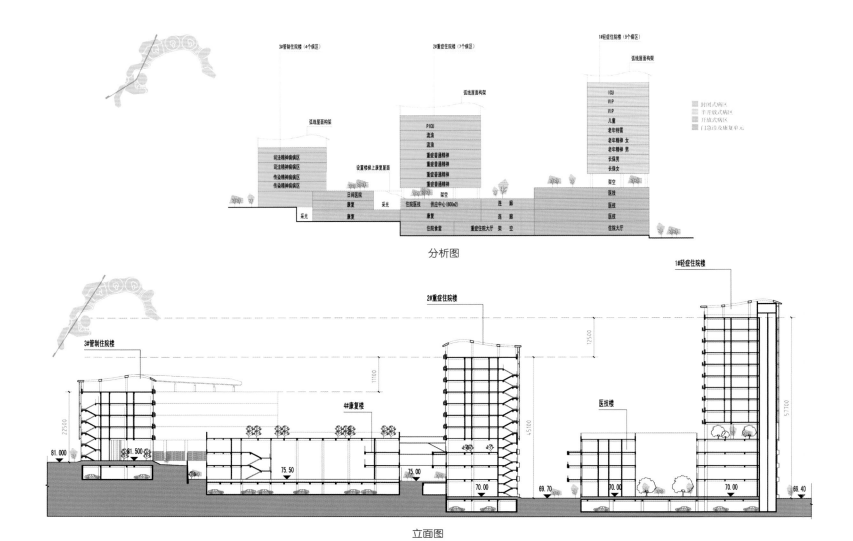

分析图

立面图

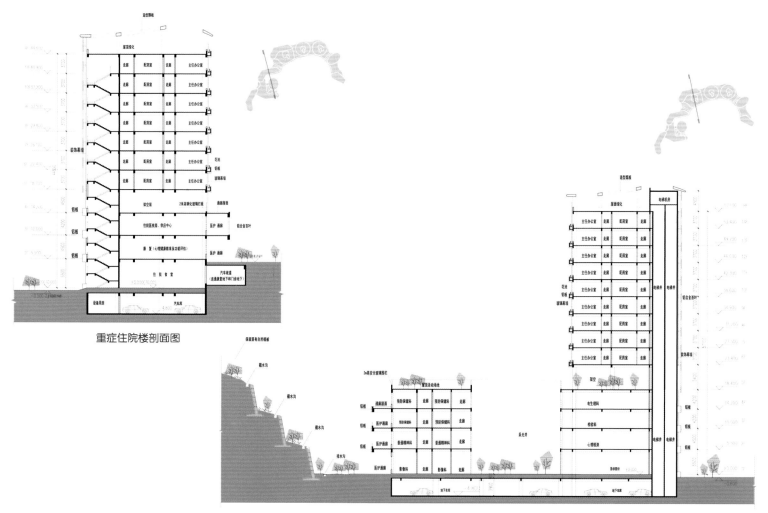

重症住院楼剖面图

1# 住院楼、7# 门急诊综合楼剖面图1

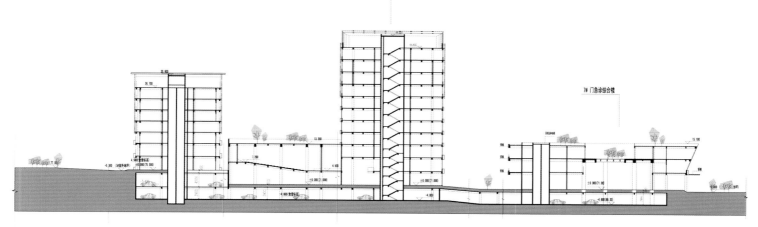

后勤科教医疗综合楼、门诊楼剖面图

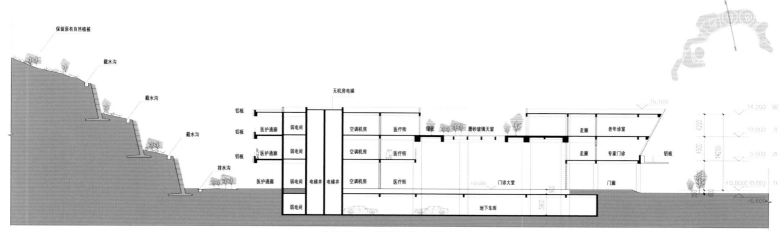

1# 住院楼、7# 门急诊综合楼剖面图 2

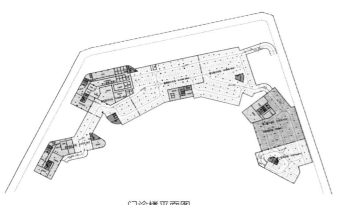

门诊楼平面图

周间医院及宿舍楼地下室平面图

康复楼地下室平面图

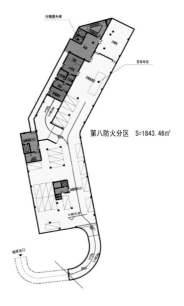

管制楼地下室平面图

URBAN PLANNING AND DESIGN

城市规划设计

JILIN
SOUTHERN METRO
吉林南部新城

设计机构：AECOM
项目地点：中国吉林
总用地面积：1 500 000 m²
总建筑面积：2 000 000 m²

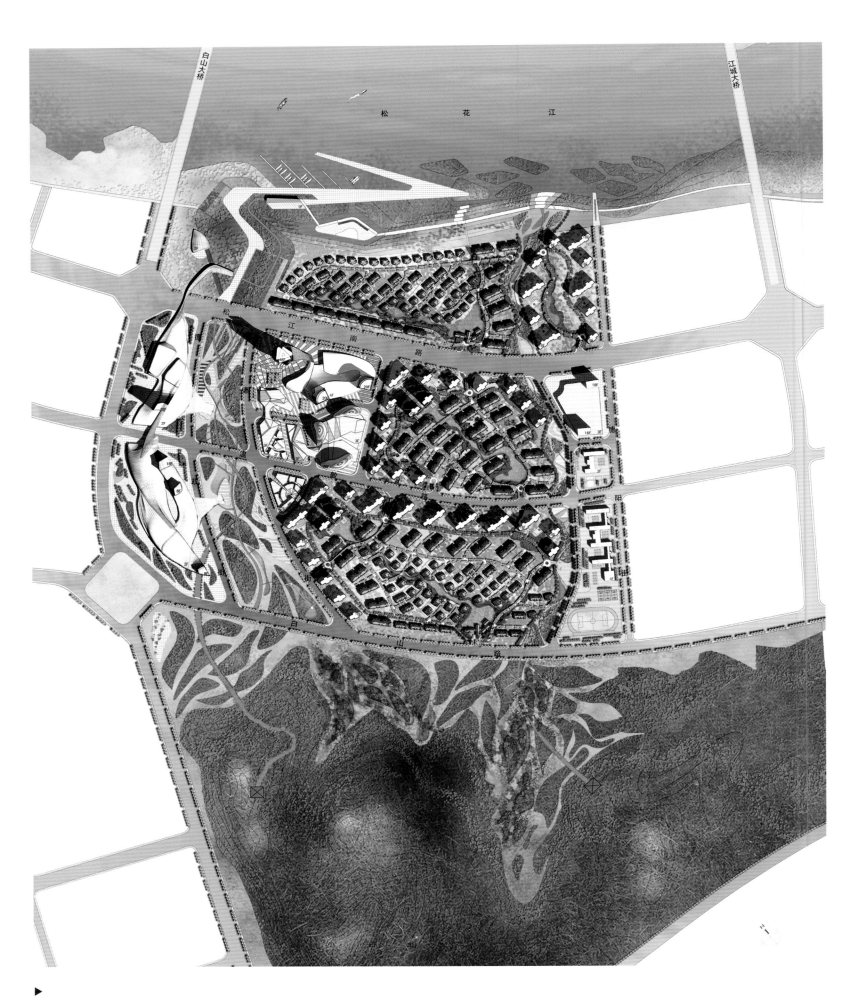

·项目位于历史悠久的吉林、美丽的松花江畔，更紧邻苍郁的小白山。
·宏大的规模、显要的位置、优越的自然、深远的历史，它注定是未来城市的门户、新区的核心。
·它汇集了会展、音乐厅及广电中心、城市展览馆、大型综合商业及甲级写字楼、星级酒店，更有大片高品质居住区环绕周边。
·项目占地近 150 万平方米，地上总建筑面积达 200 万平方米，中部接水连山，有着 25 万平方米广阔的城市绿廊。
·两条城市主干道贯穿基地东西，南北三座大桥铺设有地铁线，横跨江面，跃过基地，并留有两处地铁站。

长吉一体化战略意义

长吉一体化将促进"长春和吉林的同城经济",尤其是城市商贸一体化的发展。

长吉一体化重点在吉林

吉林城市发展更要借助比较优势(石化、旅游、山水、底蕴等)与错位功能,谋求与长春的协同发展的主动权。

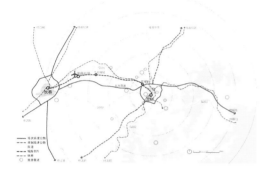

▶

七大主题

1. 活力：有机组合的综合业态，提供蓬勃的城市活力。

会展中心及音乐厅周边壮丽的景色是面向世界的窗口。高效的交通支撑着大型综合活动。城市展览馆讲述着悠远的历史故事，而沉浸于顶部高端会所，则可以悠然间俯瞰滔滔江水。大型商业中心汇集了珠宝、服装等时尚产业群，成为吉林高端消费的旗舰。

2. 山水：接水连山，构架壮丽的景观体系。

山、河、绿廊支撑的景观体系包含着五大主题：匍匐于小白山脚下的生态湿地、缤纷城市绿轴彰显壮丽的都市景象、风情文化商脉流露出吉林人的幸福感、社区生态绿轴及滨江魅力公园则让山水永远伴随着生活。

3. 文化：镶嵌历史的载体，传承悠久的文化。

小白山文化绿园和规划展览馆是景观体系重点打造的两大文化载体，同时体系中镶嵌大量的星罗棋布的公共艺术雕塑、微文化景点及随处可见的风俗活动场所，这一切传承着吉林独特的历史文化。

4. 宜居：完善的配套，支撑宜居的生活。

知名品牌学校、一站式大型超市及社区休闲商业街，让大片周边居住社区生活得到完善。

5. 生态：以技术为支撑，营造低碳生态家园。

先进的生态技术贯穿在规划中，小白山公园湿地对雨水进行净化；社区中央景观兼顾中水回收；处处体现着有责任的绿色设计理念。

6. 人性：多层次街道，处处彰显人性化设计。

壮丽的松江景观大道、休闲宜人的商业街、充满活力的绿道，展现出不同氛围的道路系统。

7. 可持续：全区规划贯彻着为国际广泛认可的 TOD 理念，以高效的交通支撑高密度综合业态，并以 500 米的步行距离辐射贴近自然，并最终达到 LEED-ND 认证标准。

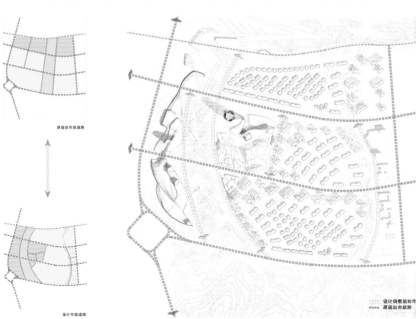

分析图

总体布局

总体规划采用"两廊、三轴、四片区"的结构，蕴含着"活力、山水、文化、宜居、生态、人性、可持续七大主题"。

在遵照现有城市规划结构的前提下，保留东西两条主干道，对地块局部进行整合。

两廊

· 将中央绿廊北移，顺应山势与松花江连成一体，同时基地东侧开辟次绿廊，同样接水连山，形成自小白山公园至滨江公园的环形网状景观体系。

三轴

· 中央绿廊西侧自白山大桥经城市展览馆、音乐厅、会展中心至小白山，形成强烈的都市文化生活轴。

· 东西向沿松江南路形成自音乐厅经大型商业中心、社区服务超市至欧亚综合体的充满活力的都市商业生活轴。

· 次绿廊贯穿知名品牌学校、幼儿园、配套商业，形成都市服务生活轴。

四片区

· 两廊三轴的结构，结合城市道路网，将片区划分为 13 个地块，并按业态分布划分为四大分区：都市文化区、都市商业商务区、都市居住区和配套服务区。

· 两轴线交汇处，临中央绿廊及商业中心，设置 200 米地标建筑，上部为星级酒店，可以一览吉林江山美景。

此刻，新城的愿景展示于我们面前，灿烂的未来、壮丽的河山，那份自信是面向世界的名片。

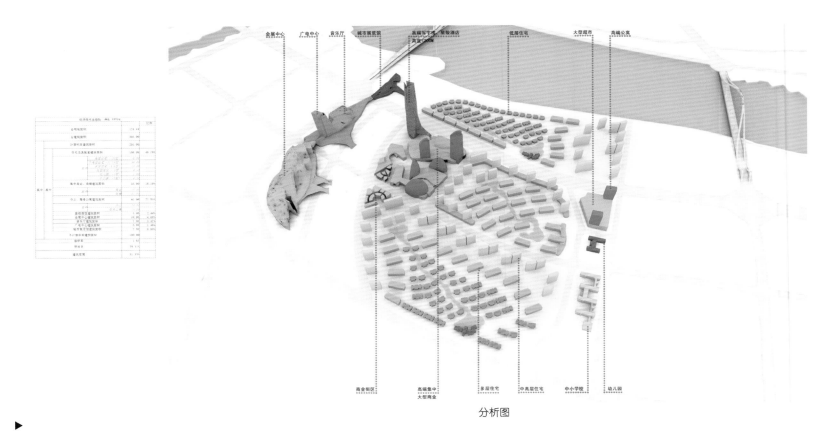

分析图

▶

运作模式

　　首先让我们回顾一下深圳处于全国领先行业的基本情况：

　　·深圳珠宝行业：占全国市场份额 70%，拥有 2 100 余家珠宝企业 。
　　·深圳服装行业：占全国市场份额 70%，拥有 3 000 余家服装企业，国内知名品牌 200 余个。
　　·深圳 IT 行业：居全国第二，仅软件类企业就有 3 000 余家，更拥有国内 70% 的知名品牌 。
　　·深圳文化动漫产业：作为全国领军城市，拥有国家级动漫画产业基地和上千家企业 。
　　·深圳家具行业：三十年的发展，成为全国家具行业的龙头，拥有 1 800 余家企业 。

　　深圳海王集团和恒荣地产以高度的责任感对待市场、对待自然、对待历史，更秉承可持续发展经济理念。在本项目中，引入以珠宝企业、服装企业为龙头的多种产业共计 200 余家。通过楼宇经济的发展，带动相关上下游企业入住吉林，以项目创造产业的商机，将片区打造成高端消费的旗舰。

　　据初步估算，本项目总投资规模在 300 亿元人民币左右，此都市综合区域共可容纳 15 万人，解决就业 8 万人，引进办公企业 2 000~3 000 家，办公企业年纳税额 20~30 亿元；商业营业额近 300 亿，纳税额 15 亿元，每年总纳税额 35~75 亿元！ 这种现代化楼宇经济的新模式，带给片区的是源源不断的动力，必将成为当前全国城市建设的新典范！

FUYANG URBAN DESIGN PLAN
富阳富春山水社区城市设计区

设计机构：美国 JWDA 建筑设计事务所
项目地点：中国富阳
用地面积：570 000 m²
容 积 率：1.08

▶

　　富阳地处"西湖—富春江—千岛湖—黄山"国家级黄金旅游线的前站，交通便捷，环境优越，距杭州市区40多公里，320国道、杭千高速公路横贯全境并与高速公路网络顺畅连接。这些使富阳成为黄金旅游线上的重要节点。

　　山水城市是富阳最大的城市特色，它是城市不可复制的自然资源优势。山入城，水入城，山水与城市融合在一起，并融入浓厚的历史文化，山水岛城将使富阳展现出独特的城市气质。

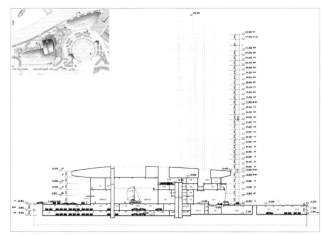

剖面图 2

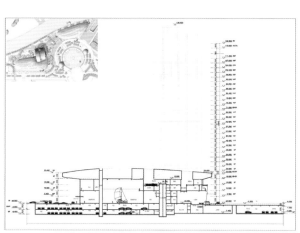

剖面图 1

剖面图 3

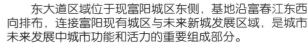

东大道区域位于现富阳城区东侧,基地沿富春江东西向排布,连接富阳现有城区与未来新城发展区域,是城市未来发展中城市功能和活力的重要组成部分。

作为一个地处山水之间的新建项目,设计师通过城市设计,将创造一个吸引公众参与的开放式城市公共空间,并将其融入山水之间,在给城市带来美妙的生活和优美的环境的同时,保护好自然山水,以达到人与自然和谐共生的状态。

规划设计结合山体和谷地的走势,预留出景观通道,并对通道方向及其对景进行特殊设计。人们行进在小镇的不同区域,都会不经意间通过景观通道感受到山水的存在。

利用场地的天然地形,结合山体、平地、水面、地下功能开发,使地形设计功能化和景观化,并提高项目的经济性和科学性。

规划设计还利用空间的偶然性和复杂性,使城市空间增添了独特的趣味,通过整体设计以满足各个部位的功能需求和易达性,并使空间中的体验变得充满乐趣和期待。

THE NANXUN DITANG SOUTH LAND PLANNING

湖州市南浔区頓塘南岸地块规划

设计机构：深圳市清华苑建筑设计有限公司
项目地点：中国浙江
用地面积：800 000 m²

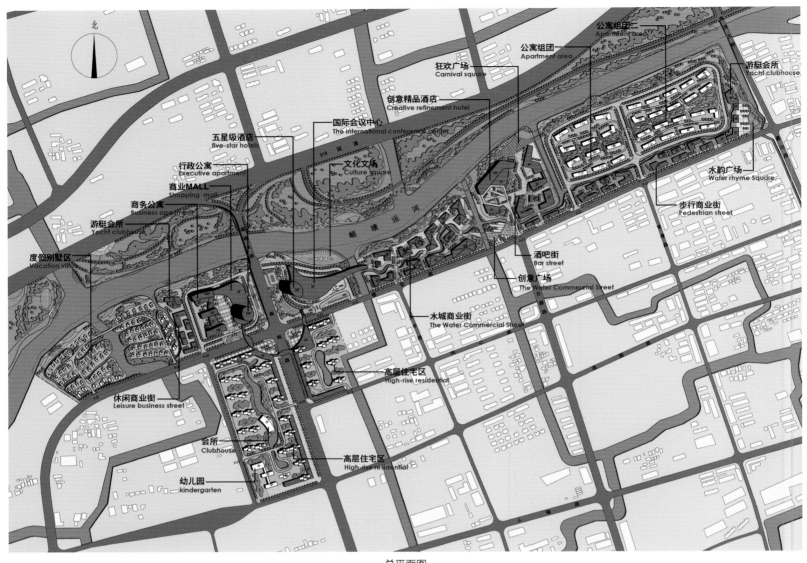

总平面图

南浔镇位于浙江省北部、湖州市东部，它是江南六大古镇之一，位于长江三角洲经济区腹地。南浔镇是中国历史文化名镇，中国十大魅力名镇。南浔镇作为南浔区的城关镇，地处长江三角洲杭嘉湖平原，位于沪、宁、苏、杭经济圈中心，是浙江湖州接轨上海的东大门。南浔镇是独具魅力的旅游胜地，名胜古迹众多，与自然风光和谐统一，充满浓郁的历史文化底蕴和灵气。

南浔被誉为"中国江南的封面"，历史遗产十分丰富，可以归纳为"水、商、丝、文"四大特色：悠久的水乡风情，浓郁的经商传统，享誉世界的丝绸文化历史，深厚的文化底蕴。这里曾经造就了"四象八牛七十二黄金狗"等中国最大的丝商群体，拥有中西合璧的特有建筑风貌，同时还是当代实木地板之都。

頔塘南岸地块位于南浔区中心城区北部，西临南浔区污水处理厂地块，东至嘉业塘，北抵頔塘，南至泰安路，用地面积约800 000平方米。东侧有南浔大桥，西侧有南林大桥，东侧临近南浔古镇。南侧泰安路为重要的商业街道，东侧嘉业路、中部万顺路、西侧南林路均为规划中主要商业街。頔塘北岸318国道沿线现已开发为城市绿化公园。

地块内主要是老建材市场、南浔家私广场、南浔地板城等专业市场，以及民居住宅小区和南星木业、巨王木业等工业企业用房和仓储用房，情况比较复杂。

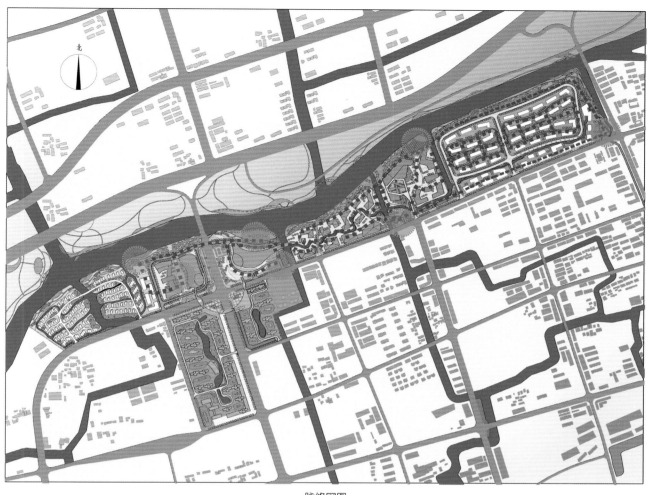

本次规划的另一个基本控制要素是脉络网。这里的脉络包含着有形和无形两个大类：与頔塘运河相连的水网、现存的道路体系、地貌肌理以及聚落形态构成了有形脉络；南浔特有的文化传统和现代社会日常活动模式形成了无形脉络。延续和完善这些脉络，集中体现了我们对自然界和现有社会文化秩序的尊重。

图例：
水网 ▬▬▬
道路体系 ▬ ▬ ▬ ▬
景观节点 ●

脉络网图

▶

1. 交通体系与模式

规划将建设成水、陆全方位的快速便捷的交通体系模式，形成一个具有多层次的交通网络，以适应旅游大发展的需要。通过交通枢纽和换乘点，人们可以方便地在地块内外和多种交通方式之间进行选择。

片区的交通模式强调生态性和多元性。在保留现有机动车主干道路网的基础上，大力发展水上交通和其他环保交通，并架构完善的人行交通体系。

2. 外部交通组织

陆上采用地区公交、旅游大巴或者小汽车从南林路、嘉业路以及泰安路驶入。水上采用客轮或是快艇沿顿塘运河航道由两侧驶入。

3. 内部交通组织

内部交通主要分为休闲性交通和生活性交通两大类。休闲性交通主要是商业与公共领域的步行与车行系统，生活性交通主要包括各地块内部的交通组织，两者既强调相对独立性，避免与旅游性交通之间的干扰，同时注重可达性。

4. 旅游路线组织

旅游路线主要体现在水上交通体系与古镇及城市形成完整的资源共享上，一方面在顿塘运河沿岸设置了四处码头，另一方面在场地内部形成了水上环路。在安泰路一侧结合公交体系，有效接驳水上码头与陆上公交站点的联系。

5. 绿化景观结构

"带、点、线、网"创造性的一带、六点、三线以及网络性、多层次交融性的绿化景观体系，提供了多样性与复杂性的统一。

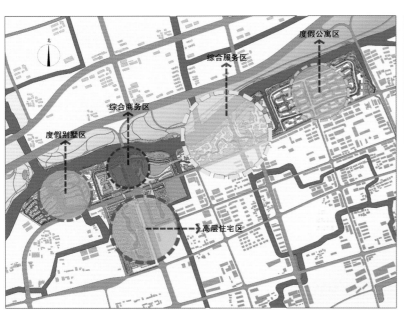

总体功能分析图

开放空间与公共资源

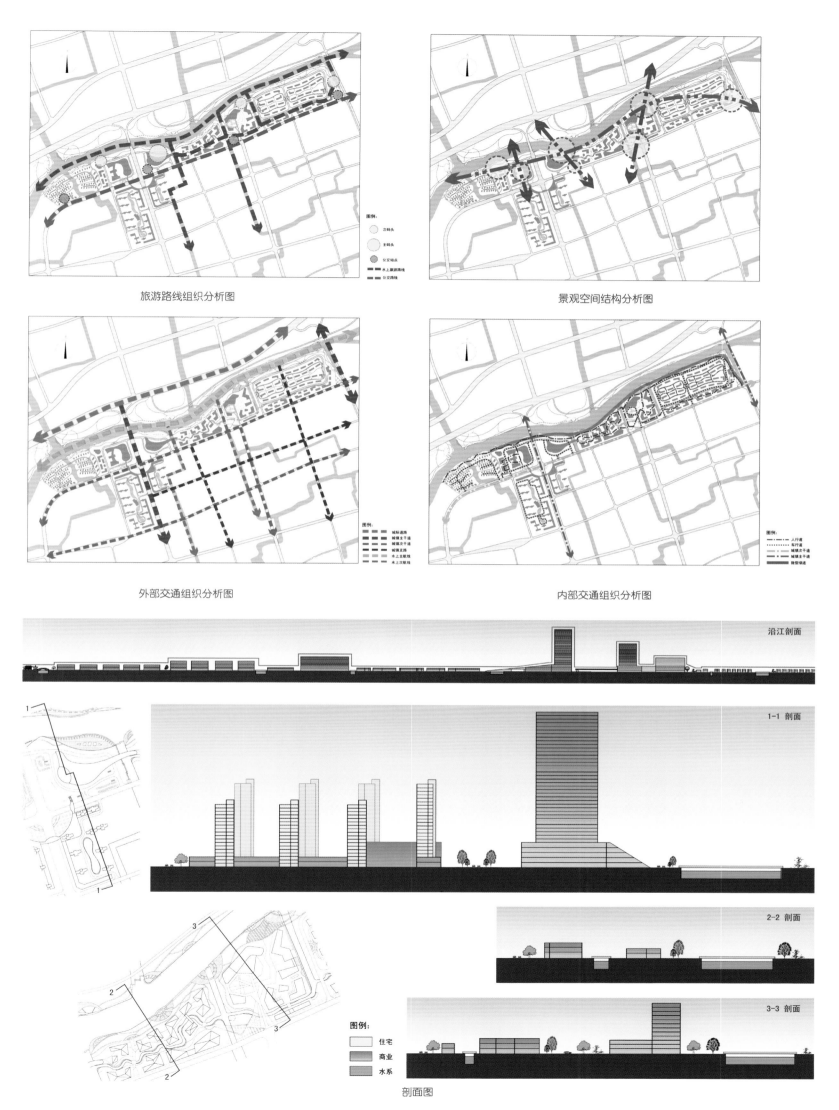

旅游路线组织分析图

景观空间结构分析图

外部交通组织分析图

内部交通组织分析图

沿江剖面

1-1 剖面

2-2 剖面

3-3 剖面

剖面图

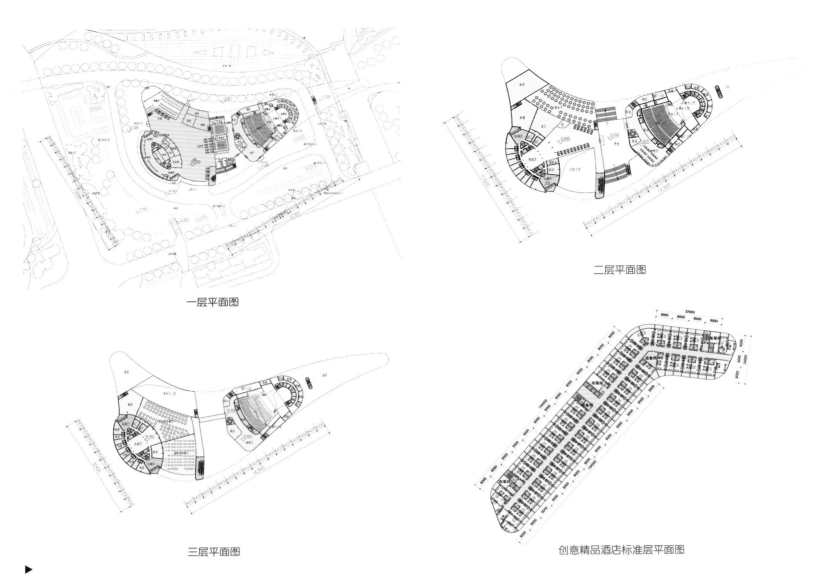

一层平面图

二层平面图

三层平面图

创意精品酒店标准层平面图

▶

　　酒店会展区：针对南浔酒店业态普遍低下、配套服务严重欠缺的现状，打造高端旅游酒店新地标，同时为会展业提供全新舞台，可以吸纳长三角乃至国内外高端商务政务旅游团队，也可作为本土企事业单位节庆活动以及举办大型会议、展览的最佳选择。

　　水城商业区：以"时尚版的江南水乡"为故事主线，采用独栋环水街区式布局概念，用近 400 米的蜿蜒水系和数座景观桥串联起区域内的特色建筑群落，形成小桥流水、庭院步道、绿树簇拥、碧水环抱的现代江南建筑风格，集中展现南浔创新城市建筑艺术。

　　创意精品酒店与酒吧区：作为高端商务旅游以及普通散客旅游之外一个必不可少的中间阶层和青年人的展现活力的场所，打造南浔乃至湖州首家国际标准创意设计型商务度假酒店，充分发挥其区位景观优势，在主题设计、装饰风格、品牌服务上与传统商务型酒店形成差异。

　　酒店入口的创意广场即是酒店的入口广场，也是水城商业街的东入口。它贯穿至东北处，形成另外一处狂欢广场，让年轻人的热情和创造力得到充分的释放和张扬，为城市提供源源不断的活力。

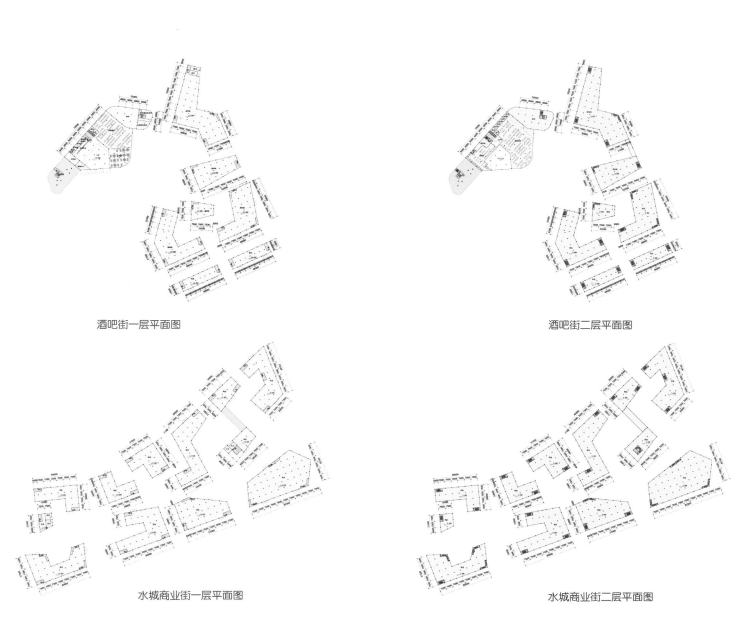

酒吧街一层平面图

酒吧街二层平面图

水城商业街一层平面图

水城商业街二层平面图

SUZHOU SHISHAN AREA CENTRE URBAN DESIGN
苏州狮山片区中心核城市设计

设计机构：AAI 国际建筑师事务所
项目地点：苏州狮山路长江路
项目面积：1 160 660 m²

平面图

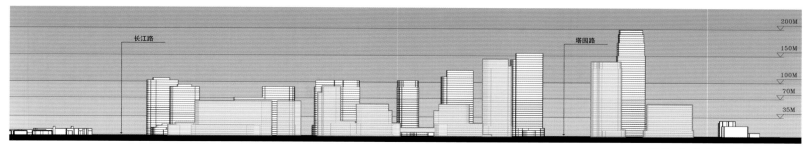

沿狮山路北侧城市轮廓线

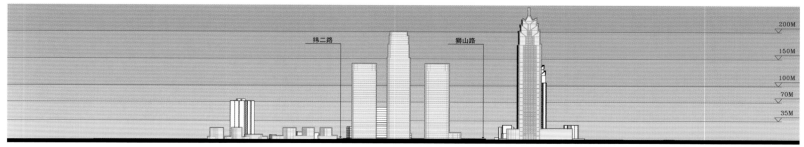

沿塔园路东侧城市轮廓线

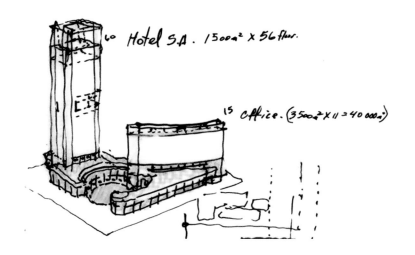

▶

在这项城市核心区的复兴建设方案中，AAI 提供了一整套包括总体规划、业态分布、建筑设计、商业布局等的开发策略，通过对该地块土地划分、道路规整、开发强度等设计整合，使中心核地块成为"狮山第一商业游憩核心区"，为高新区乃至苏州市民创造休闲游憩的开放空间。

作为 AAI 城市设计的重要理念——"以城市生活为原点，创造激发城市魅力的空间"，在本项目上得以全面体现。

首先，为弥补狮山路线性城市空间的单一现状，方案创意性地提出了城市核心公园带理念，力求使该开放空间成为人流停驻和活动的"城市客厅"；其次，功能上由单一的城市沿街商业和传统制造业，逐步演变成商业金融区、商办混合区、文化娱乐区、旅游休憩区、绿地和水域的混合城市功能，并且依据不同用地性质及土地价值，设定不同的开发强度，以达到地块价值最大化。

在综合功能和开放空间两项原则指导下，各项城市活动依序展开。商业金融区提供城市活跃的经济活动基础和平台，零售商业区提供不同定位、不同特质的多层次购物活动，开放广场提供商业促销和公益庆典，演艺中心为城市的文化生活提供绚烂的舞台。凡此种种，共同形成了一个多样化的城市目的地。

目前规划方案已进入实施阶段，一期日航酒店已施工，二期购物中心正在设计中。

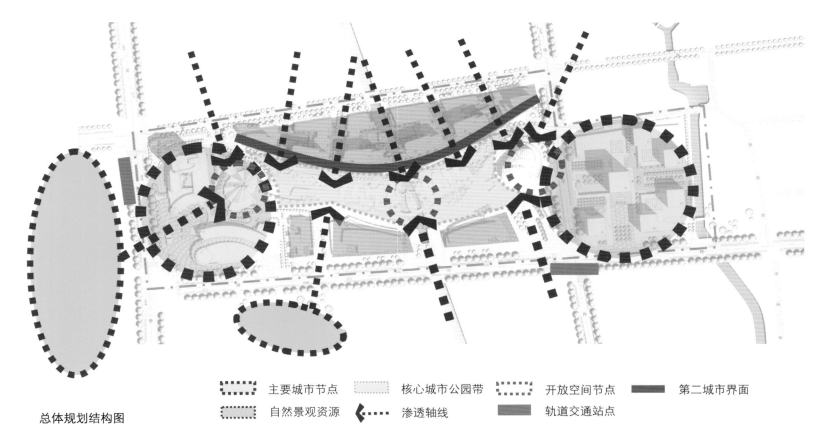

| ┊┊┊ | 主要城市节点 | | 核心城市公园带 | ┊┊┊ | 开放空间节点 | | 第二城市界面 |
| ┊┊┊ | 自然景观资源 | ◀┈┈ | 渗透轴线 | | 轨道交通站点 | | |

总体规划结构图

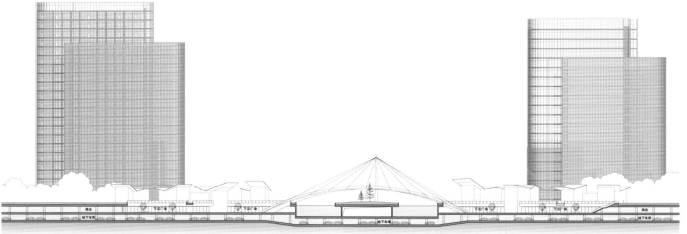

立面图1

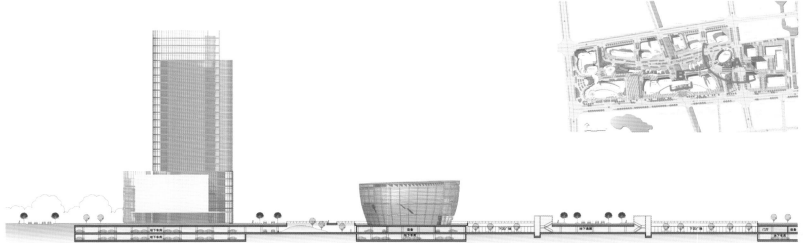

立面图 2

SHENYANG EAST TOWER AIRPORT CITY PLANNING
沈阳东塔机场城市规划

设计机构：绿舍都会
项目地点：中国辽宁
项目面积：7 600 000 m²

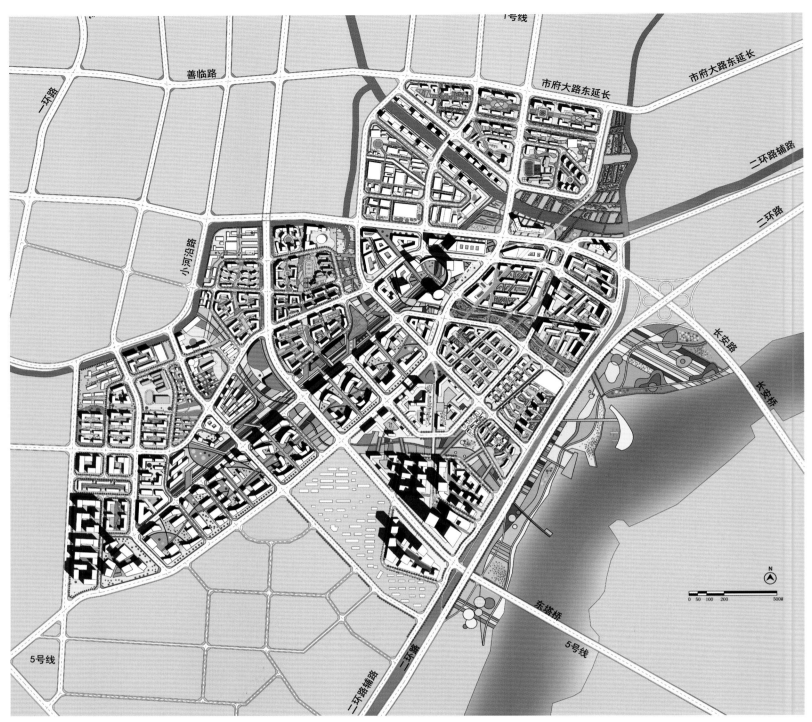

一环路　善临路　市府大路东延长　市府大路东延长　1号线

二环路辅路

小河沿路

二环路

长安路

长安桥

5号线

东塔桥

二环路辅路　二环路

5号线

5号线

N
0 50 100 200 500M

▶

　　东塔及东塔机场是沈阳东部的城市记忆，规划设计中通过机场跑道改为城市主要景观轴以保留城市记忆。设计通过文化创意、商业、休闲娱乐和商贸四个中心的多中心布局，丰富了城市空间及天际线的同时，也为区域的个性化建设提供基础。

　　从 1989 年开始，桃仙国际机场就取代了东塔机场。至此，曾经无限风光的东塔机场开始走向了没落。东塔机场这一"沉睡"，就达 17 年之久。对此，大东区有关方面认为目前的东塔机场存在三大问题：一是闲置、封闭、无航运任务；二是制约着大东、东陵两区和浑河地区的经济发展环境；三是发展滞后导致附近居民出行不便，成为群众反映强烈的问题。如今，随着城市的不断扩容，1921 年建成的东塔机场从当时的郊区，已成为目前市区内最大的可利用土地资源之一。正是因为这样，大东区要重新利用这一地块。

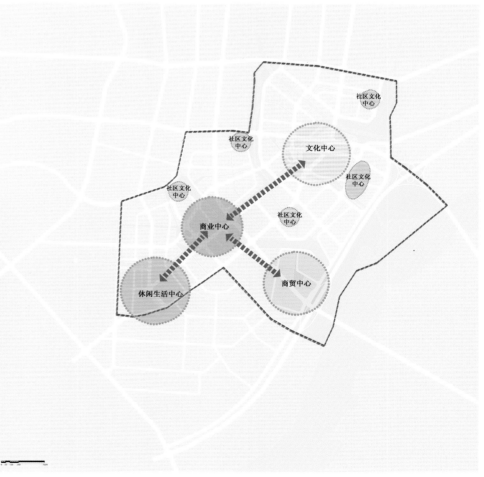

平面图

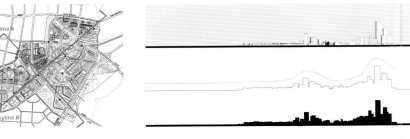

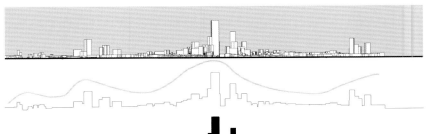

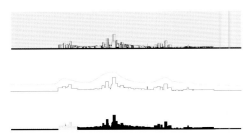

分析图

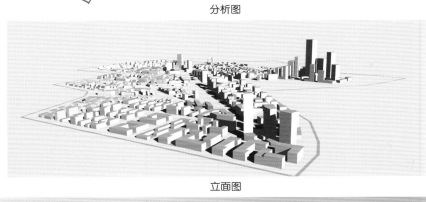

立面图

SHENZHEN BAY ECO-CITY
深圳湾科技生态城

设计机构：香港华艺设计顾问有限公司
项目地点：中国深圳
总建筑面积：420 000 m²

本项目作为深圳湾科技生态城第四标段超高层项目，位于深圳市南山区高新技术产业园区南区，主要由两栋 250 米的超高层塔楼组成。项目总建筑面积约为 420 000 平方米，是一座由办公、酒店、商业、会议中心复合而成的都市综合体。

方案以"绿之舞步"作为设计原点，通过塔楼自上而下的微妙错动，与裙房形成连续有机的拓扑关系，形如踏歌而来的探戈舞者，奏响了飞扬激昂的城市旋律。

超高层塔楼平面东西错动，有利于改善周边区域风环境，同时可获得更多的南北采光面。裙房通过引入生态中庭，巧妙化解大体量建筑通风、采光的不利因素；西北、东南的架空处理，勾勒出建筑群鲜明大气的主入口形象。

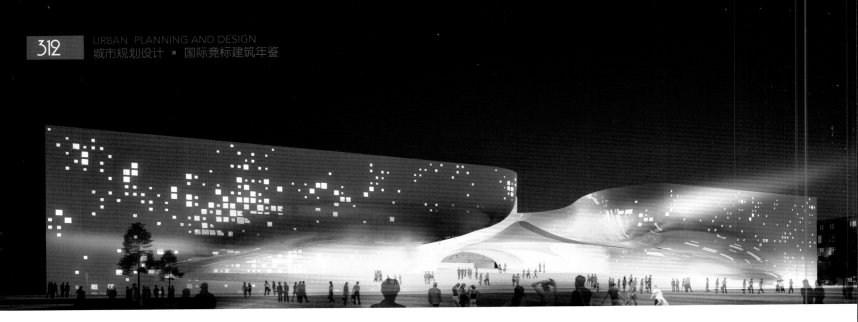

SHENKA EDUCATION PARK
深喀教育园

设计机构：航天建设集团深圳工程设计有限公司方案创作所
设计主创：周 海
设计团队：丁敏清、代金磊、黄祝彪
设计时间：2011 年

喀什地区属温带大陆性干旱气候，夏长冬短，年平均气温11.7℃，极端最低气温–24.4℃，极端最高气温达49.1℃，年平均降雨量30~60毫米。高架棚、通风墙、三合院、阿以旺，这些都是民居中改善建筑室内气候的常见形式，也是低技而高效的生态建筑形式。在本方案设计中，我们充分挖掘这些建筑空间形式的特点，把它融入校园的建筑设计中，打造一个低技生态节能建筑设计方案。

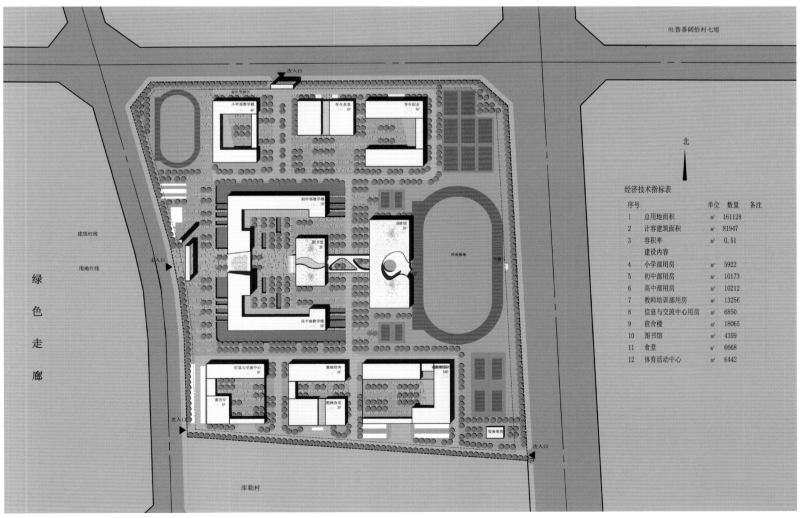

经济技术指标表

序号		单位	数量	备注
1	总用地面积	m²	161128	
2	计容建筑面积	m²	81947	
3	容积率	m²	0.51	
	建设内容			
4	小学部用房	m²	5922	
5	初中部用房	m²	10173	
6	高中部用房	m²	10212	
7	教师培训部用房	m²	13256	
8	信息与交流中心用房	m²	6850	
9	宿舍楼	m²	18065	
10	图书馆	m²	4359	
11	食堂	m²	6668	
12	体育活动中心	m²	6442	

总平面图

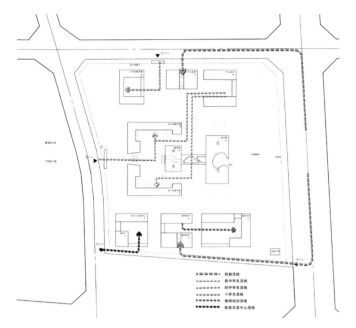

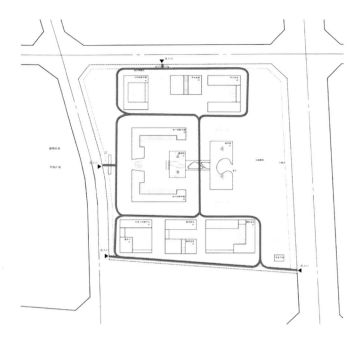

流线分析
人行流线：各功能单元人行流线相对独立，互不干扰。人流从各种入口进入相应庭院空间，然后进入门厅和相应的功能区。
机动车流线：园区机动车流线主要集中在南侧通路，后勤机动车流线不影响人行流线。

消防车流线：消防车流线设置符合相关法规。

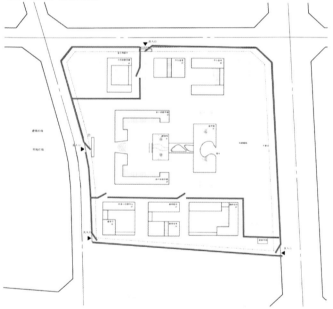

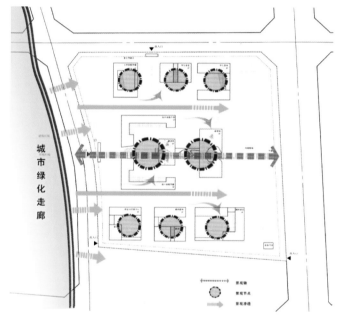

校园管理控制：除园区用地周边设置围墙外，园区内部各功能单元利用自身院落单独设置管理控制措施，使得每个功能单元能相对独立，方便管理。

景观分析：将西侧城市绿化走廊景观引入校园，并在校园内部延伸，形成校园的点、线、面景观。

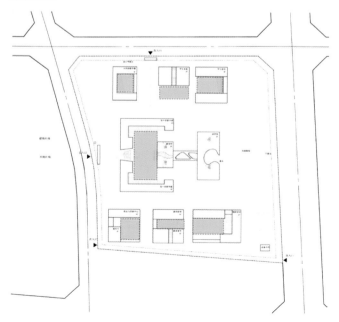

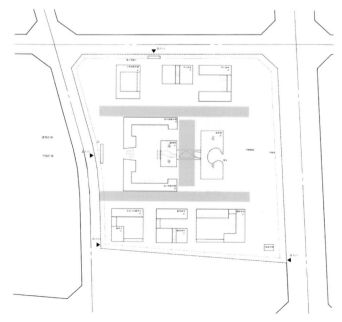

景观点：校园建筑庭院围合成九个校园点状景观。

景观线：不同功能分区之间的分隔线同时是校园主要的景观线。

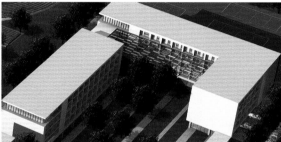

　　三合院式建筑单元：喀什市相对南疆其他地区来说，气候有所改善，民居的平面形式也从四合院形制中解放出来，多呈三合院方式。在本方案中，各功能单元平面布局均吸收了喀什当地民居三合院的形式，这样的平面布局有利于在炎热夏日形成相对较为舒适的庭院环境。也有利于冬日的防风抗沙，同时为居住者提供了一个优美的进入体验。

　　"院落高架棚"遮阳："高架棚"也是喀什民居中的常用形式，它能给院落带来清凉的阴影空间，覆以绿化，在炎热夏日提供庭院盎然绿意。在本方案中，我们把这一元素融入庭院空间，用现代材料手法来实现这一生态手段。

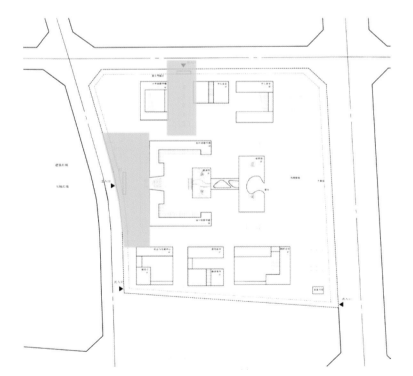

景观面：校园的广场绿化形成景观面。

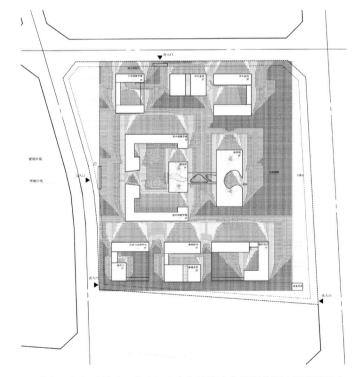

日照分析：根据喀什地区的太阳高度角计算出的日照分析结果满足要求。

LOGISTICS INDUSTRIAL PARK

物流产业园

NANYOU QIANHAIWAN W6 WAREHOUSE

南油前海湾 W6 号仓库

主创设计师：陈江华
创作团队：石海波、陈江华、梁亨达、曹　幸、王　翔、戚洋洋
项目地点：中国深圳
项目面积：72 655.25 m²

该团队多年来致力于研发生产型园区、总部办公基地及物流仓储等类型的泛工业地产研究及建筑创作，获实施项目总建筑面积逾百万平方米。项目团队成员石海波、陈江华两人曾前就职于深圳同济人建筑设计有限公司，但该项目是他们在深圳奥意建筑设计有限公司时的作品，特此声明。

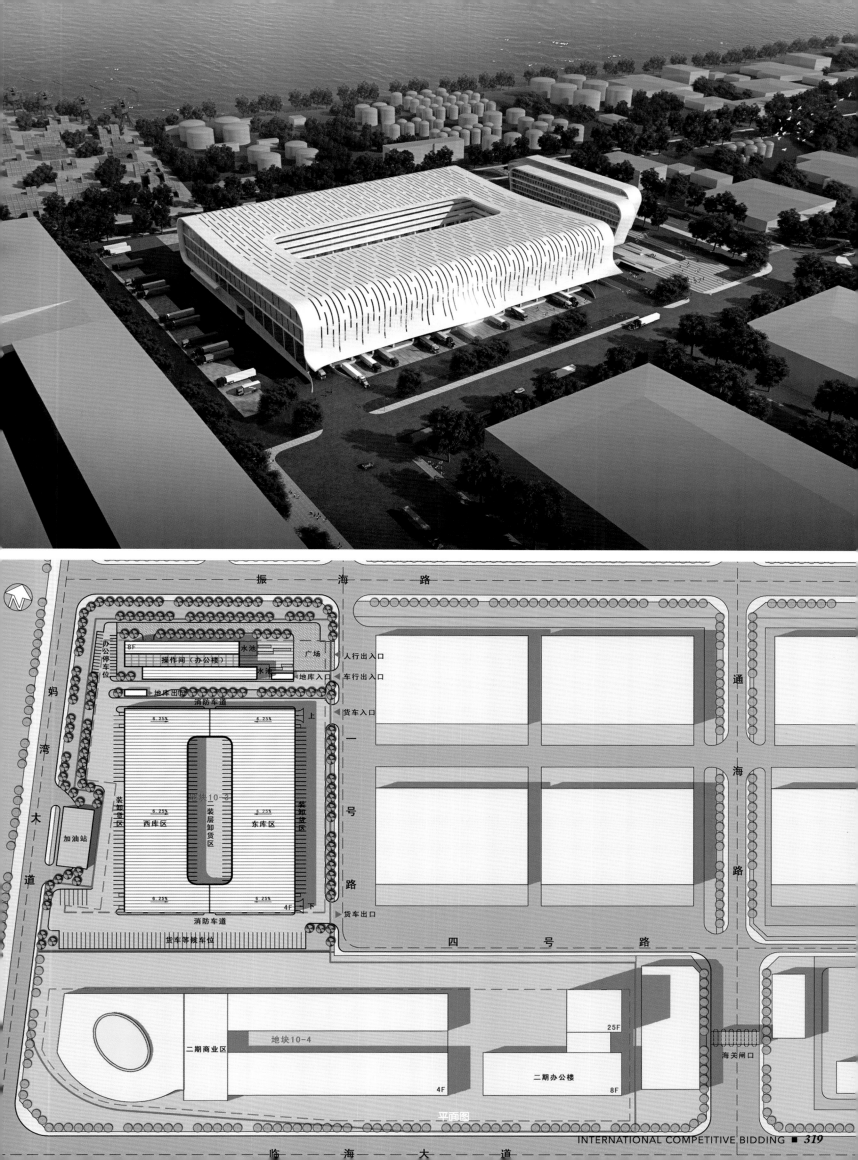

振 海 路

妈 木 道 湾

加油站

办公停车位

8F

操作间（办公楼）

水池

水池

广场

人行出入口

地库入口

车行出入口

货车入口

地库出口

消防车道

上

装卸货区

西库区

地块10-3

二层卸货区

东库区

装卸货区

8.25%

8.25%

8.25%

8.25%

8.25%

8.25%

4F

下

消防车道

货车降候车位

货车出口

通 海 路

一 号 路

四 号 路

二期商业区

地块10-4

4F

25F

二期办公楼

8F

海关闸口

平面图

临 海 大 道

地块控制指标一览表	建筑功能	面积指标	建筑限高	层数要求
	仓库	90600m²	36m	4层
	办公楼	22600m²	36m	8层
	地下室	20000m²		1层

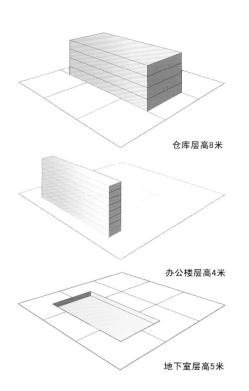

仓库层高8米

办公楼层高4米

地下室层高5米

仓库竖向交通组织

优劣对比

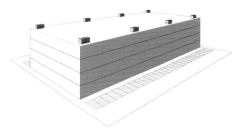

方式a: 货车只到达一楼，二、三、四楼均为楼仓。此方式运输效率低，不利于货物运转。

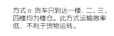
直跑坡道
上至四层

螺旋坡道
上至四层

方式b: 采用直坡道或椭圆形坡道，货车可达任何楼层。此方式运输效率高，但使用效率低，货车行驶不便，且坡道建设造价高，升级改造后坡道无法使用。

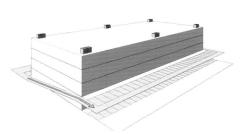

方式c: 设置直坡道上二层，三、四层为楼仓。此方式为折中方案，大件周转快的货物可放在一、二层，小件周转慢的货物放在三、四层。此布置也有利于升级改造。本项目采用c方式。

规范消防要求

布局方式

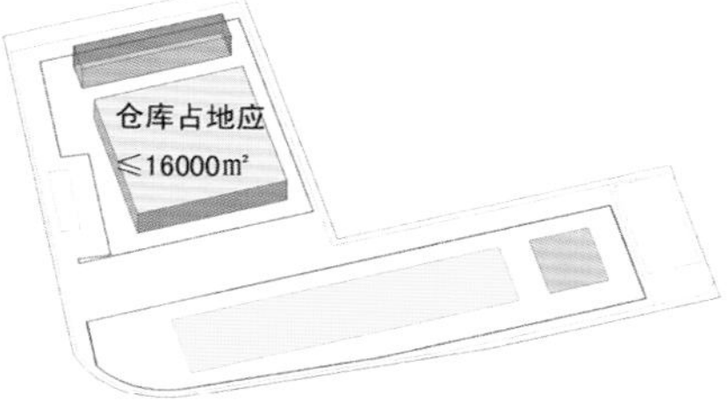

仓库占地应
≤16000㎡

按《建筑设计防火规范》要求，本项目设置自动灭火系统，又属于码头的中转仓库，每座仓库的最大占地面积应不超过16000㎡，故本项目至少应分为两座仓库。

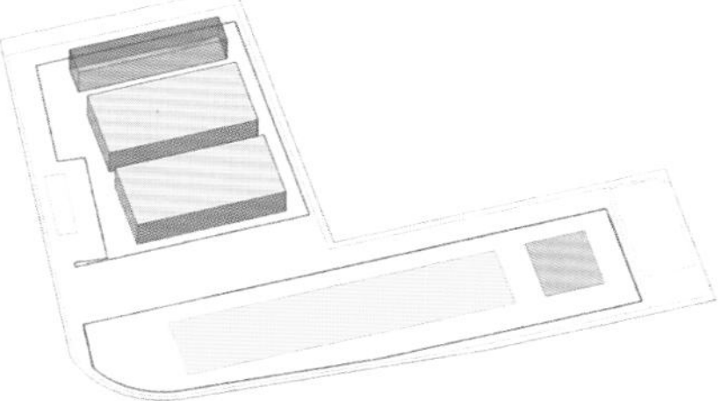

布局一：两仓库横向布置

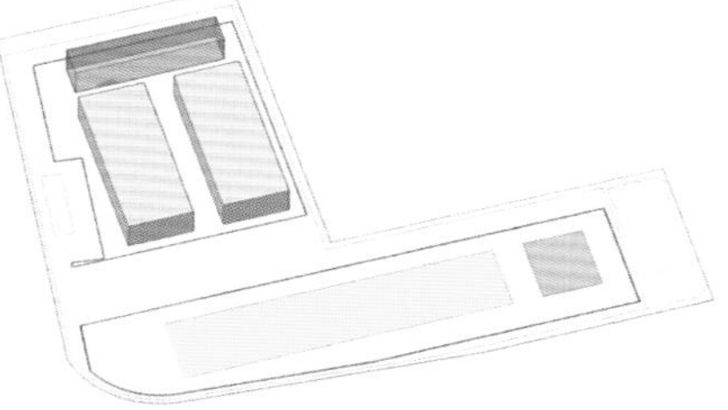

布局二：两仓库竖向布置

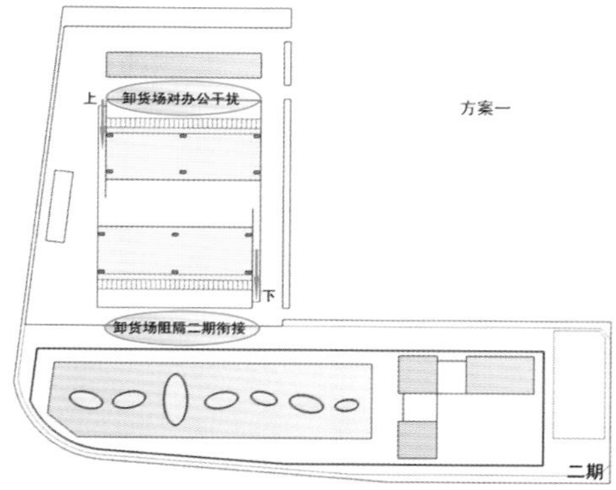

上
卸货场对办公干扰
下
卸货场阻隔二期衔接
二期

方案一

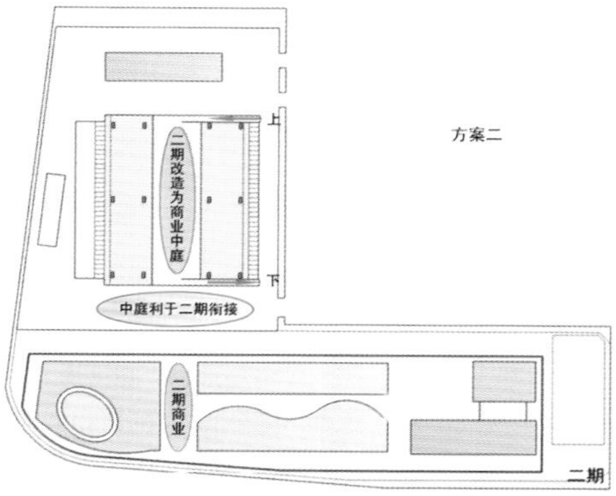

上
二期改造为商业中庭
下
中庭利于二期衔接
二期商业
二期

方案二

本案选择方案二，其优点一是仓库进深小，仅66米；优点二是上下坡道简单便捷；优点三是中庭空间与二期衔接方便；优点四是装卸货场对办公楼干扰小；优点五是两座仓库均与地下室恒温仓联系方便 。

方案生成

本案仓库采用“2+1”模式，即两座仓库+一个中央庭院。一层装卸货位布置在东西两边，中部为库区， 坡道位于东北和东南两个角落， 二层装卸货位集中在中庭位置， 两侧为库区，三四层为楼仓， 利用电梯进行垂直运输。

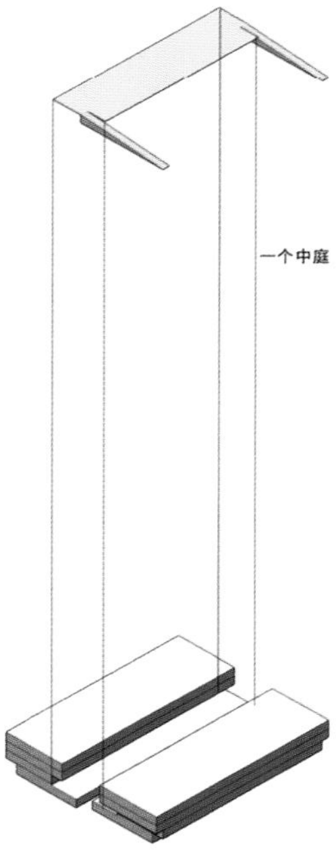

一个中庭

两个仓库

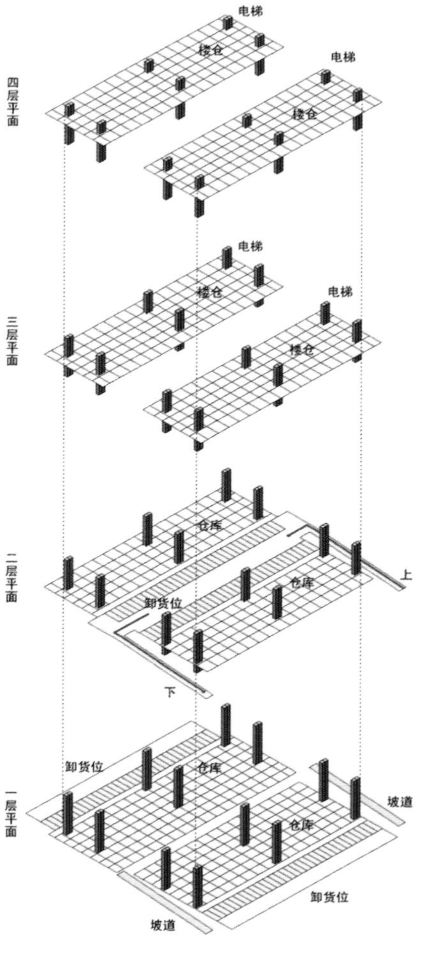

四层平面
电梯
楼仓
电梯
楼仓
三层平面
电梯
楼仓
电梯
楼仓
二层平面
仓库
仓库
卸货位
上
下
一层平面
卸货位
仓库
仓库
坡道
卸货位
坡道

分析图

办公楼公用双大堂、双核心筒设计，每层建筑面积约3 000m²，可分为大小不同的4个独立单元出租，可适应从300m²到3 000m²大小不同的客户需要。

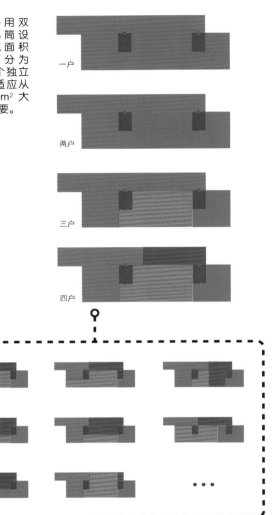

每单元均享有独立的入口和前台，即独门独户的设计，每单元均为12米进深的无柱空间，便于灵活划分。每两层设有空中花园，改善办公环境。

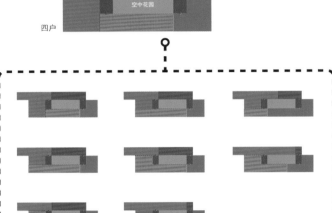

分析图1

分析图2

流线分析
办公人流及小汽车从基地东北角进出。
大货车经闸口从基地东面中段进入，按逆时针方向进入一层东西两侧装卸货区，或直接沿坡道上二层，再由东面南段出口离开。

- - - 人行流线
▱▱▱ 车行流线
▱▱▱ 一层货车流线
▱▱▱ 二层货车流线
➡ 车行方向

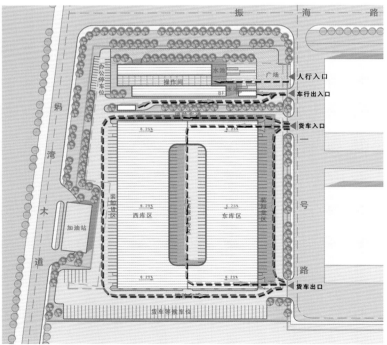

流线分析图

景观分析
景观点一，沿基地周边设绿化带。景观点二，在办公楼与仓库之间种植高大树木，美化环境并隔离噪声。景观点三，在办公楼东侧设置水池及绿化，形成入口广场。

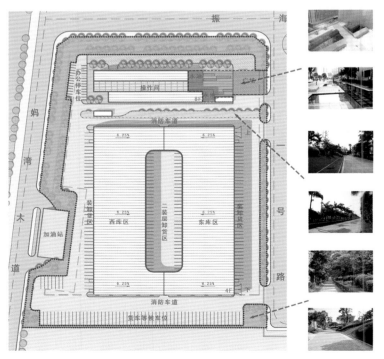

景观分析图

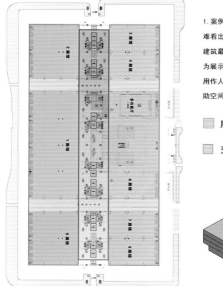

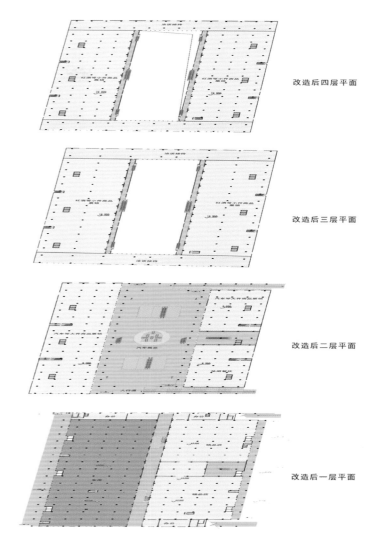

改造后四层平面

改造后三层平面

改造后二层平面

改造后一层平面

1. 案例分析：从众多案例不难看出，2+1模式正是展览建筑最适合的，即两侧作为展示、交易空间，中间用作人流交通、休闲等辅助空间。

　　展示、交易空间

　　交通、休闲空间

深圳会展中心平面图

与二期呼应

　　本项目南面退线36米，与二期商业共同围合成广场，是未来商业人流的主要集散地，在一二期之间增高廊，使两地块的商业空间连成整体，利于提升人气。

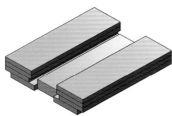

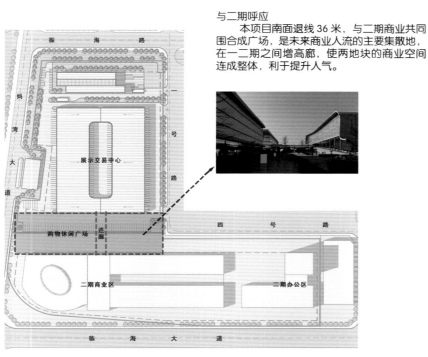

平面图

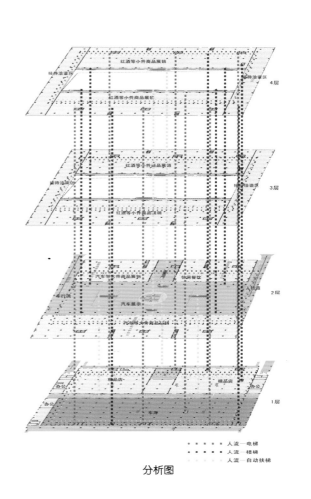

分析图

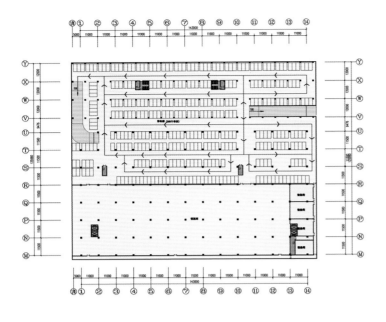

负一层平面图

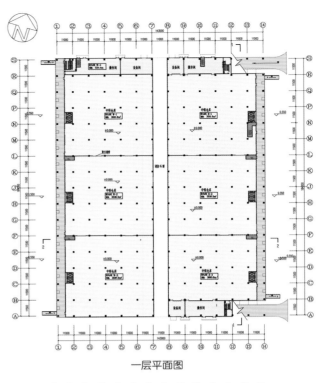

一层平面图

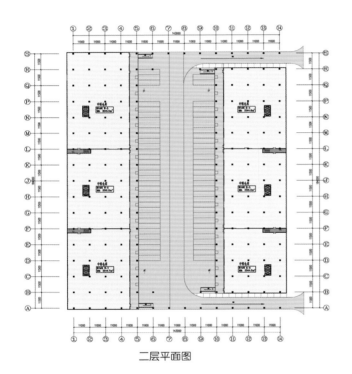

二层平面图

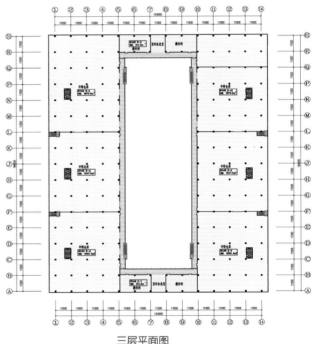

三层平面图

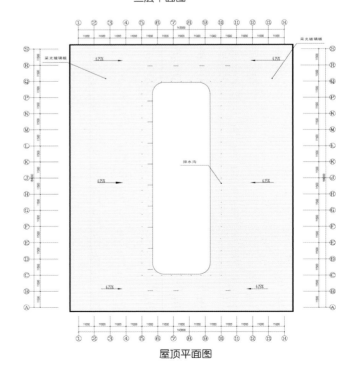

四层平面图

屋顶平面图

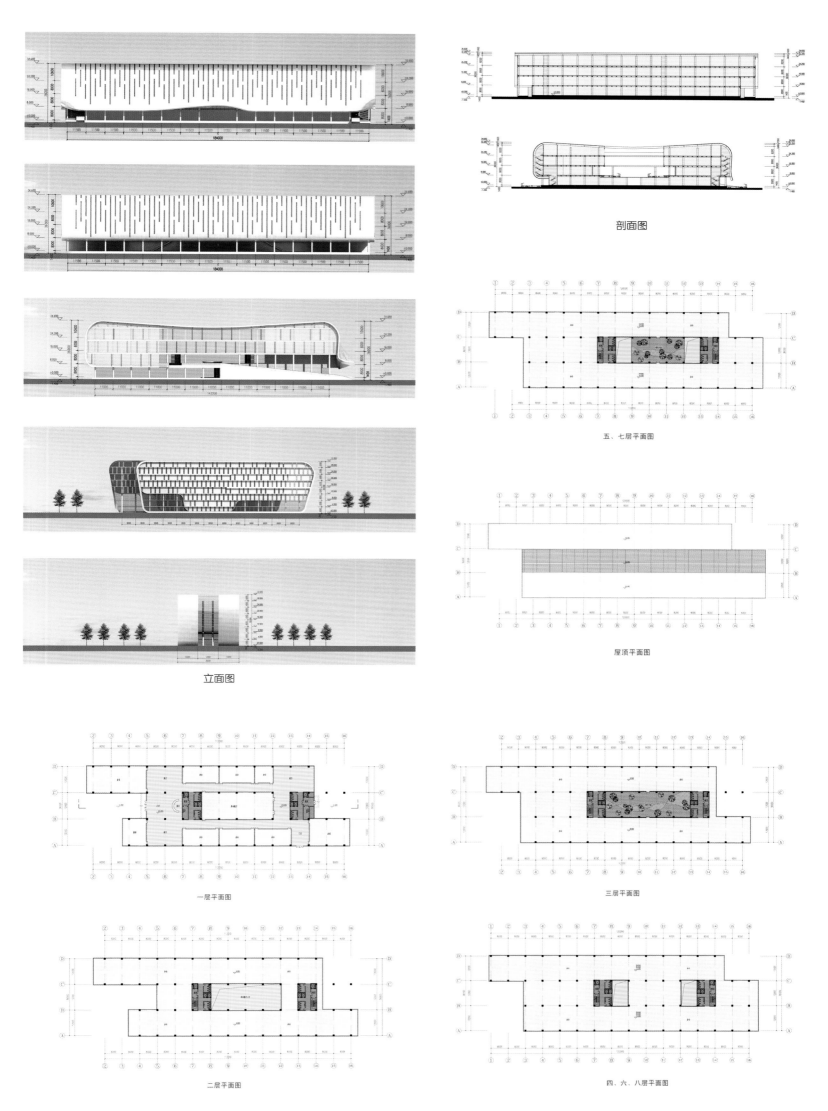

剖面图

五、七层平面图

屋顶平面图

立面图

一层平面图

三层平面图

二层平面图

四、六、八层平面图

NANYOU LOGISTICS W5 WAREHOUSE
南油物流 W5 号仓库

主创设计师：陈江华
创作团队：石海波、陈江华、江坤泽
项目地点：中国深圳
项目面积：72 655.25 m²

该团队多年来致力于研发生产型园区、总部办公基地及物流仓储等类型的泛工业地产研究及建筑创作，获实施项目总建筑面积逾百万平方米。项目团队成员石海波、陈江华两人目前就职于深圳同济人建筑设计有限公司，但该项目是他们在深圳奥意建筑设计有限公司时的作品，特此声明。

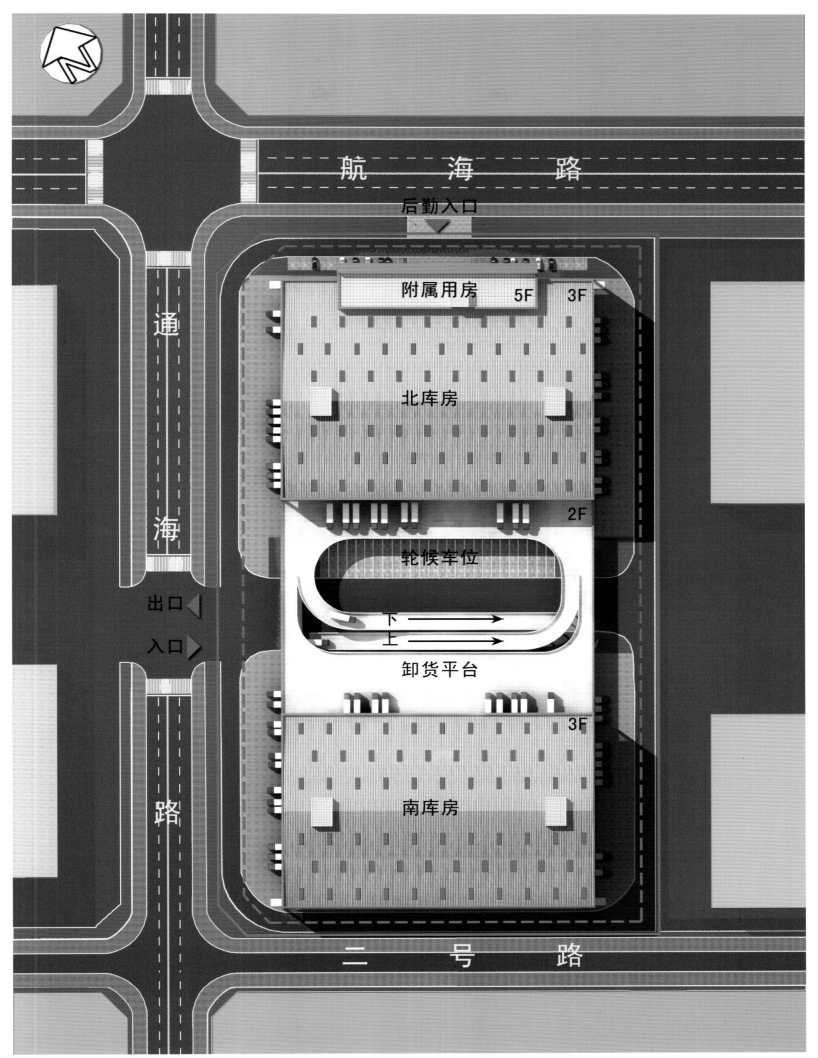

航 海 路

后勤入口

通 海 路

出口 ◁

入口 ▷

二 号 路

附属用房　5F　3F

北库房

2F

轮候车位

下 →
上 →

卸货平台

3F

南库房

总平面图

项目区位

前海湾物流园区是深圳市重点建设的六大综合型、集散枢纽型物流园区之一。物流园区位于深港西部通道和蛇口、赤湾、妈湾三大港区陆路疏港通道的交汇处，由月亮湾大道、滨海大道（桂庙路）以及妈湾大道（规划）、望海路所围，总面积约8.67平方公里，大部分土地主要由填海所形成。按照建设计划，物流园区总投资逾45亿元人民币，总建设期5年。前海湾物流园区属综合物流中心，重点发展港口及陆路散杂货集散、集装箱中转、加工、转运和配运，以及与物流业相关的货运交易、信息、管理、保险和金融等服务业。

项目概况

南油集团前海湾W5号仓库位于招商局集团前海湾物流园内，它是距该公司物流园起步仓之后第二座规划建设的仓库。建设用地面积为4.8万平方米，项目总建筑面积约7.2万平方米，功能定位为普通仓库，地上建筑库房部分三层，附属用房部分五层，地下局部一层是设备用房，建筑高度为22米，主体为钢筋混凝土框架结构，屋盖为轻钢结构。

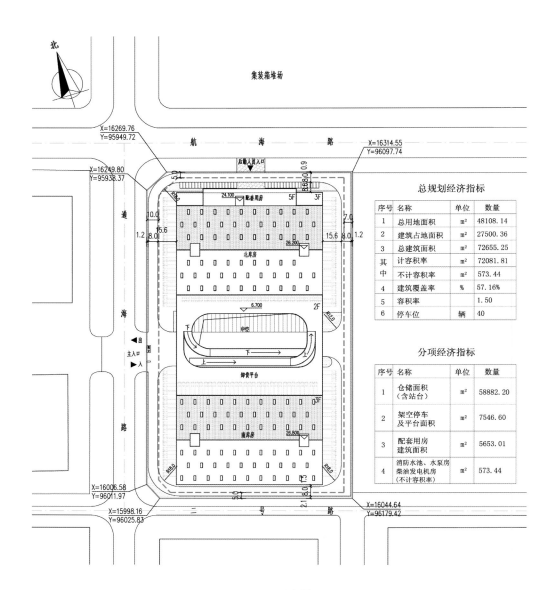

技术总平面图

总规划经济指标

序号	名称	单位	数量
1	总用地面积	m²	48108.14
2	建筑占地面积	m²	27500.36
3	总建筑面积	m²	72655.25
其中	计容积率	m²	72081.81
	不计容积率	m²	573.44
4	建筑覆盖率	%	57.16%
5	容积率		1.50
6	停车位	辆	40

分项经济指标

序号	名称	单位	数量
1	仓储面积（含站台）	m²	58882.20
2	架空停车及平台面积	m²	7546.60
3	配套用房建筑面积	m²	5653.01
4	消防水池、水泵房柴油发电机房（不计容积率）	m²	573.44

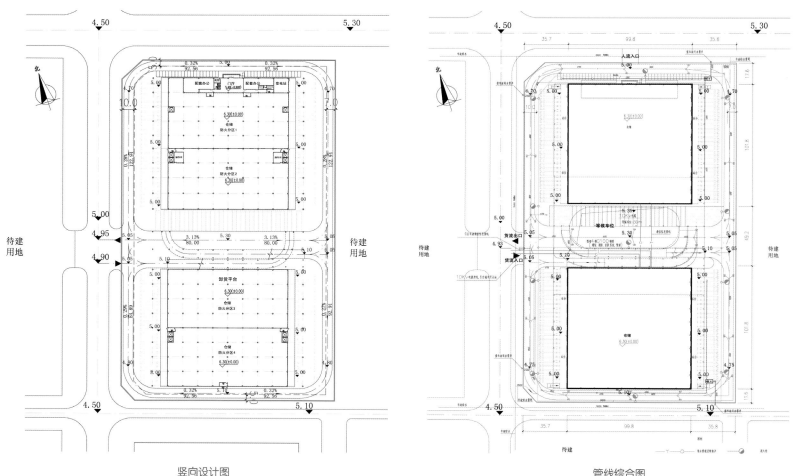

竖向设计图

管线综合图

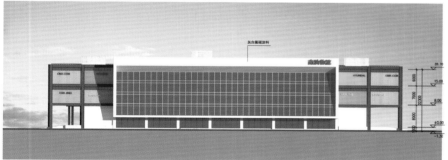

北立面图

南立面图

西立面图

1-1 剖面图

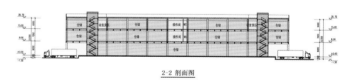

2-2 剖面图

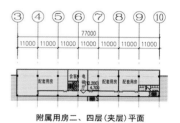

附属用房二、四层（夹层）平面

注：配套用房标准层建筑面积：1164.80㎡

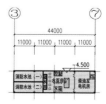

附属用房地下一层平面

注：本层建筑面积573.44㎡

交通流线组织

　　园区货运流线清晰，地面层及二层的货车均单向逆时针行驶；停车采用"前进后退靠泊"和"前出方式"运行，简洁明了，交叉少并节省了用地。

一层流线

　　在一层装卸货的车辆由入口进入园区后右行，经园区环路到达各仓库的装卸货位。在到达北侧仓库时，车辆也可直接从中部道路左转至环路，到达指定车位。装卸货后继续按逆时针方向行驶至出口离开。

二层流线

　　需在二层装卸的货车从入口进入园区后直行，由坡道上至二层到达南、北仓库的卸货平台，装卸货后再沿逆时针行驶至下行坡道入口下至地面层，再同样沿逆时针方向行驶至园区出口离开。另外，到达园区的货车如暂时无法在指定车位装卸货，即由入口进入后直行停靠在中部轮候区等候，接到指令后按逆时针由环路到达指定地点。

三层流线

　　该方案三层货物通过货梯从一层垂直运输，在一层设专用于三层装卸的车位，服务于三层货车的流动路线与一层车辆的相同。由三层库房面积等参数计算得出，南、北库房各需四台 5 吨货梯。按规范要求，每两部电梯成一组设于库房中部，方便货物水平运输。

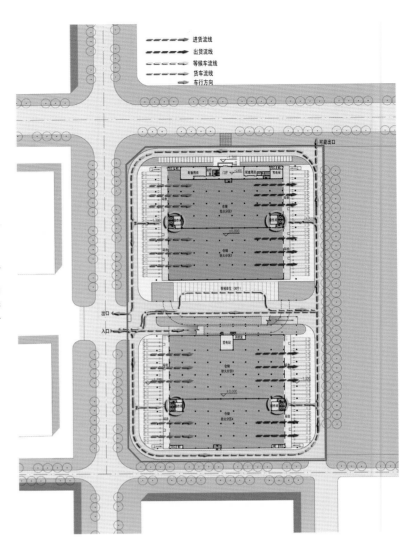

一层流线平面图

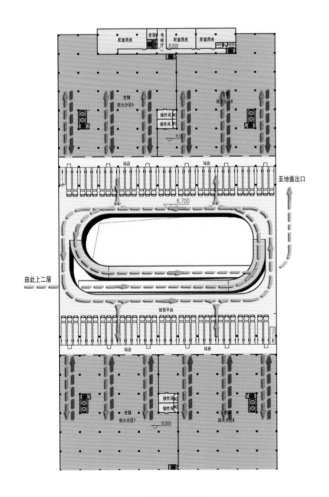

二层流线平面图

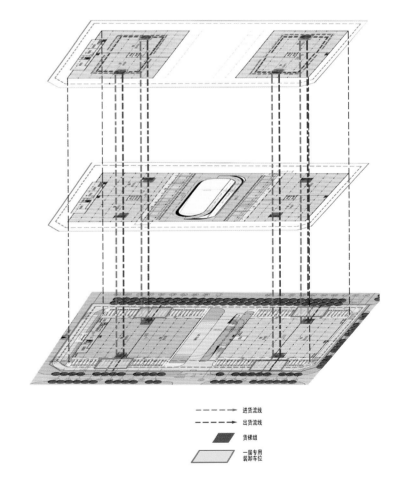

三层流线平面图

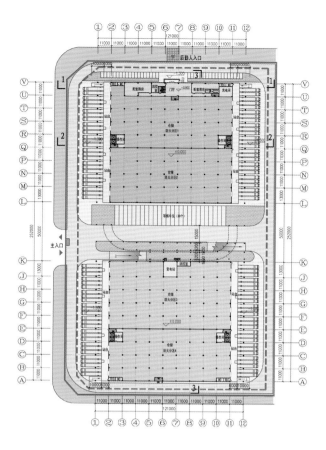

一层平面图

二层平面图

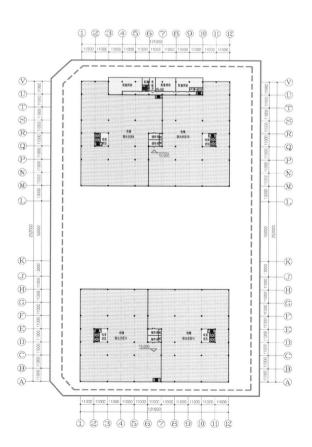

三层平面图

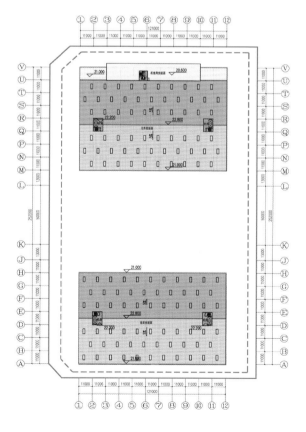

顶层平面图

GLOBAL LOGISTIC PROPERTIES PHASE II
盐田港普洛斯物流园二期

主创设计师：陈江华
创作团队：石海波、陈江华、黄 宇
项目地点：中国深圳
用地面积：30 849.64 m²
项目面积：48 000.50 m²
容 积 率：1.53

该团队多年来致力于研发生产型园区、总部办公基地及物流仓储等类型的泛工业地产研究及建筑创作，获实施项目总建筑面积逾百万平方米。项目团队成员石海波、陈江华两人目前就职于深圳同济人建筑设计有限公司，但该项目是他们在深圳奥意建筑设计有限公司时的作品，特此声明。

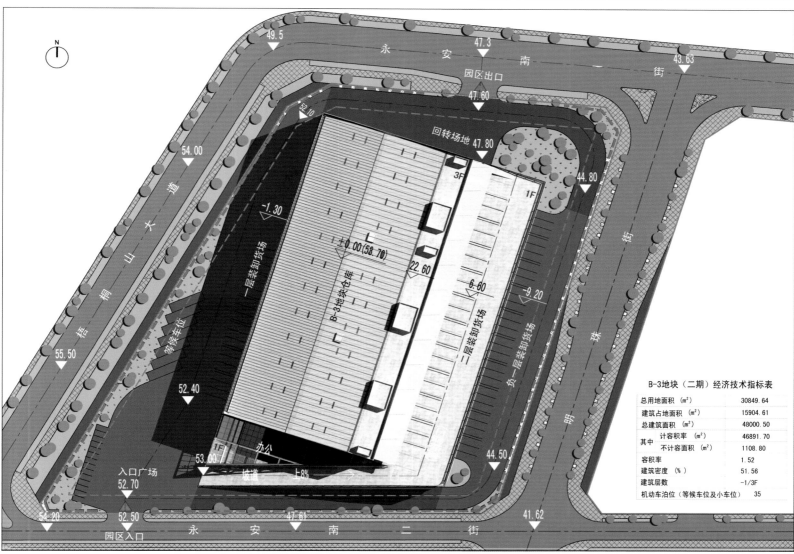

49.5 永　安　南 47.3 43.63

园区出口

47.60

回转场地 47.80

52.10

54.00

44.80

3F

1F

一层装卸货场

−1.30

±0.00（58.70）

22.60

B-3地块仓库

−6.60

−9.20

二层装卸货场

负一层装卸货场

55.50

等候车位

52.40

44.50

1F

办公

53.00

坡道

上8%

入口广场

52.70

54.20 52.50 园区入口 永　安　南　二　街 47.61 41.62

桐　山　大　道

梧

明　珠　街

B-3地块（二期）经济技术指标表	
总用地面积 （m²）	30849.64
建筑占地面积 （m²）	15904.61
总建筑面积 （m²）	48000.50
其中　计容积率 （m²）	46891.70
不计容面积 （m²）	1108.80
容积率	1.52
建筑密度 （%）	51.56
建筑层数	−1/3F
机动车泊位（等候车位及小车位）	35

平面图

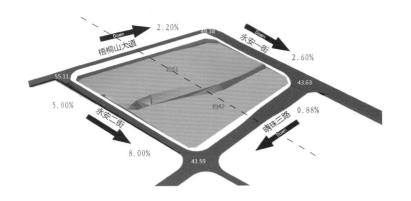

B2 基地分析图

基地概况

盐田港普洛斯物流园位于深圳市盐田区盐田港后方陆域 19 号地块，占地面积约 180 000 平方米。整个用地被两条市政路从中部穿过，从而划分为 J310-0032-35 四个小地块。其中 J310-0034 地块 (B-1) 已用于一期工程的建设开发，现已建设完成并投入使用。其余三个地块仍处于山体开挖后的地形粗糙期，目前用作临时货车停车场。待此次规划设计后，剩余三个小地块将陆续开发。其中 J310-0032(B-3) 地块为此次二期建设内容；其他两地块 (B-2、B-4) 将待三期开发，此次仅对这两块地进行详细规划。

各地块周边市政道路由北至南依次为永安一街、二街、三街，由东至西依次为明珠道、明珠三街、梧桐山大道；各道路及市政设施正在施工完善中。地块所处区域依山面海邻接盐田港，因此，区域规划以进出口中转仓库用地为主。目前该地域除少量分期开发用地外，其他用地已基本建设完成。

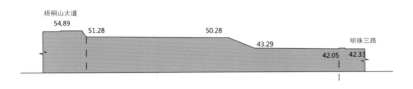

B2 基地剖面图

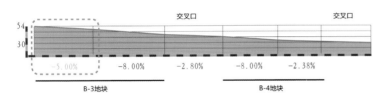

永安二街道路剖面图

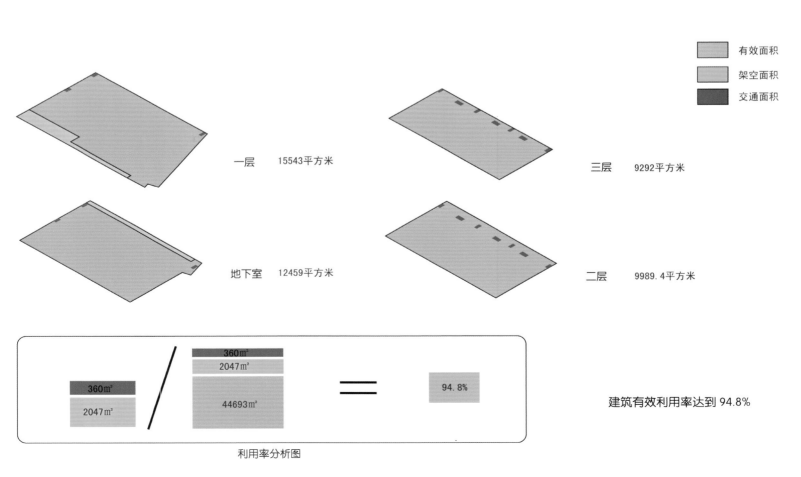

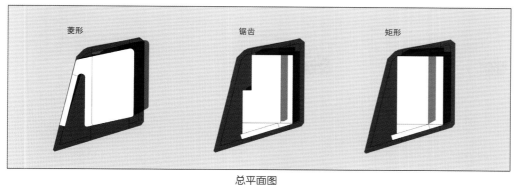

菱形　　　　　　锯齿　　　　　　矩形

总平面图

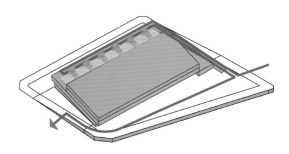

二层卸货仓库流线分析图

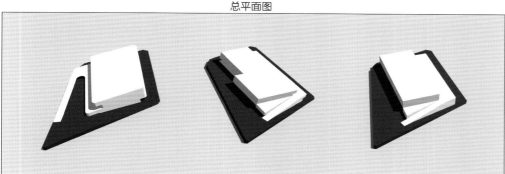

鸟瞰图

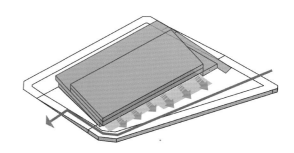

首层卸货仓库流线分析图

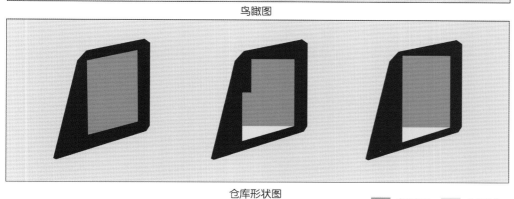

仓库形状图

仓库部分　　办公部分

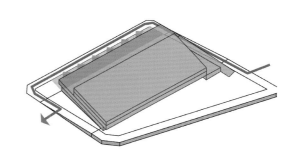

地下层卸货仓库流线分析图

| 与周边道路关系较好，建筑面积较容易做足 | 形状不规则，整体性不强 | 仓库形状规则好用，整体性强 |

综合考虑，选择形状规则、整体性较强的矩形方案。

▶

　　充分利用现有地形地貌，合理安排各个市政接口，合理组织交通与空间，营造高效、安全、充满生机的物流园区氛围。因物流园区建筑单体尺寸较大，规划结构采用组团并列的方式，每个地块布置一至两栋建筑构成独立组团，各组团采用对位、围合的手段，塑造完整统一的城市界面，从而使四个割裂的小地块整合为一个系统的物流园区。

土方策略

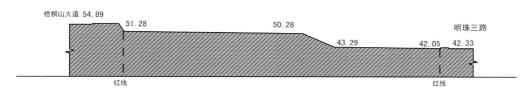

B2地块整体上可分为高差不同的两板块，两板块高差为8米。

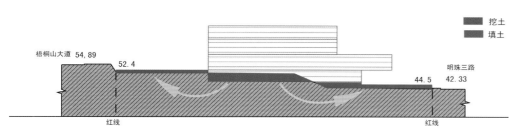

挖土
填土

将地下层挖出的土回填到基地中，将仓库前后的地坪填高。

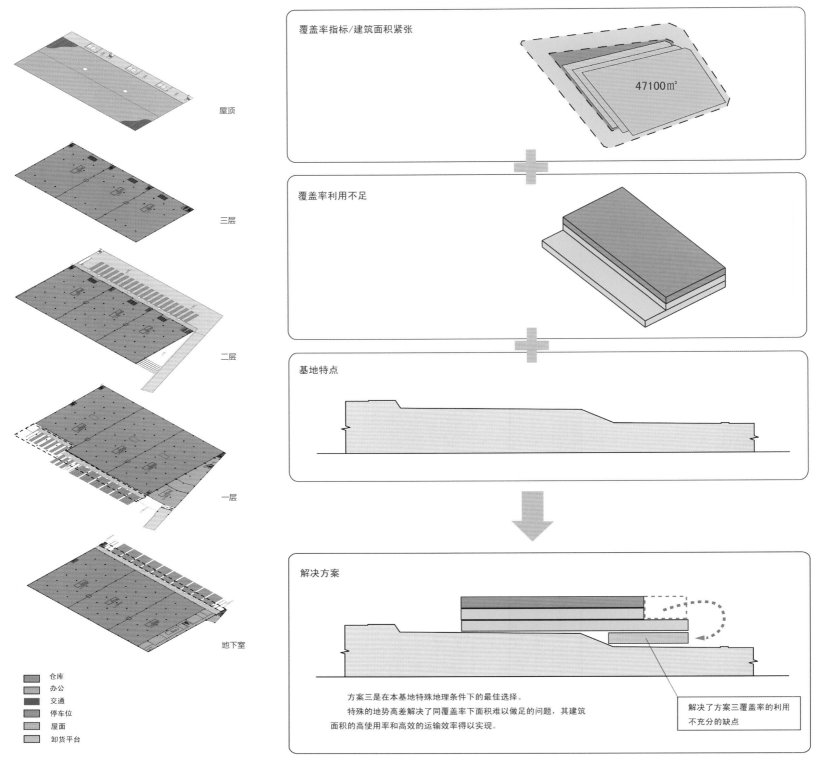

屋顶

三层

二层

一层

地下室

仓库
办公
交通
停车位
屋面
卸货平台

覆盖率指标/建筑面积紧张

47100㎡

覆盖率利用不足

基地特点

解决方案

　　方案三是在本基地特殊地理条件下的最佳选择。
　　特殊的地势高差解决了同覆盖率下面积难以做足的问题，其建筑
面积的高使用率和高效的运输效率得以实现。

解决了方案三覆盖率的利用
不充分的缺点

分析图

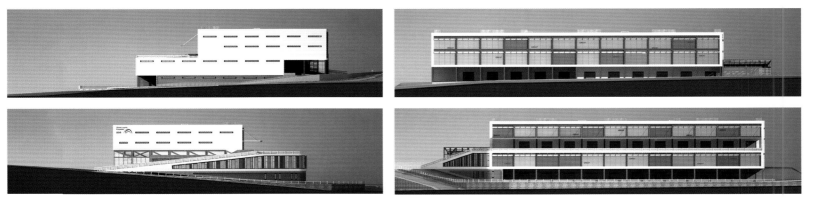

立面图

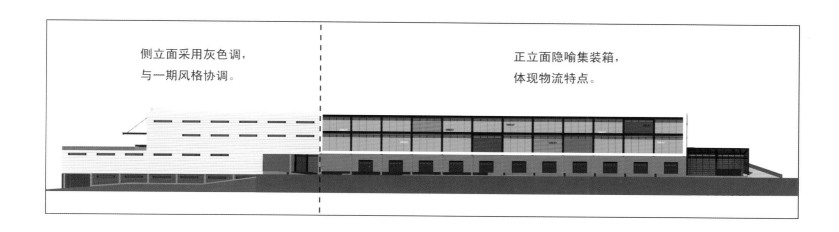

侧立面采用灰色调，
与一期风格协调。

正立面隐喻集装箱，
体现物流特点。

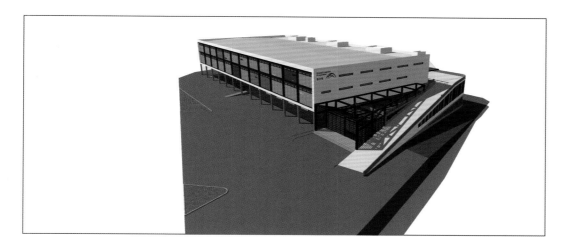

仓库主体与办公部分用不同的结构形
式，主次分明，达到对立统一。

建筑外墙全部采用涂料。以形式追随
功能的理念，让结构与功能的展示形
成丰富的立面，而不用多余装饰。

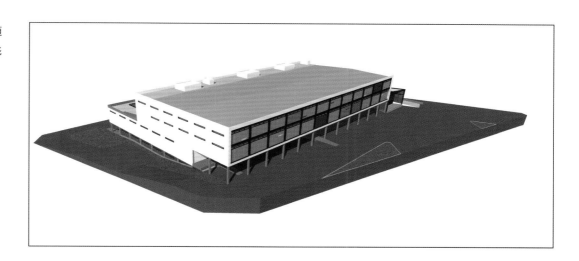

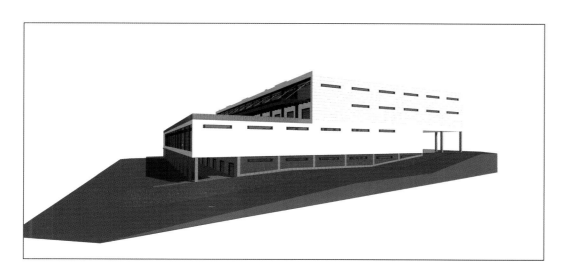

建筑从基地出发，从功能出发的设计
方略，在获得的造型上得到了明确的
体现，建筑如有生命一般和谐地趴在
坡地上。

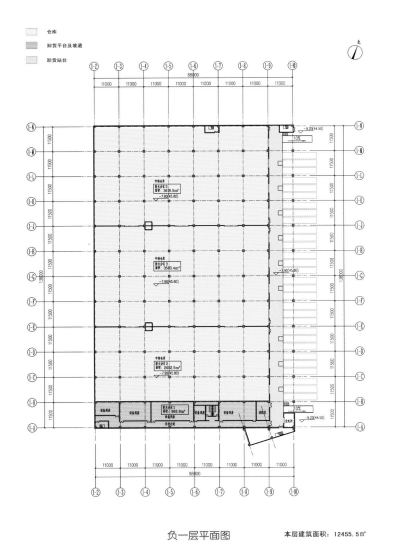

仓库
卸货平台及坡道
卸货站台

负一层平面图　　　本层建筑面积：12455.5㎡

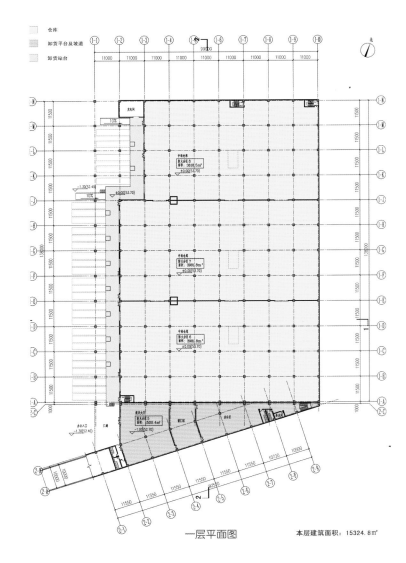

仓库
卸货平台及坡道
卸货站台

一层平面图　　　本层建筑面积：15324.8㎡

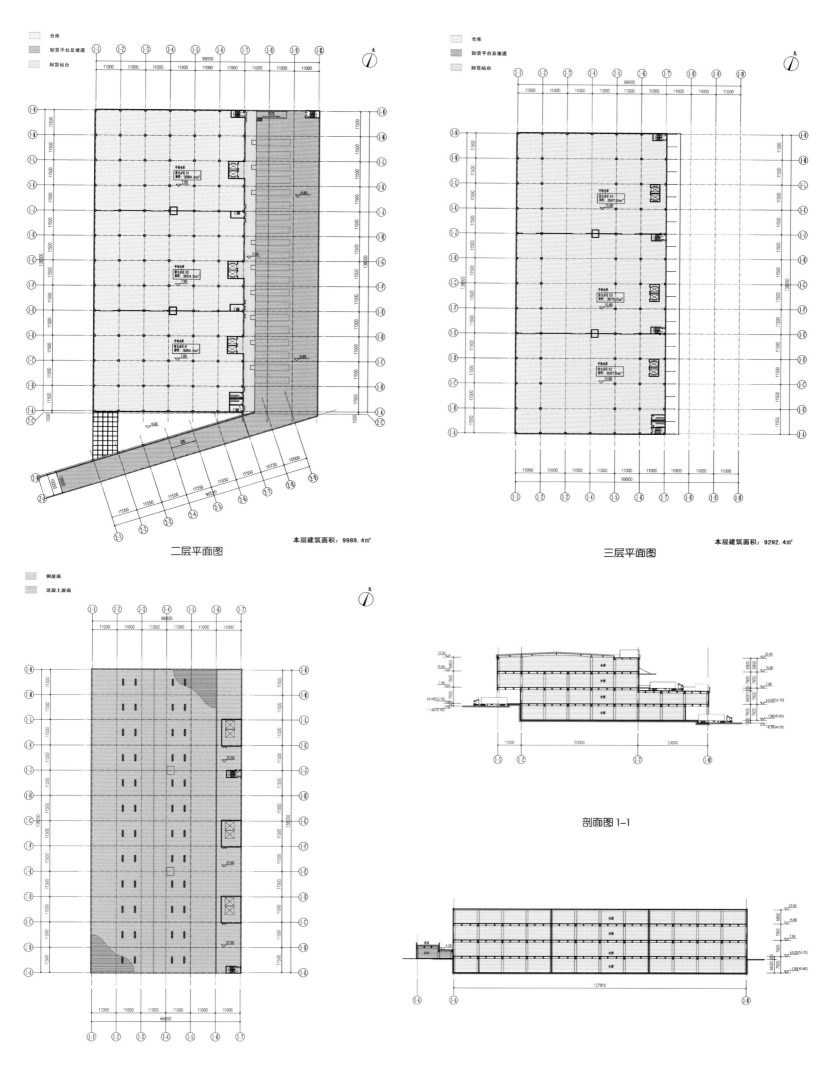

仓库
卸货平台及坡道
卸货站台

99000
11000 11000 11000 11000 11000 11000 11000 11000 11000

中营仓库 11
建筑面积: 3084.4m²

中营仓库 10
建筑面积: 3054.4m²

中营仓库 9
建筑面积: 3084.4m²

本层建筑面积: 9989.4m²

二层平面图

仓库
卸货平台及坡道
卸货站台

99000
11000 11000 11000 11000 11000 11000 11000 11000 11000

中营仓库 14
建筑面积: 3107.2m²

中营仓库 13
建筑面积: 3077.2m²

中营仓库 12
建筑面积: 3077.0m²

99000
11000 11000 11000 11000 11000 11000 11000 11000 11000

本层建筑面积: 9292.4m²

三层平面图

钢屋面
混凝土屋面

66000
11000 11000 11000 11000 11000 11000

66000
11000 11000 11000 11000 11000 11000

屋顶层平面图

剖面图 1-1

剖面图 2-2

SCHEME OF GRAND'S EQUIPMENT INDUS. PARK

格兰达装备园区

主创设计师：陈江华
创作团队：石海波、陈江华、顾洁琼、王 颖、张 军
项目地点：中国深圳
总用地面积：21 421 m²
总建筑面积：141 932 m²
容 积 率：2.5
绿 化 率：30.1%

该团队多年来致力于研发生产型园区、总部办公基地及物流仓储等类型的泛工业地产研究及建筑创作，获实施项目总建筑面积逾百万平方米。项目团队成员石海波、陈江华两人目前就职于深圳同济人建筑设计有限公司，但该项目是他们在深圳奥意建筑设计有限公司时的作品，特此声明。

▶

　　用地概况：项目用地位于深圳龙岗人大工业区内，东临翠景南路，北临规划路，南面与已建成的某工业园相接，在西侧通过一块待开发用地与兰景北路分隔开来。交通便利，用地东西方向较长，呈不规则形状。

　　设计理念：随着产业科技化、生产工艺自动化的进展，工厂已不再只是加工的"容器"，其设计应以人为本，为生产者创造舒适宜人的生产和生活环境。本方案正是从业主的使用要求和用地的基本情况出发，以"适用、经济、美观"为原则，力求为企业创造健康、高效、宜人的生产、研发、办公、生活环境，同时体现其深圳市半导体装备行业龙头的形象。

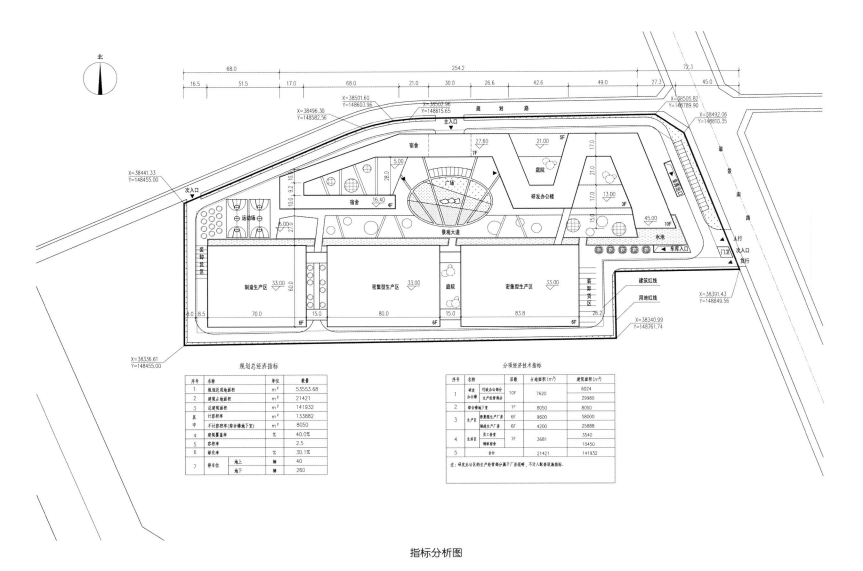

北

规　划　路

宿舍
广场
景观大道
研发办公楼
庭院
水池
运动场
宿舍
庭院
制造生产区
密集型生产区
密集型生产区
装卸货区
建筑红线
用地红线
门卫
主入口
次入口
车库入口
货行
人行

指标分析图

规划总经济指标

序号	名称		单位	数量
1	规划总用地面积		m²	53553.68
2	建筑占地面积		m²	21421
3	总建筑面积		m²	141932
其中	计容积率		m²	133882
	不计面积(综合楼地下室)		m²	8050
4	建筑覆盖率		%	40.0%
5	容积率			2.5
6	绿化率		%	30.1%
7	停车位	地上	辆	40
		地下	辆	260

分项经济技术指标

序号	名称		层数	占地面积(m²)	建筑面积(m²)
1	研发办公楼	行政办公部分	10F	7620	6024
		生产经营部分			29980
2	综合楼地下室		1F	8050	8050
3	生产区	密集型生产厂房	6F	9600	58000
		制造生产厂房	6F	4200	25888
4	生活区	员工食堂	7F	3681	3540
		倒班宿舍			10450
5	合计			21421	141932

注：研发办公区的生产经营部分属于厂房范畴，不计入配套设施指标。

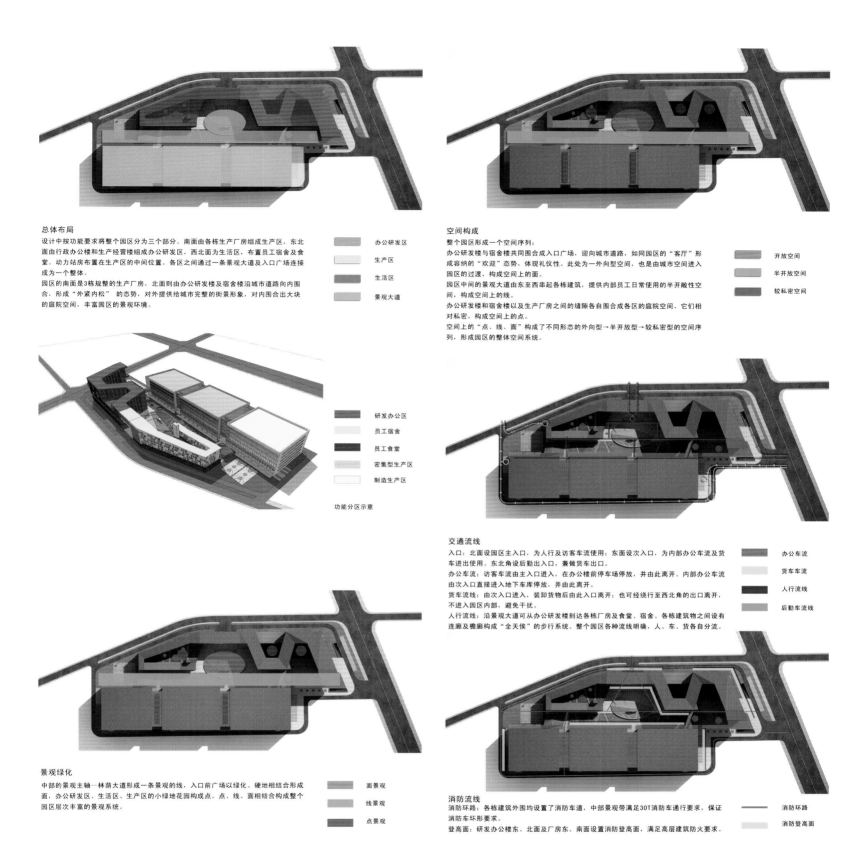

总体布局

设计中按功能要求将整个园区分为三个部分。南面由各栋生产厂房组成生产区,东北面由行政办公楼和生产经营楼组成办公研发区,西北面为生活区,布置员工宿舍及食堂。动力站房布置在生产区的中间位置。各区之间通过一条景观大道及入口广场连接成为一个整体。

园区的南面是3栋规整的生产厂房,北面则由办公研发楼及宿舍楼沿城市道路向内围合,形成"外紧内松"的态势,对外提供给城市完整的街景形象,对内围合出大块的庭院空间,丰富园区的景观环境。

- 办公研发区
- 生产区
- 生活区
- 景观大道

空间构成

整个园区形成一个空间序列:

办公研发楼与宿舍楼共同围合成入口广场,迎向城市道路,如同园区的"客厅"形成容纳的"欢迎"态势,体现礼仪性。此处为一外向型空间,也是由城市空间进入园区的过渡,构成空间上的面。

园区中间的景观大道由东至西串起各栋建筑,提供内部员工日常使用的半开放性空间,构成空间上的线。

办公研发楼和宿舍楼以及生产厂房之间的缝隙各自围合成各区的庭院空间,它们相对私密,构成空间上的点。

空间上的"点、线、面"构成了不同形态的外向型→半开放型→较私密型的空间序列,形成园区的整体空间系统。

- 开放空间
- 半开放空间
- 较私密空间

景观绿化

中部的景观主轴—林荫大道形成一条景观的线,入口前广场以绿化、硬地相结合形成面,办公研发区、生活区、生产区的小绿地花园构成点。点、线、面相结合构成整个园区层次丰富的景观系统。

- 面景观
- 线景观
- 点景观

功能分区示意

- 研发办公区
- 员工宿舍
- 员工食堂
- 密集型生产区
- 制造生产区

交通流线

入口:北面设园区主入口,为人行及访客车流使用;东面设次入口,为内部办公车流及货车进出使用。东北角设后勤出入口,兼做货车出口。

办公车流:访客车流由主入口进入,在办公楼前停车场停放,并由此离开。内部办公车流由次入口直接进入地下车库停放,并由此离开。

货车流线:由次入口进入,装卸货物后由此入口离开;也可经绕行至西北角的出口离开,不进入园区内部,避免干扰。

人行流线:沿景观大道可从办公研发楼到达各栋厂房及食堂、宿舍。各栋建筑物之间设有连廊及檐廊构成"全天候"的步行系统。整个园区各种流线明确,人、车、货各自分流。

- 办公车流
- 货车车流
- 人行流线
- 后勤车流线

消防流线

消防环路:各栋建筑外围均设置了消防车道,中部景观带满足30T消防车通行要求,保证消防车环形要求。

登高面:研发办公楼东、北面及厂房东、南面设置消防登高面,满足高层建筑防火要求。

- 消防环路
- 消防登高面

功能分区示意图

▶

建筑造型

厚重的实墙面及同比例的开窗方式形成此园区建筑的统一风格,给人庄重、大气的感受,体现企业未来"百年老店,百年品牌"的丰富内涵。

外墙采用咖啡色面砖与透明玻璃相协调,是对庄重、大气建筑风格的最佳诠释。

办公研发楼采用庭院式布局,空间丰富、进深小,利于自然通风采光、改善工作环境、节约能源。生产厂房的辅助房间布置集中,利于大空间布置生产线;便于采用较大柱网、层高及荷载,以达到可更替性、可持续性。宿舍大部分采用单面外廊式布局,利于采光通风,舒适节能。

"龙与舟"的象征含义 (GRAND's ARK)

园区的整体布局中,北面的办公研发楼与宿舍楼连在一起——蜿蜒曲折,向东逐步升高,仿佛一条欲飞的巨龙,象征着格兰达企业蓬勃发展的未来。

而南面厂房整齐严谨而理性的形象被北面的"巨龙"牵引,仿佛一座方舟乘风破浪前行,象征着企业以研发创新为根本,带动产业稳健、理性向前发展。

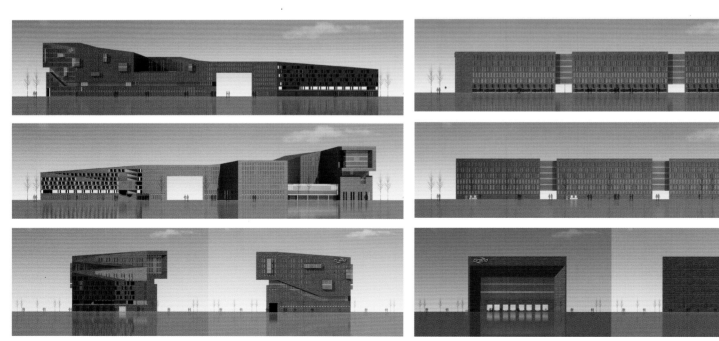

立面图

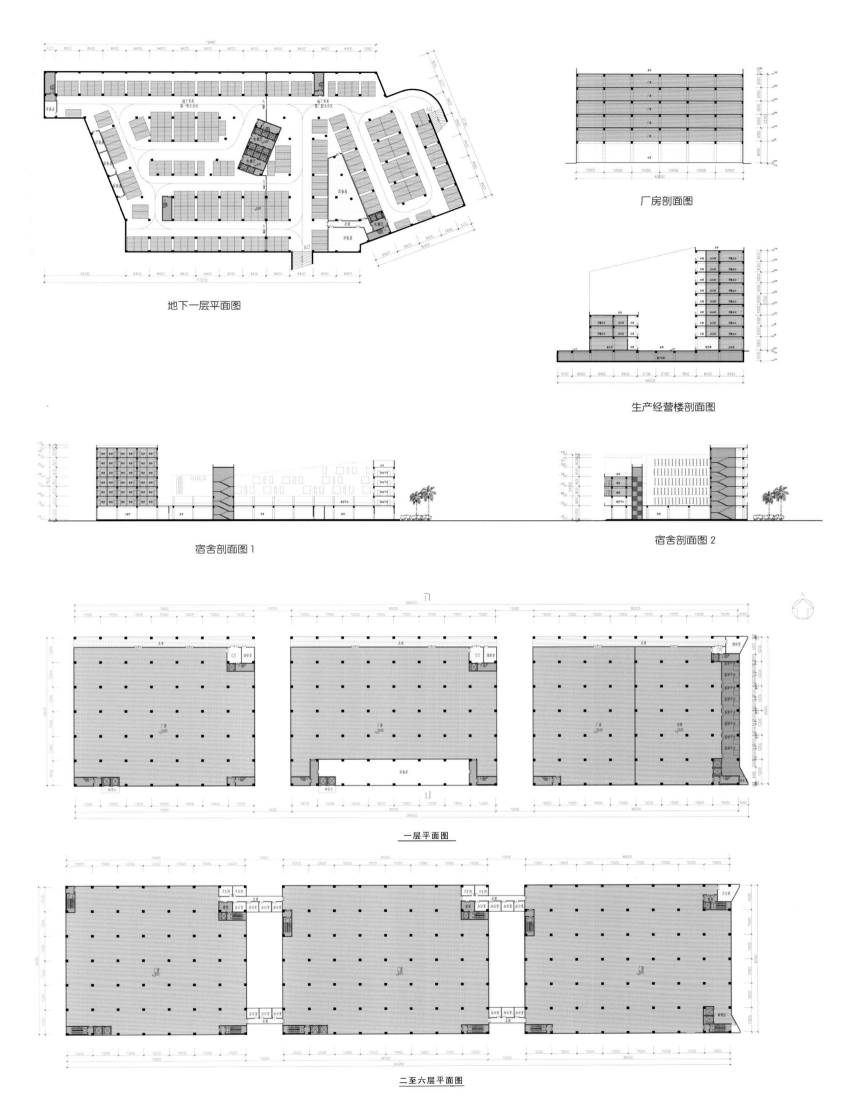

地下一层平面图

厂房剖面图

生产经营楼剖面图

宿舍剖面图 1

宿舍剖面图 2

一层平面图

二至六层平面图

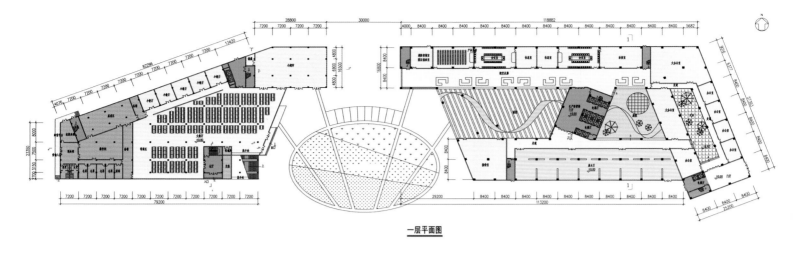

一层平面图

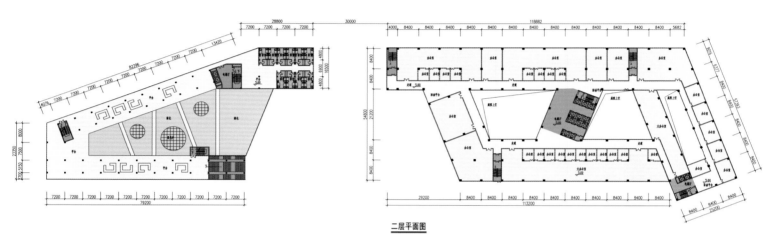

二层平面图

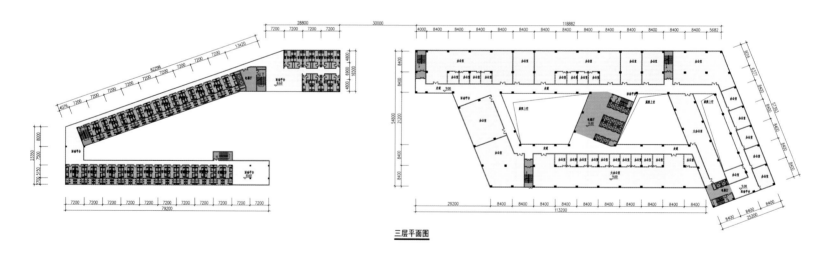

三层平面图

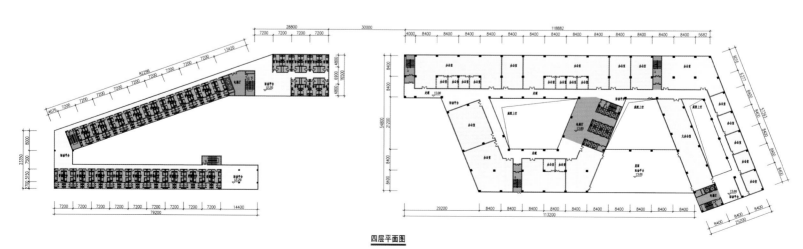

四层平面图

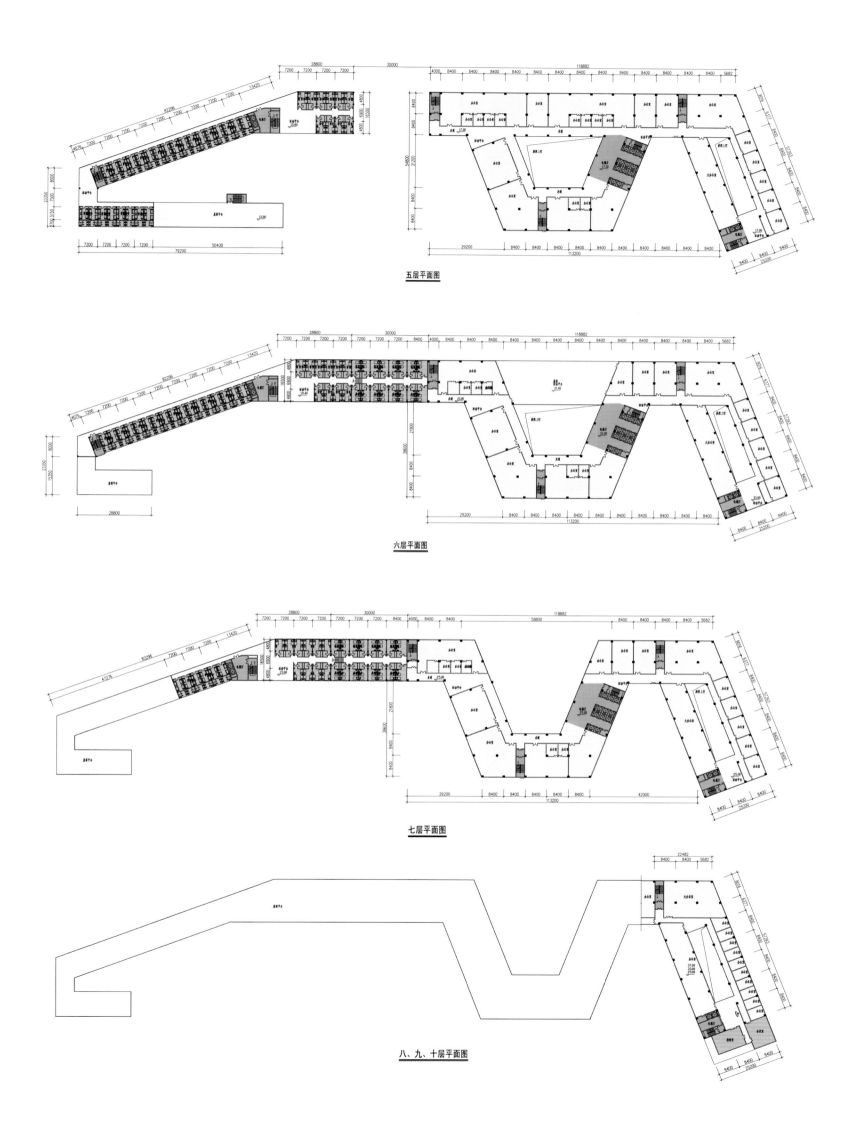

五层平面图

六层平面图

七层平面图

八、九、十层平面图

SCHEME OF FIVE STAR PARK
广东五星太阳能产业园

主创设计师：陈江华
创作团队：石海波、陈江华、易立学 、顾洁琼
项目地点：中国深圳
用地面积：50 830 m²
项目面积：201 400 m²
容 积 率：1.56
绿 化 率：38.6%

该团队多年来致力于研发生产型园区、总部办公基地及物流仓储等类型的泛工业地产研究及建筑创作，获实施项目总建筑面积逾百万平方米。项目团队成员石海波、陈江华两人目前就职于深圳同济人建筑设计有限公司，但该项目是他们在深圳奥意建筑设计有限公司时的作品，特此声明。

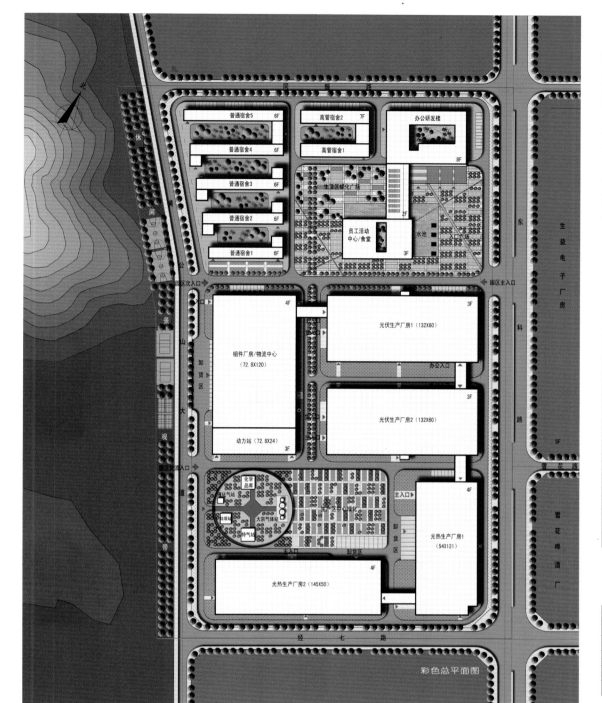

经济技术指标总表

序号	名称	单位	数量
1	规划总用地面积	m²	128443.7
2	建筑占地面积	m²	50830
3	总建筑面积	m²	201700
其中	计容积率建筑面积	m²	200020
	不计容积率建筑面积（地下水池）	m²	1680
4	建筑覆盖率	%	39.6%
5	容积率		1.56
6	绿化率	%	38.6%
7	停车位	辆	240

注：DK-17-2地块仅作为绿化及运动场地，无建筑物，因此未计入总用地面积及各指标。

建筑物一览表

序号	名称		占地面积(m²)	建筑面积(m²)
1	办公研发大楼		3050	19500
2	生活区	员工活动中心、食堂	1800	5100
		普通宿舍1-5	4500	25500
		高管宿舍1、2	1550	9900
	小计		7850	40500
3	光伏区	光伏生产厂房1	7900	23500
		光伏生产厂房2	7900	23500
		组件厂房物流中心	8400	33600
		动力站（含地下室）	1680	6400
		特气、大宗气体站化学品库、垃圾站	500	300
	小计		26380	87300
4	光热区	光热生产厂房1	6350	25600
		光热生产厂房2	7200	28800
	小计		13550	54400
	总计		50830	201700

一期建设经济技术指标表

序号	名称	占地面积(m²)	建筑面积(m²)
1	光伏生产厂房1	7900	23500
2	普通宿舍1	750	4000
3	动力站（含地下室）	1680	6400
4	特气站、大宗气体站化学品库、垃圾站	500	300
	合计	10830	34200

平面图

项目用地位于东莞市东城区科技工业园群山脚下，地势平坦、风光秀美，由南部三个南北向串接的长方形地块和西侧因退让山体而形成的带状地块组成；它东临园区丰十道东科路，西侧、南侧及北侧和规划的次要道路相接。

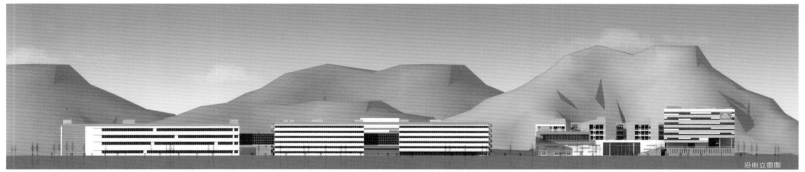

总立面图

功能分区图

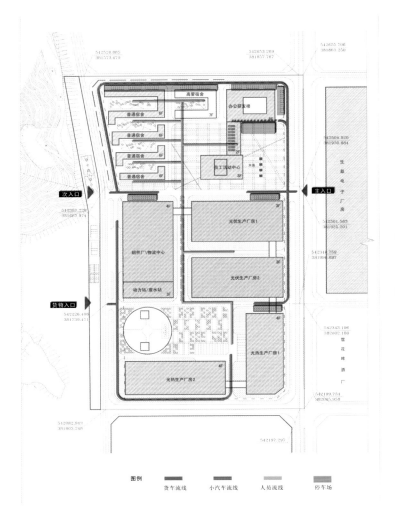

流线分析图

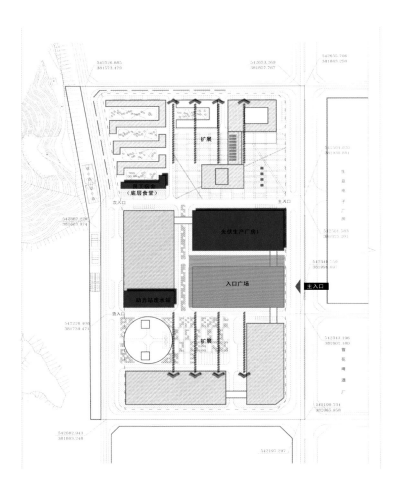

分期建设图

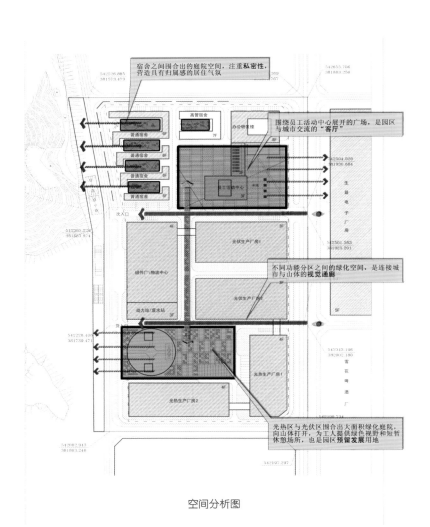

空间分析图

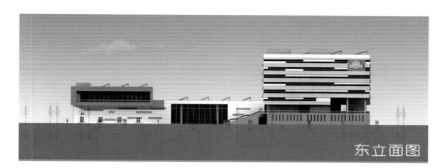

东立面图

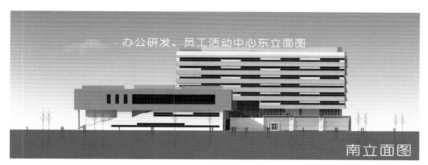

办公研发、员工活动中心东立面图

南立面图

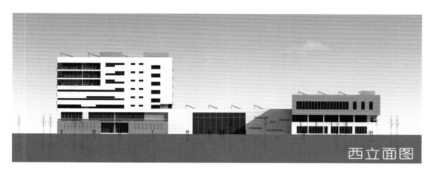

西立面图

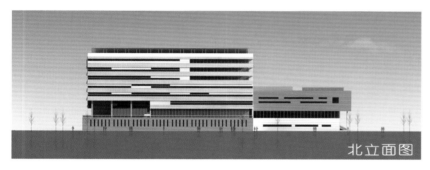

北立面图

北立面图

东立面图

	高管宿舍	生产区
办公研发楼/活动中心		普通宿舍

整个园区

绿色建筑策略

在建筑建造和使用过程中会消耗大量自然资源，同时增加环境负荷。因此，绿色建筑特别是利用可再生能源是当今发展趋势，也是设计关注的重点。在这个项目的总体设计中，采用国际上先进的风环境及日照模拟计算软件进行总图比选与优化，使各建筑占地少、布局合理。这些设计获得良好的自然通风和采光效果。另外，园区统一采用外墙外保温体系、遮阳系统、自然通风系统、室内环境智能调控系统以及透水地面、雨污水回用、断热铝合金中空 LOW-E 窗系统、环保建筑材料等多项新技术，最大限度减少能量消耗，达到"四节一环保"的绿色建筑要求。

功能分区

设计中按总体规划的功能要求，将整个园区分为三部分——用地东北角布置办公研发区，西北角布置生活区，中部布置光伏生产区，南面布置光热生产区；动力站等生产辅助设施设置在两生产区的中央位置，这样既方便了生产区的使用，位置又相对隐蔽，减少了对其他区域的干扰。各功能区域由北至南连接成为一个整体，而彼此之间恰好由地块中部两条不确定的市政规划路分开，使同区各产业的分期建设更具灵活性与整体性。

建筑布局与空间

园区北面的办公研发区及生活区是室外活动最多的场所，需要大量的公共空间供其交往和活动。设计中将办公研发楼与食堂共同围合成入口广场，迎向城市主要道路，形成体现企业特色的礼仪性广场，如同园区的"客厅"与城市空间交融、对话。生活区的普通宿舍依山而建，采用外廊式布局，由南向北依次排开，并向山体围合，形成便于管理且相对独立的区域。高管宿舍南北朝向布置面向山体 U 形围合，位于普通宿舍与办公研发楼之间，同时又与食堂共同围合为一处较幽静的休闲场所。光伏生产区由两栋电池生产厂房和一栋底层为物流中心的组件厂房构成。两栋电池生产厂房并排形成一个整体，一端面向城市道路，另一端与组件厂房垂直相望，中间由一条贯通生产区与生活区的景观大道隔开并设有连廊使其相通。南面光热生产区由两栋标准生产厂房沿城市道路展开，形成"外紧内松"的态势，对外提供给城市完整的街景形象，对内围合出大块的庭院空间，丰富园区内的景观环境。

图例
- 库房
- 包装区
- 辅助，管理区
- 组件区
- 设备区
- 办公研发区

- 办公人员流线
- 生产员工流线
- 货物流线

一期一层厂房平面配置

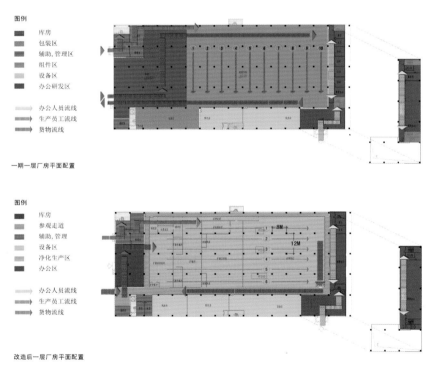

图例
- 库房
- 参观走道
- 辅助，管理
- 设备区
- 净化生产区
- 办公区

- 办公人员流线
- 生产员工流线
- 货物流线

改造后一层厂房平面配置

图例
- 参观走道
- 辅助，管理
- 设备区
- 净化生产区
- 办公区

- 办公人员流
- 生产员工流
- 货物流线

二三层厂房平面配置

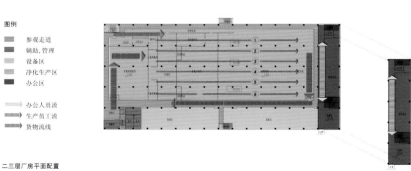

光伏生产厂房工艺流程图

▶

　　生产初期，一层主要为组装车间，并设置了设备区、库房、办公区。共设置员工、物流、办公三个入口，分别连接三条主要流线，各流线彼此独立、互不干扰。办公研发区位于厂房沿街一侧，并设置夹层以增加使用空间。本期厂房具备 350 兆瓦产能。在后期建设完成、一层转换为光伏生产区后，可以提供 6 条生产线，使得本期厂房具备 540 兆瓦的产能。生产厂房层高 7.2 米，平面采用 12×8 米柱网，可以并置两条生产线，兼顾舒适性与经济性。

　　厂房二、三层为光伏生产区，并不受分期建设影响，每层可提供 6 条生产线；核心区为净化车间，根据净化等级要求划分平面；生产由入货开始，向另一侧单向行进。洁净区外围为设备区与辅助办公区，由参观走道分隔开来。

　　由于原材料的体积需要占用组件厂房，设计将组件厂房与物流中心整合。一层为物流中心，二到四层为组件厂房，使流程在立体空间内形成单向闭合的环路。

　　一层为原材料库、成品库与包装区；货梯单向垂直运输，原材料入库以后，运送到楼上组装车间进行流水线作业，组装完毕后，再回到首层进行包装，并存入成品库。

　　光伏生产区作为一个整体存在，平面和空间都紧凑实用。物资流线、动力管线都较短，有助于提高生产效率。

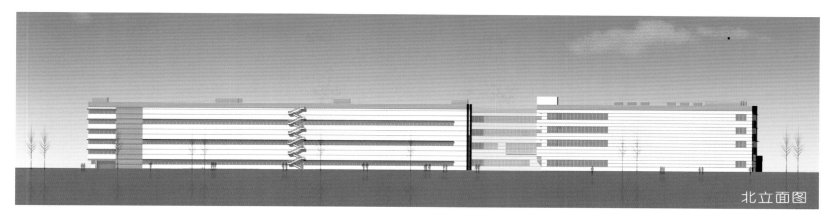

北立面图

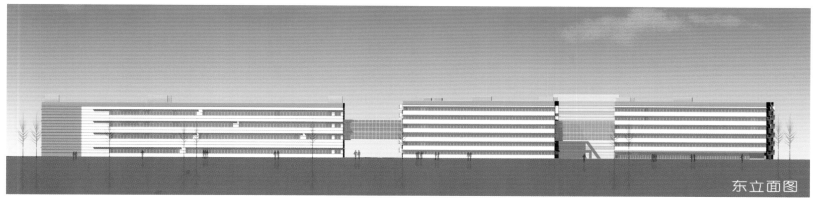

东立面图

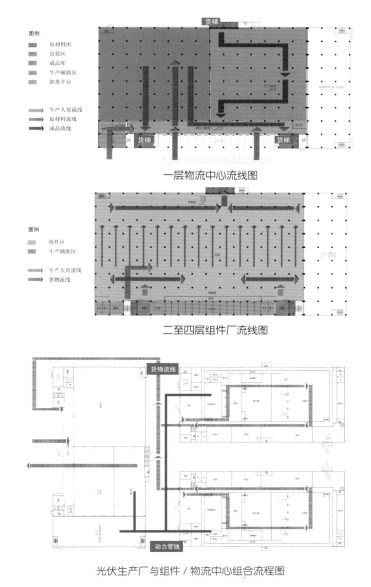

一层物流中心流线图

二至四层组件厂流线图

光伏生产厂与组件／物流中心组合流程图

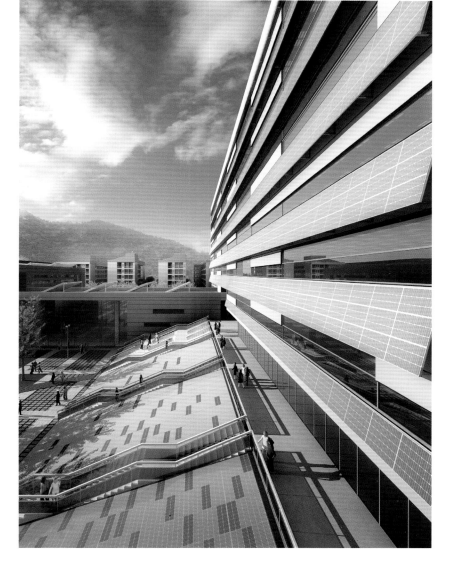

一层平面图

二层平面图

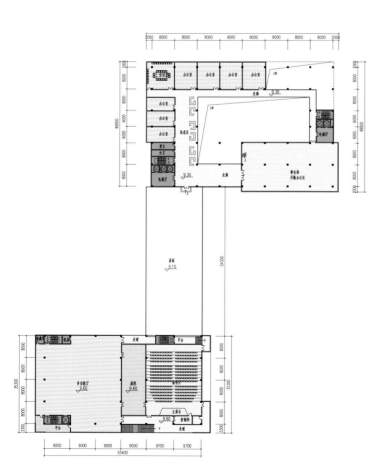

三层平面图

四层平面图

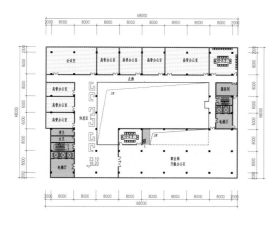

五层平面图

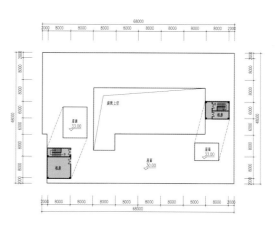

屋顶层平面图

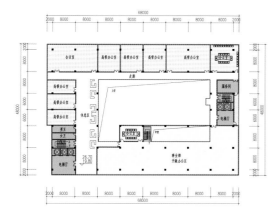

七层平面图

剖面图

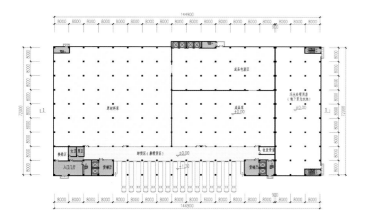

物流中心一层平面图

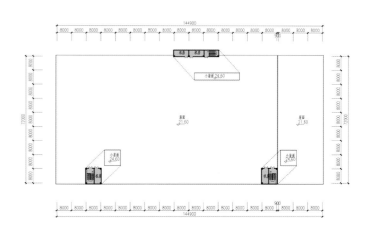

物流中心屋顶层平面图

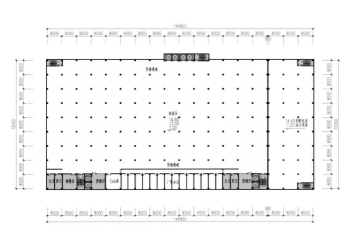

物流中心二－四层平面图

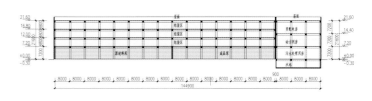

物流中心剖面图

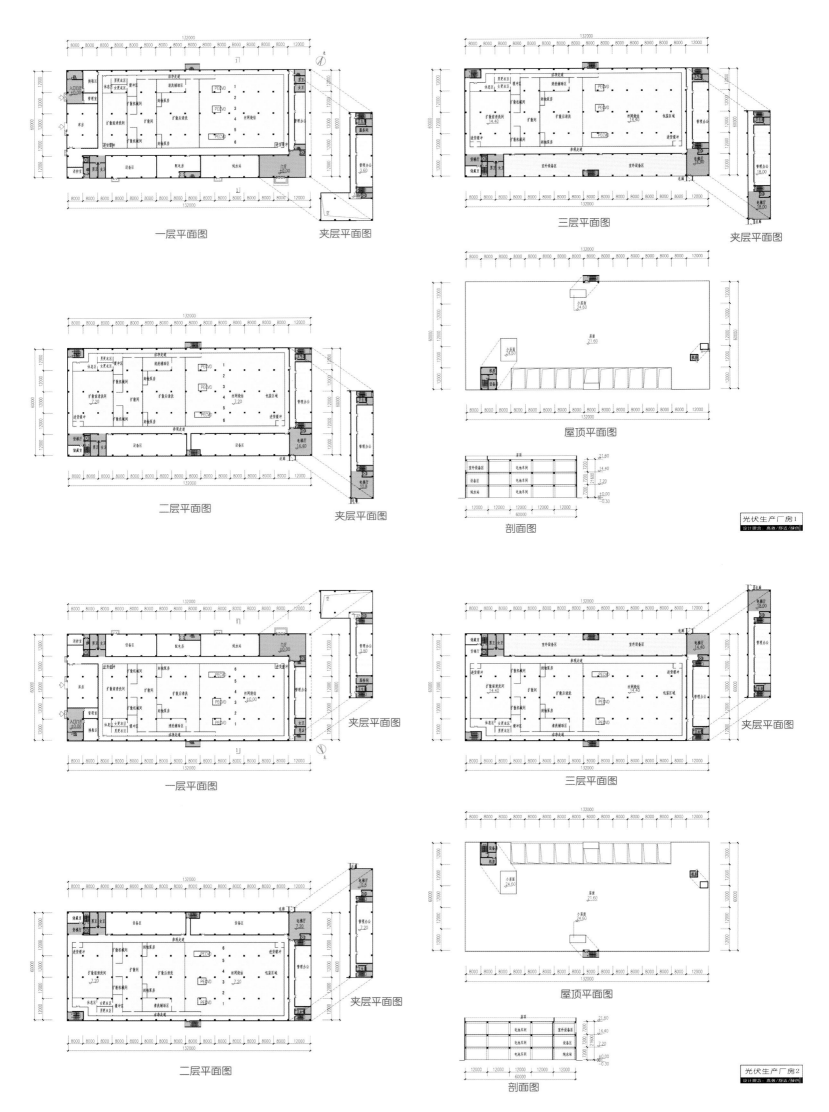

一层平面图

夹层平面图

二层平面图

夹层平面图

三层平面图

夹层平面图

屋顶平面图

剖面图

光伏生产厂房1

一层平面图

夹层平面图

二层平面图

三层平面图

夹层平面图

屋顶平面图

剖面图

光伏生产厂房2

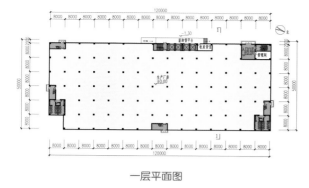

一层平面图

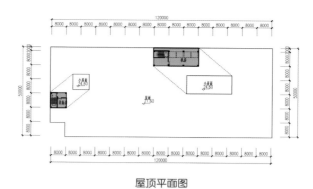

屋顶平面图

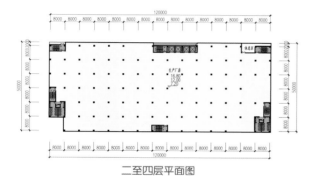

二至四层平面图

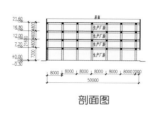

剖面图

光热生产厂房1
设计理念：高效/节能/绿色

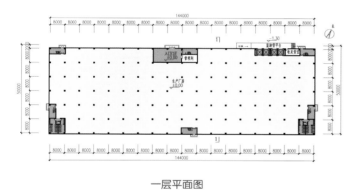

一层平面图

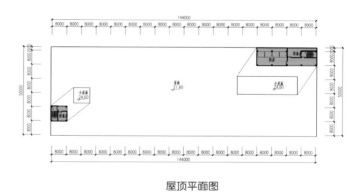

屋顶平面图

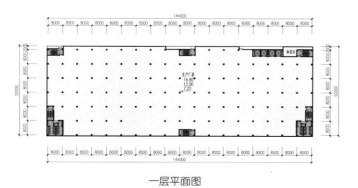

一层平面图

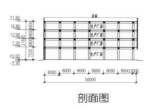

剖面图

光热生产厂房2
设计理念：高效/节能/绿色

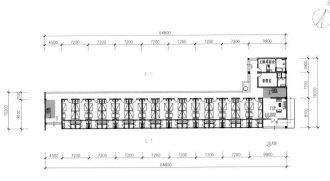

普通宿舍1一层平面图

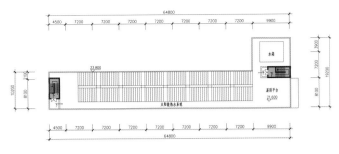

普通宿舍1屋顶平面图

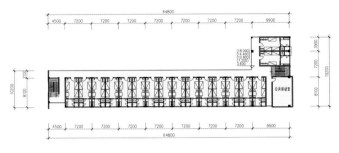

普通宿舍1标准层平面图

剖面图

普通宿舍 1

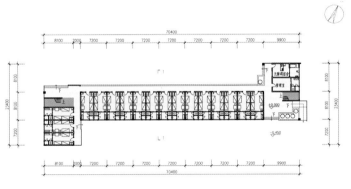

普通宿舍2一层平面图

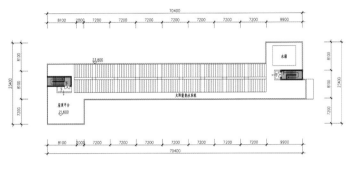

普通宿舍2屋顶平面图

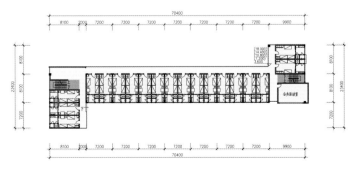

普通宿舍2标准层平面图

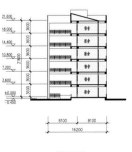

剖面图

普通宿舍 2

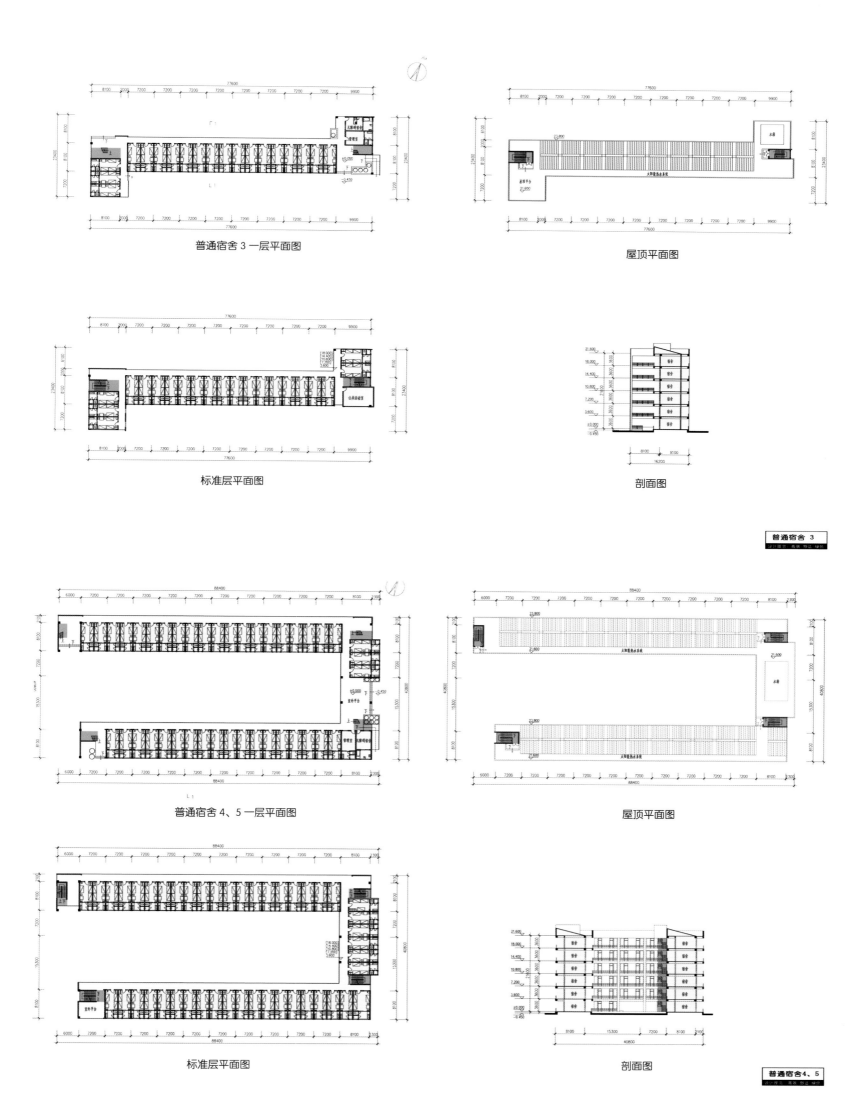

普通宿舍 3 一层平面图

屋顶平面图

标准层平面图

剖面图

普 通 宿 舍 3

普通宿舍 4、5 一层平面图

屋顶平面图

标准层平面图

剖面图

普通宿舍4、5

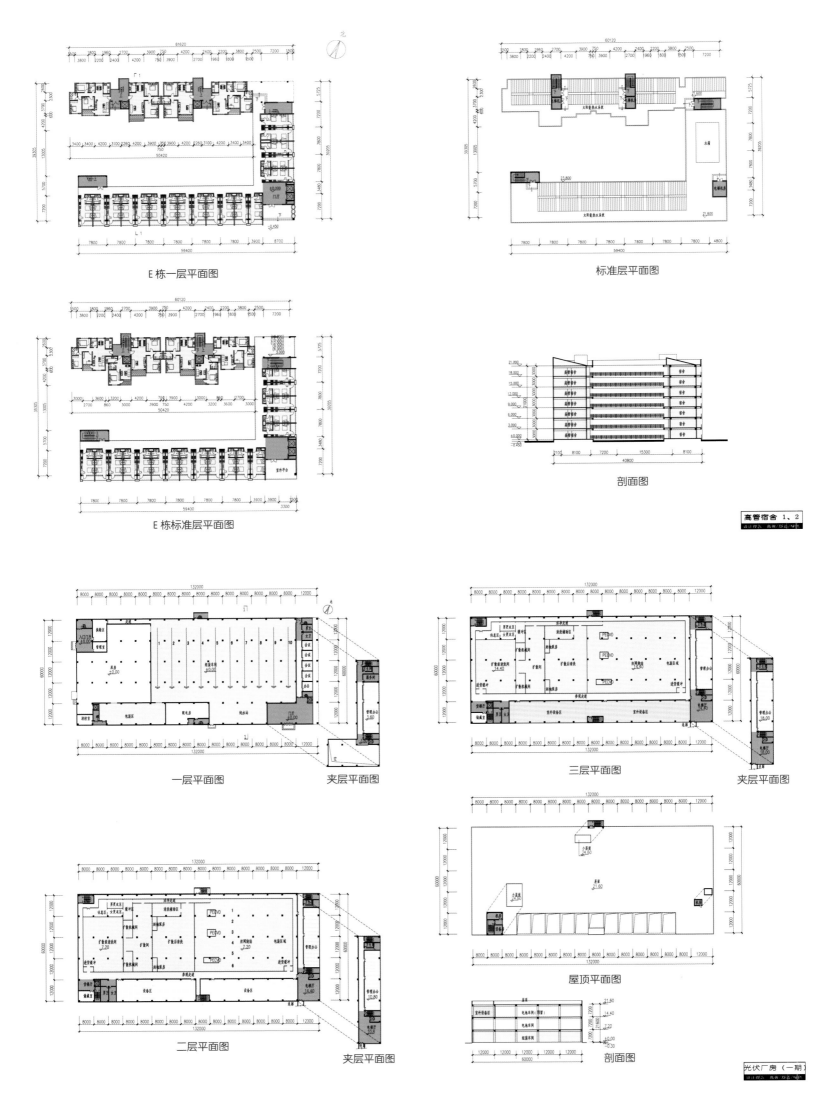

E栋一层平面图

标准层平面图

剖面图

E栋标准层平面图

高管宿舍 1、2

一层平面图

夹层平面图

三层平面图

夹层平面图

二层平面图

夹层平面图

屋顶平面图

剖面图

光伏厂房（一期）

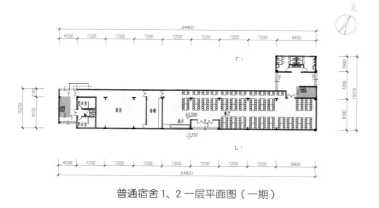

普通宿舍1、2一层平面图（一期）

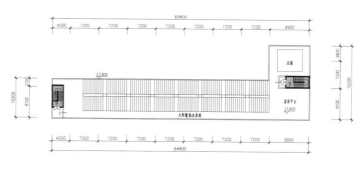

D栋屋顶平面图（一期）

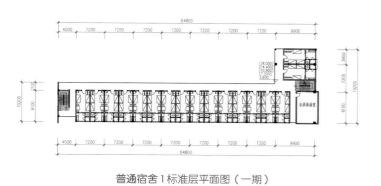

普通宿舍1标准层平面图（一期）

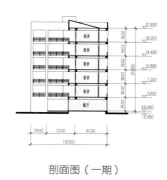

剖面图（一期）

普通宿舍1（一期）

THE INDUSTRIAL PARK OF HAN'S LASER IN MINHANG, SHANGHAI
上海大族闵行航天产业园

主创设计师：陈江华
创作团队：石海波、陈江华、梁亨达、曹 幸、王 翔、戚洋洋
项目地点：中国上海
总用地面积：10 810 m²
总建筑面积：71 710 m²
容 积 率：1.59
绿 化 率：35%

该团队多年来致力于研发生产型园区、总部办公基地及物流仓储等类型的泛工业地产研究及建筑创作，获实施项目总建筑面积逾百万平方米。项目团队成员石海波、陈江华两人目前就职于深圳同济人建筑设计有限公司，但该项目是他们在深圳奥意建筑设计有限公司时的作品，特此声明。

▶
　　项目用地位于上海市闵行区联航路以南，万芳路以西，用地呈规则四边形，地势平坦。联航路与万芳路虽道路红线宽度相同（同级别道路），但因联航路是东西走向，连接着浦尔与浦曲，其人流、车流更加繁忙，因此沿联航路是园区形象的重要展示面，而用地西侧的三鲁河景色优美，是项目的重要景观资源。

　　"城市、自然、产业"是高品质工业园区不可或缺的要素——园区规划建设应在城市总体规划构架下，立足自然与生态，进行工程系统合理布局，实现城市、自然与企业三者利益共赢。该项目基地周边景观资源丰富，市政规划完备。规划一座绿色高水准产业园区将是我们方案设计的理念与目标。

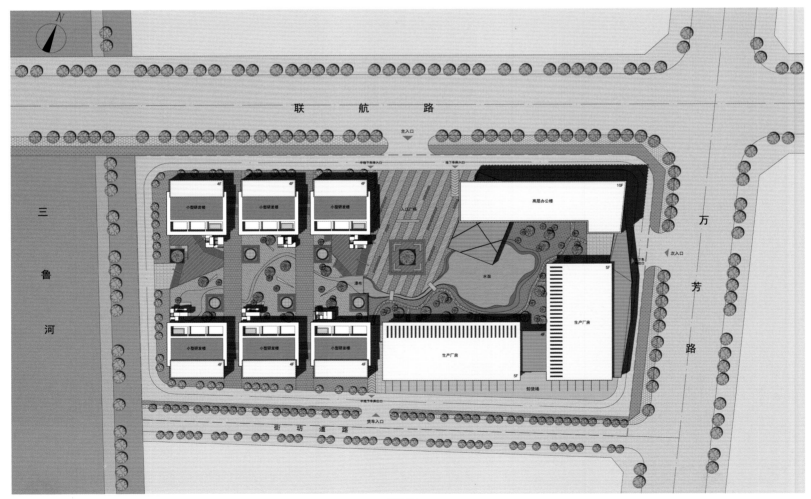

总规划图

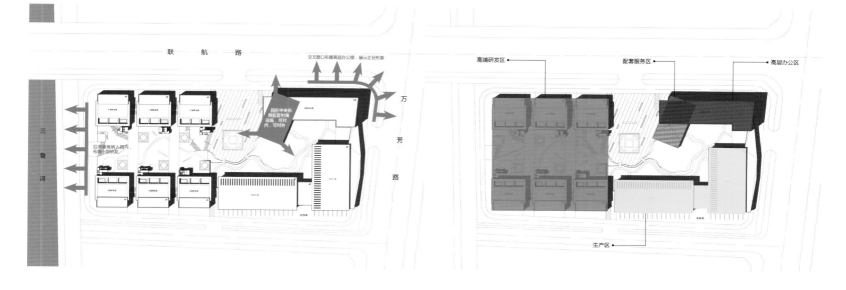

布局分析平面图   功能分区平面图

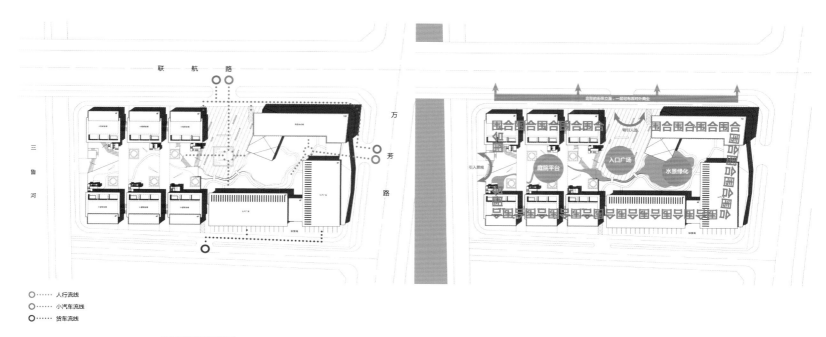

○ ┈┈ 人行流线
○ ┈┈ 小汽车流线
○ ┈┈ 货车流线

交通流线平面图   空间景观平面图

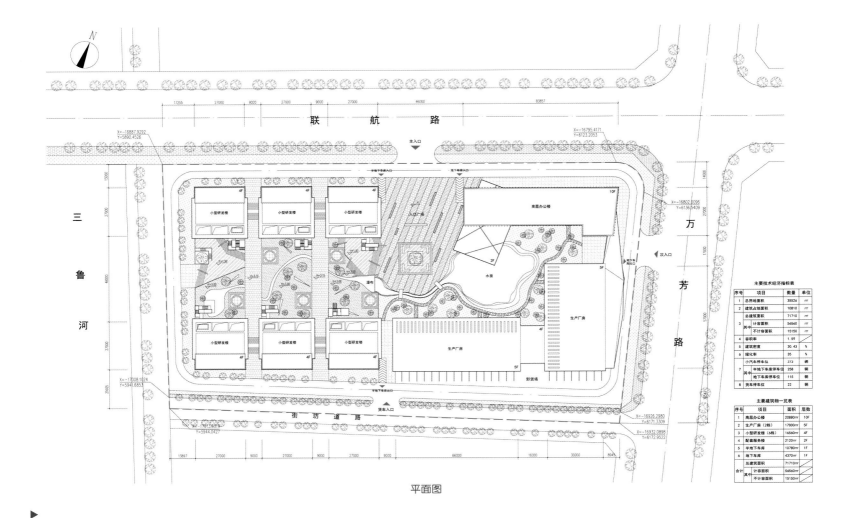

平面图

▶

城市设计——围合与融合

　　此类项目的建造一般有两种布局，一种是将建筑体量集中置于地块中央，另一种是建筑沿用地外围布置，中部镂空为庭院。前者能提供更大的室外广场与城市道路衔接，后者则更具东方建筑的韵味，各具优点。但作为任务书所要求的开发项目，需要营造一种"势"，因此我们运用外围式布局。围合的同时，外围界适度打开，使建筑密度上集中在南北两侧，保证中部空间的低密度，从而实现城市在东西轴向（浦东浦西）的空间渗透。这种布局虽比集中式布局少了外围的室外空间，但通过建筑底部大尺度的架空及开口，可以很容易将人流引入庭院内部，从而使"内庭院"反转为城市公共的"外庭院"，如此，该项目就变成了片区内为数不多的"公共建筑"，使得入驻园区各企业的品牌形象及产品与大众的距离更近，从而使产业园建筑"开放与共享"的理念得以更大提升。

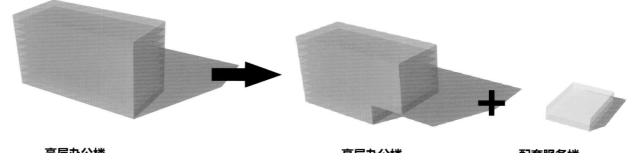

高层办公楼

10~12 层
总面积约 20 000 平方米

高层办公楼

10 层
总面积约 20 000 平方米

配套服务楼

2 层
总面积约 2 000 平方米

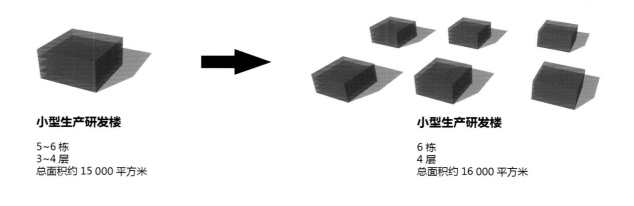

小型生产研发楼

5~6 栋
3~4 层
总面积约 15 000 平方米

小型生产研发楼

6 栋
4 层
总面积约 16 000 平方米

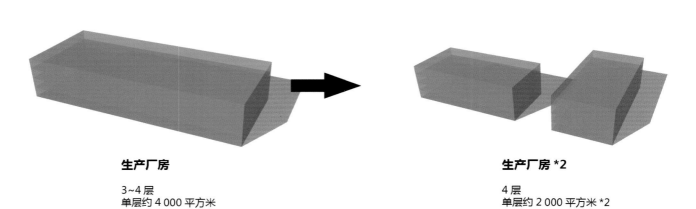

生产厂房

3~4 层
单层约 4 000 平方米

生产厂房 *2

4 层
单层约 2 000 平方米 *2

▶

交通流线——分流与引导

　　园区实行人车分流。人行在庭院内侧，货车及小汽车在建筑外围。货车及小汽车由园区外侧的出入口进入半地下室及地下室停放。行人由主入口进入庭院，或者由四周市政路经建筑之间的通道进入庭院，再经各门厅进入生产用房及研发用房。

景观设计——多层次与公众参与

　　园区各栋建筑共同围合成一个中央庭院，对外形成完整的街景立面，各栋建筑一层沿街布置对外商业功能，可辐射周边地块；对内划分成几个小庭院，中部是入口广场，以硬质铺地为主，结合同区主题雕塑，吸引人流进入园区，并引导人流走向各栋建筑；西部庭院迎向三鲁河方向形成半开放空间，将自然景观引入园区；庭院中央为半地下停车库，一方面车库可自然采光通风，另一方面使得庭院有了高差变化，层次更加丰富，并提供更多的观景平台。东部庭院引入水体，与绿化结合，供高层办公和生产厂房共同使用。整个庭院以轴线和水体统一成一体。另外，各栋建筑屋顶均设置屋顶绿化空间，打造多层次立体景观空间，提供人们工作之余的休憩观景场所，提升研发办公及生产的空间品质。

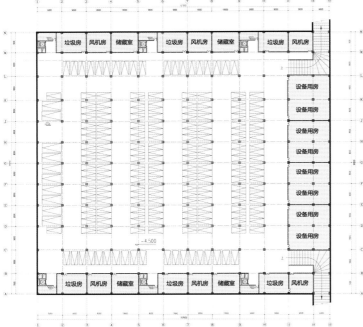

半地下车库平面图

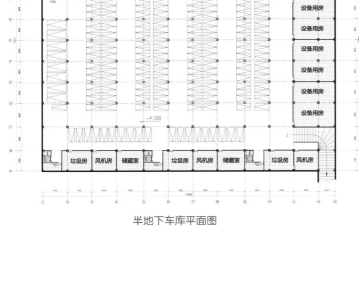

高层办公楼地下一层平面图

经济节能——半地下停车库

庭院下方为半地下停车库，向地下开挖不到2米，在顶部设置天窗，可获得天然采光和通风，同时也是庭院中的景观小品。

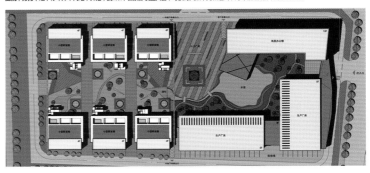

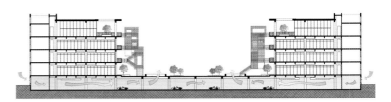

半地下车库通风采光示意图

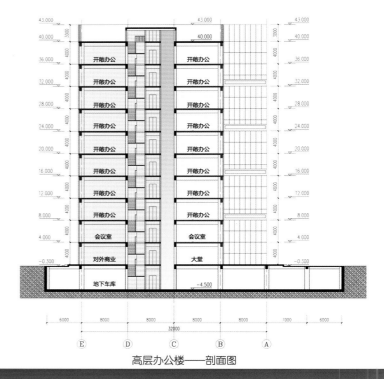

高层办公楼——剖面图

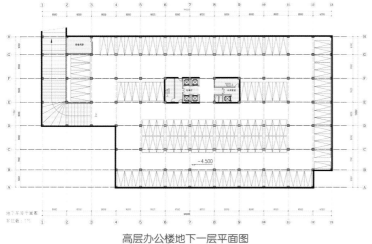

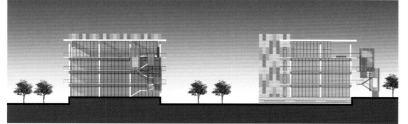

立面图

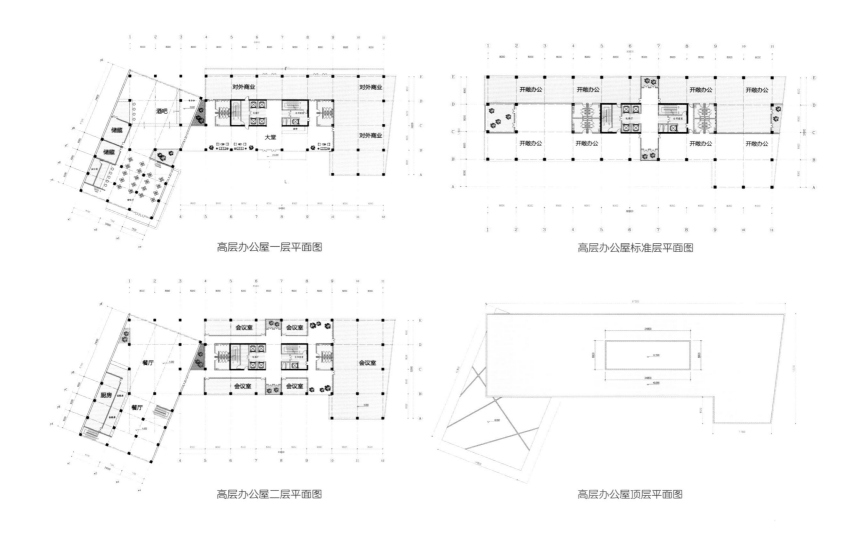

高层办公屋一层平面图

高层办公屋标准层平面图

高层办公屋二层平面图

高层办公屋顶层平面图

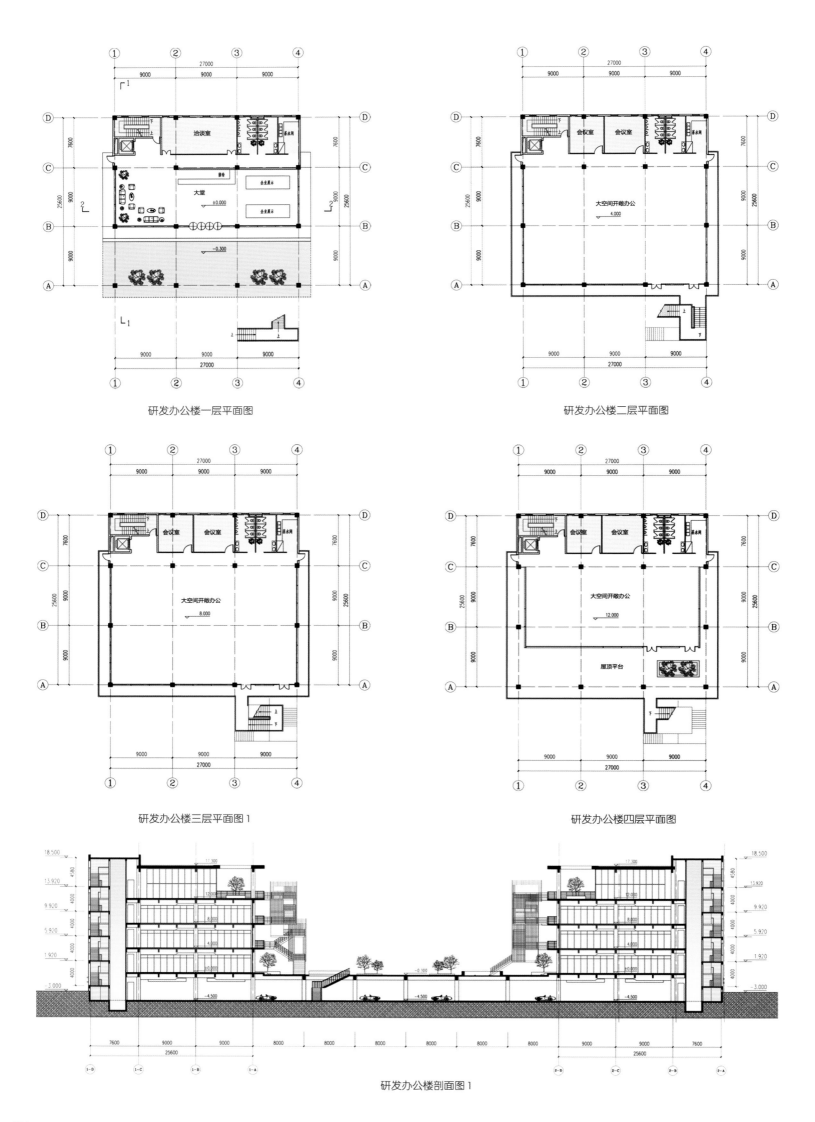

研发办公楼一层平面图

研发办公楼二层平面图

研发办公楼三层平面图1

研发办公楼四层平面图

研发办公楼剖面图1

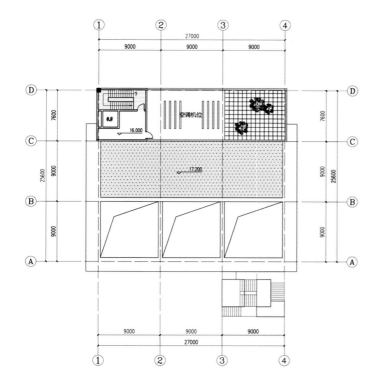

研发办公楼三层平面图 2

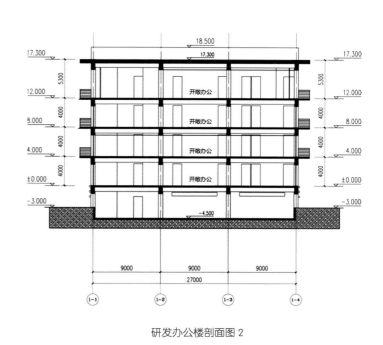

研发办公楼剖面图 2

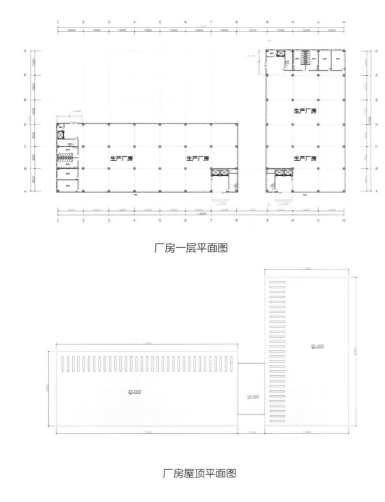

厂房一层平面图

厂房标准层平面图

厂房屋顶平面图

厂房剖面图

图书在版编目（CIP）数据

国际竞标建筑年鉴 . 2：全 2 册 / 深圳市博远空间文
化发展有限公司编 . -- 北京：中国城市出版社，2013.7
 ISBN 978-7-5074-2838-4

 Ⅰ . ①国… Ⅱ . ①深… Ⅲ . ①建筑设计－世界－年
鉴 Ⅳ . ① TU206-54

中国版本图书馆 CIP 数据核字 (2013) 第 142595 号